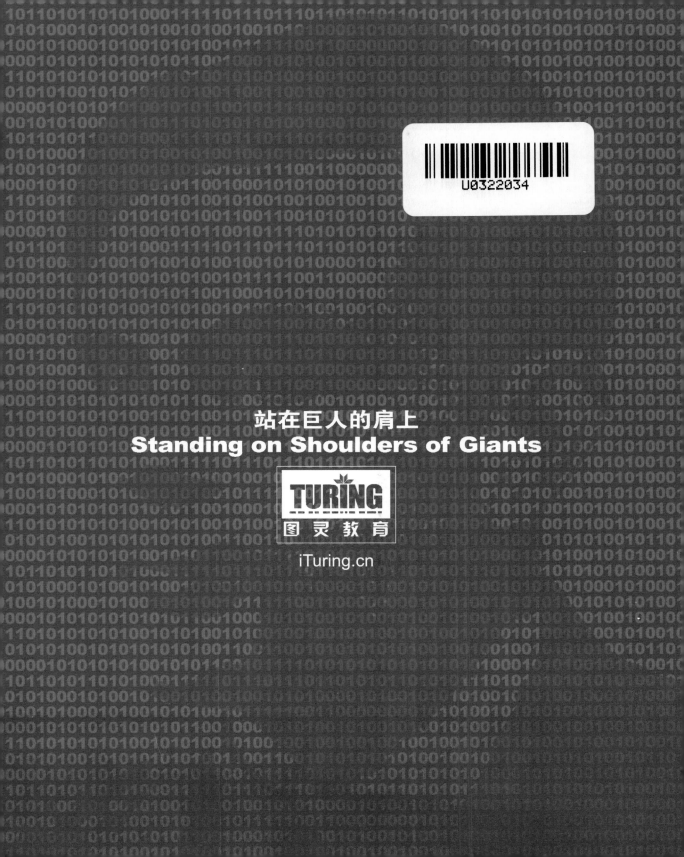

TURING 图灵原创

深入剖析 Android开发
小应用里的大智慧

张泳 葛丽娜 编著

人民邮电出版社
北京

图书在版编目（CIP）数据

深入剖析Android开发：小应用里的大智慧 / 张泳，葛丽娜编著. -- 北京：人民邮电出版社，2014.8
 （图灵原创）
 ISBN 978-7-115-35856-1

Ⅰ. ①深… Ⅱ. ①张… ②葛… Ⅲ. ①移动终端—应用程序—程序设计 Ⅳ. ①TN929.53

中国版本图书馆CIP数据核字(2014)第115367号

内 容 提 要

本书以谷歌的音乐播放器为例，深入剖析了Android的重要组件和核心服务，书中首先介绍了Android开发环境的搭建，以及Android SDK中一些重要工具的用法，接着介绍了Android的组件及其配置，最后从源代码的角度剖析了Android的核心管理服务。

本书不仅适合从事或者正准备从事Android开发的工程师学习，也可以作为培训教材使用。

◆ 编　著　张　泳　葛丽娜
　　责任编辑　王军花
　　执行编辑　董苗苗
　　责任印制　焦志炜

◆ 人民邮电出版社出版发行　北京市丰台区成寿寺路11号
　　邮编　100164　电子邮件　315@ptpress.com.cn
　　网址　http://www.ptpress.com.cn
　　北京鑫正大印刷有限公司印刷

◆ 开本：800×1000　1/16
　　印张：24.75
　　字数：585千字　　　　2014年8月第 1 版
　　印数：1 – 3 000册　　 2014年8月北京第 1 次印刷

定价：69.00元

读者服务热线：(010)51095186转600　印装质量热线：(010)81055316
反盗版热线：(010)81055315
广告经营许可证：京崇工商广字第 0021 号

前　　言

　　Android 是一种以 Linux 为基础的开源操作系统。Android 1.1 版本于 2008 年 9 月发布。2009 年 4 月底，谷歌公司发布了 Android 1.5 版本，我正是从 1.5 版本开始接触并研究该操作系统的。彼时，在国内图书市场上，尚未有出版社推出该新生技术的图书，自学之路漫漫且艰难。幸而当年夏天，人民邮电出版社推出了《GoogleAndroid SDK 开发范例大全》一书，犹如甘霖滋润了我的求学若渴之心。此后，市场上出现了更多介绍 Android 的图书，我从中受益匪浅。

　　经过这几年的快速发展，Android 已经发展到目前的 4.4 版本。我在各大书店浏览时发现，真正深入剖析 Android 的图书寥寥无几，于是萌生了一个念头：何不将这几年的 Android 所学、所思以及实践经验编写成书，和广大开发者共同探讨研究 Android 的重要组件以及核心服务呢？冬去春来，工作之余，经过不懈努力，本书终于面世。希望本书对各位读者理解 Android 基本组件以及核心内容有所帮助。

本书内容

　　本书的各个篇章及主要内容如下。

　　第一篇主要介绍了 Android 开发环境的搭建，同时介绍了 Android SDK 中一些重要工具的用法。该篇下设如下两章。

- ❑ 第 1 章介绍了如何配置一个 Android 应用程序开发环境，以及如何使用 Android SDK 提供的强大工具来帮助我们进行开发和仿真调测。
- ❑ 第 2 章从简单的 HelloWorld 项目入手，介绍了多种测试方法及相关工具。

　　第二篇介绍了 Android 的组件及其配置。在这一篇中，我们以音乐播放器为例，翔实地阐述了重要组件的运用。该篇下设如下五章。

- ❑ 第 3 章以谷歌音乐播放器为例，介绍了 AndroidManifest.xml。
- ❑ 第 4 章介绍了 Activity，怎么创建 Activity，如何管理 Activity 的生命周期，以及如何实现它的声明周期等诸多内容。
- ❑ 第 5 章介绍了服务的详细情况及如何使用、声明应用程序的服务。另外，还介绍了两种服务的创建及用法，并简要介绍了服务的其他知识。
- ❑ 第 6 章介绍了最简单的布局 FrameLayout、线性布局 LinearLayout 和相对布局 RelativeLayout 这 3 种布局形式。

第三篇从源代码的角度来剖析 Android 的核心管理服务。该篇下设如下四章。
- 第 7 章讲述了启动 Android 系统的两个阶段：应用的初始化流程（init）与 system_service 进程及核心服务的创建流程。
- 第 8 章首先从启动、流程详解及使用方面介绍了备份管理服务，然后讨论了当程序被重新安装时所触发的备份和恢复操作。
- 第 9 章介绍了 Activity 管理服务的启动以及它的行为。
- 第 10 章介绍了包管理服务的启动、安装以及卸载应用程序时该服务的行为。

本书目标

本书以谷歌的音乐播放器为例，深入剖析了 Android 的重要组件和核心服务，从而帮助读者更深刻地理解 Android 的核心内容，以便融会贯通。在学习过程中，请读者按照书中的例子，自己动手进行验证。同时，结合书中对于代码以及图表的注解，理解示例，对所学内容咀嚼消化，扩宽思路，形成自己的认知，在今后的开发过程中运用自如。

本书适合从事或者正准备从事 Android 开发的工程师学习，可以帮助其深入透彻理解 Android 的一些核心知识，也可作为高级培训教材使用。

致谢

在编写过程中，本书综合并吸收了 Android 开发者的一些经验和心得，我在此对他们深表感谢。同时，感谢杨海玲老师、王军花老师在早期沟通和后续跟进过程中给予我的耐心、关心和帮助。最后，感谢为本书出版而辛勤付出的诸多工作者。

目 录

第一篇　Android 开发起航

第 1 章　环境搭建 ... 2
- 1.1　搭建 Android 开发环境的需求 ... 2
- 1.2　Android 开发环境配置 ... 3
  - 1.2.1　JDK 的下载、安装及配置 ... 3
  - 1.2.2　下载并安装 Eclipse ... 6
  - 1.2.3　Android SDK 的安装和配置 ... 6
  - 1.2.4　ADT 的安装和配置 ... 9
  - 1.2.5　创建并运行模拟器 ... 12

第 2 章　测试方法及工具 ... 16
- 2.1　向世界问好——HelloWorld 项目 ... 16
  - 2.1.1　两种创建 HelloWorld 项目的方法 ... 16
  - 2.1.2　HelloWorld 项目中的默认配置解读 ... 23
- 2.2　HelloWorld 项目运行及调试信息 ... 26
  - 2.2.1　运行 HelloWorld 应用程序 ... 26
  - 2.2.2　HelloWorld 运行过程的调试信息 ... 29
- 2.3　DDMS 工具介绍 ... 30
  - 2.3.1　DDMS 工具及其打开方式 ... 30
  - 2.3.2　使用 DDMS 工具调测 HelloWorld 项目 ... 31
  - 2.3.3　详解 DDMS 工具界面 ... 36
  - 2.3.4　DDMS 工具菜单中的重要工具 ... 41
- 2.4　Android 的主要工具介绍 ... 62
  - 2.4.1　ADB 工具 ... 63
  - 2.4.2　android 工具 ... 64
  - 2.4.3　sdcard 相关命令 ... 65
  - 2.4.4　模拟器的操作 ... 65
  - 2.4.5　LogCat 工具 ... 67
  - 2.4.6　数据库工具 ... 68
- 2.5　Android 其他小工具简介 ... 68
  - 2.5.1　截屏工具 ... 69
  - 2.5.2　Monkey 工具 ... 69
- 2.6　下载谷歌播放器源代码 ... 72

第二篇　Android 组件及其配置

第 3 章　应用的五脏六腑——AndroidManifest.xml ... 78
- 3.1　Android Manifest.xml 文件 ... 78
- 3.2　一切从 <manifest> 节点开始 ... 82
  - 3.2.1　xmlns:android 属性——定义命名空间 ... 82
  - 3.2.2　package 属性——应用程序的身份证 ... 84
  - 3.2.3　android:sharedUserId 属性——共享数据 ... 85
  - 3.2.4　android:versionCode 属性——内部版本号 ... 86
  - 3.2.5　android:versionName 属性——显示给用户的版本号 ... 86
  - 3.2.6　android:installLocation 属性——安装位置 ... 87
  - 3.2.7　HelloWorld 示例——再向世界打个招呼 ... 89
  - 3.2.8　动动手，验证知识 ... 90
- 3.3　应用程序权限的声明 ... 93
  - 3.3.1　<uses-permission>——应用程序的权限申请 ... 93

3.3.2 `<permission>`节点——自定义应用程序的访问权限 ················ 100
3.3.3 `<uses-sdk>`节点——SDK 版本限定 ····························· 103
3.3.4 `<instrumentation>`节点——应用的监控器 ··········· 105
3.3.5 动动手，验证知识 ············· 107
3.3.6 `<instrumentation>`节点的另一种使用方法 ············ 114
3.4 应用程序的根节点——`<application>` ····················· 117
   3.4.1 `<application>`节点配置 ······· 117
   3.4.2 音乐播放器的`<application>`节点 ······················ 118
   3.4.3 如何实现 Application 类 ······ 119
   3.4.4 Application 提供的函数及其用法 ······················ 123
3.5 backupAgent 的用法 ············· 134
   3.5.1 backupAgent 简介 ·············· 134
   3.5.2 如何使用 backupAgent 来实现备份 ··················· 134
   3.5.3 从备份中实现恢复 ············ 141
   3.5.4 如何使用 bmgr 工具 ·········· 144
3.6 `<application>`的属性详解 ······· 150
   3.6.1 android:allowBackup ············ 151
   3.6.2 allowTaskReparenting ········· 152
   3.6.3 android:killAfterRestore ····· 152
   3.6.4 android:restoreAnyVersion ····· 153
   3.6.5 android:debuggable ············· 156
   3.6.6 android:description ············· 158
   3.6.7 android:enabled ··················· 159
   3.6.8 android:hasCode ················· 160
   3.6.9 android:hardwareAccelerated ························· 161
   3.6.10 android: label / android:icon ······················· 162
   3.6.11 android:logo ······················ 164
   3.6.12 android:manageSpaceActivity ···················· 165
   3.6.13 android:permission ··········· 165

3.6.14 android:persistent ············· 165
3.6.15 android:process ················ 166
3.6.16 android:taskAffinity ·········· 167
3.6.17 android:theme ··················· 168
3.6.18 android:uiOptions ············· 171
3.6.19 android:vmSafeMode ········ 174
3.6.20 android:largeHeap ············ 174

第 4 章 让程序活动起来——Activity ········ 176

4.1 什么是 Activity ····················· 176
   4.1.1 简介 ································· 176
   4.1.2 解读音乐播放器中的 Activity ····· 177
4.2 定义 Activity ························ 179
   4.2.1 定义 Activity 的回调方法 ········ 179
   4.2.2 在 AndroidManifest.xml 中声明 Activity ······················ 181
4.3 管理 Activity 的生命周期 ······· 182
   4.3.1 Activity 的 3 种状态 ············ 182
   4.3.2 实现 Activity 的生命周期回调 ···· 182
   4.3.3 回调方法在音乐播放器中的应用 ······················ 186
4.4 保存和协调 Activity ··············· 189
   4.4.1 保存 Activity 状态 ·············· 189
   4.4.2 协调 Activity ······················ 191
4.5 解读关于生命周期的一个实例 ···· 192
4.6 `<activity>`节点的属性 ············ 195
   4.6.1 android:allowTaskReparenting ···· 195
   4.6.2 android:alwaysRetainTaskState ····················· 195
   4.6.3 android:clearTaskOnLaunch ······················ 196
   4.6.4 android:configChanges ······· 196
   4.6.5 android:enabled ··················· 197
   4.6.6 android:excludeFromRecents ······················ 197
   4.6.7 android:exported ················· 197
   4.6.8 android:finishOnTaskLaunch ······················ 197
   4.6.9 android:hardwareAccelerated ························· 198

4.6.10 android:icon ·············· 198	6.1.3 FrameLayout 内子视图的特色
4.6.11 android:label ············· 198	布局参数 ························ 220
4.6.12 android:launchMode ······ 198	6.2 线性布局——LinearLayout ······ 222
4.6.13 android:multiprocess ···· 199	6.2.1 LinearLayout 简介 ········· 222
4.6.14 android:name ············· 199	6.2.2 LinearLayout 的特有属性 ····· 225
4.6.15 android:noHistory ······· 199	6.2.3 LinearLayout 特有的布局
4.6.16 android:permission ······ 200	参数 ···························· 231
4.6.17 android:process ·········· 200	6.3 相对布局——RelativeLayout ····· 231
4.6.18 android:screenOrienta-	6.3.1 RelativeLayout 简介 ········ 231
tion ···························· 200	6.3.2 RelativeLayout 的特色属性
4.6.19 android:stateNotNeeded ····· 200	及其参数 ······················· 233

4.6.20 android:taskAffinity ······ 201
4.6.21 android:theme ············ 201

第三篇 核心服务解析篇

4.6.22 android:windowSoft-
InputMode ······················· 201

第 7 章 Android 系统的启动 ············ 244

第 5 章 我会默默地为你服务——

7.1 初始化流程 ·························· 244

service ································· 202

7.1.1 应用的初始化流程 ············ 244

5.1 服务 ································· 202

7.1.2 init.rc 的用法 ·················· 246

5.1.1 何为服务 ······················ 202

7.1.3 用 init 解析整个 init.rc 文件 ····· 251

5.1.2 服务可采用的方法 ·········· 202

7.2 创建 system_service 进程 ········ 254

5.1.3 <service>节点的属性 ········ 203

7.2.1 创建流程 ····················· 254

5.2 创建并使用服务 ···················· 204

7.2.2 system_service 简介 ········ 256

5.2.1 创建 Service 子类的重要回调

第 8 章 备份管理服务 ······················ 258

方法 ···························· 204

8.1 备份管理服务的启动方式和流程 ····· 258

5.2.2 在 manifest 文件中声明服务 ····· 205

8.1.1 备份管理服务的启动 ········ 258

5.3 创建一个启动的服务 ·············· 206

8.1.2 详解备份管理服务的流程 ····· 258

5.3.1 继承 IntentService 类 ······· 206

8.2 使用备份管理服务 ················· 263

5.3.2 继承 Service 类 ············· 207

8.2.1 bmgr 工具简介 ············· 263

5.3.3 启动服务 ······················ 208

8.2.2 使用 bmgr 工具实现备份与

5.3.4 停止服务 ······················ 208

恢复 ···························· 264

5.3.5 TuringService 实例 ········· 209

8.2.3 用编程的方式实现备份与

5.4 创建一个被绑定的服务 ·········· 212

恢复 ···························· 272

5.4.1 基本介绍 ······················ 212

8.3 应用程序在被重新安装过程中的

5.4.2 TuringBoundService 实例 ····· 213

备份和还原 ·························· 274

第 6 章 我可以更漂亮——布局 ········ 217

第 9 章 Activity 管理服务 ················ 276

6.1 最简单的布局类——FrameLayout ····· 217

9.1 ActivityManagerService 简介 ····· 276

6.1.1 FrameLayout 简介 ··········· 217

9.2 ActivityManagerService 的使用 ····· 276

6.1.2 FrameLayout 特有的属性 ······ 218

9.2.1 孵化进程 ····················· 276

9.2.2 ActivityManagerService 启动的 3 个阶段 ······ 277
9.2.3 ActivityManagerService 的工作原理 ······ 289
9.2.4 ActivityManagerService 依赖的两个类 ······ 294
9.3 Activity 的启动流程 ······ 295
9.3.1 启动 Activity 的方式 ······ 295
9.3.2 Activity 启动的 4 个阶段 ······ 297
9.4 结束 Activity ······ 306
9.4.1 结束 Activity 的 3 种主要方法 ······ 306
9.4.2 结束 Activity 的 4 个阶段 ······ 308
9.5 广播接收器 ······ 315
9.5.1 注册广播接收器 ······ 315
9.5.2 ActivityManagerService 的行为 ······ 316
9.6 服务 ······ 318
9.6.1 服务的数据结构 ······ 318
9.6.2 启动服务 ······ 320
9.6.3 停止服务 ······ 327
9.6.4 以绑定的方式启动/停止服务 ······ 331
9.7 发布 ContentProvider ······ 339
9.7.1 启动 ContentProvider 发布工作时的操作 ······ 339
9.7.2 解读发布流程中 ActivityManagerService 的行为 ······ 342
9.8 ActivityManagerService 如何应付异常 ······ 345

第 10 章 包管理服务 ······ 349

10.1 PackageManagerService 概述 ······ 349
10.2 PackageManagerService 的组成和应用 ······ 349
 10.2.1 PackageManagerService 的重要组成部分 ······ 350
 10.2.2 解读 PackageManagerService 如何关注目录 ······ 351
 10.2.3 PackageManagerService 定义的 PackageParser 类 ······ 354
10.3 启动 PackageManagerService ······ 355
 10.3.1 PackageManagerService 的启动流程 ······ 355
 10.3.2 PackageManagerService 构造函数的流程 ······ 356
 10.3.3 scanDirLI()方法 ······ 361
10.4 解析 AndroidManifest.xml 文件 ······ 366
 10.4.1 解析流程 ······ 366
 10.4.2 解析音乐播放器的 AndroidManifest.xml 文件 ······ 368
10.5 安装应用程序 ······ 377
 10.5.1 用 ADB 的 install 命令安装应用程序 ······ 377
 10.5.2 解析 installPackageWithVerification()的行为 ······ 379
10.6 卸载应用程序 ······ 383

Part 1 第一篇

Android 开发起航

想要开发 Android 应用程序,开发者首先需要完成的任务是搭建 Android 应用程序的开发环境,并且了解 Android SDK 提供给我们的一些比较重要的工具。

第 1 章　环境搭建

本章将详细讲解如何配置一个Android应用程序的开发环境，以及如何使用Android SDK提供的强大工具来帮助我们进行开发和仿真调测。

1.1 搭建 Android 开发环境的需求

在开始配置环境之前，我们首先要了解Android开发环境的需求，这里的需求包括操作系统需求、硬件需求和软件需求等。

- **操作系统需求**：Android支持的操作系统及其需求说明如表1-1所示。本书以Windows系统（32位操作系统）为基础编写，关于Linux系统的相关内容稍后介绍。

表1-1　Android开发环境的操作系统需求

操作系统	需求说明
Windows	Windows XP（32位操作系统）、Vista（32或64位操作系统）、Windows 7（32或64位操作系统）
Mac OS	Mac OS X 10.5.8 或更高版本（仅支持x86）
Linux	至少需要支持GNU C库（glibc）2.7或更高版本，使用Ubuntu Linux，至少需要支持8.04或更高版本，64位系统必须有运行32位应用程序的能力

- **软件需求**：Eclipse IDE、JDK和ADT。对应的版本和下载地址如表1-2所示。

表1-2　Android开发环境的软件需求

软件	版本	下载地址
Eclipse IDE	Eclipse 3.7.2（Indigo）或更高版本	http://www.eclipse.org/downloads
JDK	JDK 6或更高版本	http://www.oracle.com/technetwork/java/javase/downloads/index.html
ADT	ADT 12.0.0（以当时能下到的最新版本为准）	https://dl-ssl.google.com/android/eclipse/（后面将描述该地址的使用方法）

- **硬件需求**：Android SDK要求开发者有足够的磁盘存储空间选择安装所需的SDK组件。表1-3描述了各个组件所需要的磁盘空间及其说明。

表1-3　Android SDK组件及其说明

组　件	组件大小（近似）	说　明
Tools	40 MB	必选。开发以及调试Android应用程序的必要工具或者一些工具的快捷方式（这里的快捷方式主要以Windows的对比处理文件或Linux的shell文件等形式出现），其中包括DDMS（Dalvik Debug Monitor Server）、Emulator（Android模拟器）、monkeyrunner、ADB等工具以及这些工具依赖的运行库
Platform-tools	4.5 MB	必选。Android的平台工具、ADB、fastboot烧录工具及其相关库文件
Platform（每一个）	150 MB	至少选择一个。Android开发平台，其中包括Android开发的基本类库（android.jar）、相关资源以及创建应用程序使用的相关模板（Android Manifestxml文件模板、Activity代码模板以及一些默认资源）
Add-on（每一个）	100 MB	可选。第三方工具包，这里一般包含谷歌服务相关库（比例地图服务等）、文档、例子以及系统镜像
Build-too-ls（每一个）	54 MB	建议开发安装。编译以及打包应用程序所需要的工具及相关类库，比如aapt、aidl、dx等
Samples	10 MB	可选。这里包含每一个Android版本的API使用例子。虽然这是可选下载部分，但我还是建议开发者下载
docs	586 MB	可选。离线文档部分，这里包含了API的说明等重要信息。虽然这是可选下载部分，但我还是建议开发者下载
system-images	根据版本而定	必选。Android 3.0以后的SDK版本在这个目录下存放不同版本的配套镜像文件。启动虚拟机的时候，需要导入这些镜像文件
AVD Manager	351 KB	虚拟机管理工具，包括管理、刷新、创建、删除虚拟机
SDK Manager	351 KB	SDK管理工具，使用它可升级或者安装Android DSK

1.2　Android开发环境配置

清楚了Android开发环境的基本需求，这一节就来介绍如何配置Android开发环境，主要包括JDK的下载、安装以及配置，Eclipse的下载和安装，Android SDK的安装和配置，ADT的安装和配置，创建并运行模拟器这5个方面的内容。

1.2.1　JDK的下载、安装及配置

JDK是整个Java的核心，包括Java运行时环境（Java Runtime Environment，JRE）和Java工具等，它们是Android开发环境的基础部分。接下来，我们就来详细演示配置Java基础平台的具体操作步骤。

(1) 登录http://www.oracle.com/technetwork/java/javase/downloads/index.html，下载最新版本的JDK。

(2) 安装JDK。下载完成以后，可以得到一个可执行的安装包，直接双击即可开始安装过程，如图1-1所示。

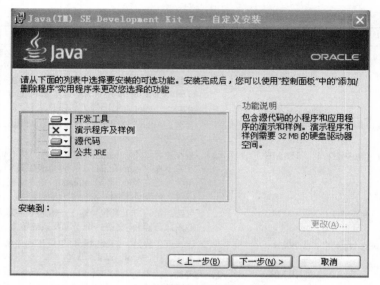

图1-1　JDK安装启动画面

这里建议不修改图1-1中展示的默认配置，一直单击"下一步"按钮即可。

安装包中包含了JDK和JRE两个部分。当我们安装完成后，可以在安装路径下看到如图1-2所示的目录结构。

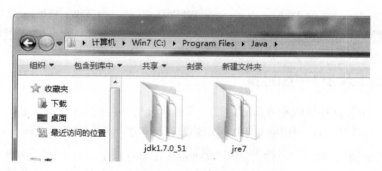

图1-2　Java环境的目录结构

注意　编写此书时，JDK的版本是JDK 7。如果读者用的是更高的版本，其安装步骤与此相同。

（3）当完成整个安装过程之后，Java的相关环境就已经基本配置好了，现在来验证一下。具体操作方法为单击"开始"→"运行"菜单，进入命令行模式，键入命令java -version，如果得到如图1-3所示的结果，则证明我们的安装和配置是成功的。否则，就需要回到前面的步骤进行检查，再重新验证。

图1-3 java-version命令的测试结果

(4) 完成了上述的安装步骤，Java环境已经基本可用，这里还需要将关键路径配置到环境变量中，具体如下所示。

配置JAVA_HOME

右击"我的电脑"，单击"属性"，单击"高级"选项卡，单击"环境变量"，单击"系统变量"下方的"新建"按钮，并在弹出的"新建系统变量"对话框中将JDK的路径配置其中，完成后单击"确定"按钮以确认配置，如图1-4所示。

图1-4 配置JAVA_HOME系统环境变量

配置CLASSPATH

右击"我的电脑"，单击"属性"，单击高级系统设置选项，在打开的"高级"选项卡中单击"环境变量"按钮，接着单击"环境变量"对话框下方的"新建"按钮，然后在弹出的"新建系统变量"对话框中将JDK中LIB和相关工具的路径配置其中，完成后单击"确定"按钮，如图1-5所示。

图1-5 配置CLASSPATH系统环境变量

然后将JDK和JRE的bin路径加入系统路径中，如图1-6所示。

图1-6　配置Path系统环境变量

至此完成Java环境的配置。

1.2.2　下载并安装Eclipse

Eclipse的下载地址为http://www.eclipse.org/downloads/，它为我们提供了Eclipse包，只需要选择符合Android开发需求的下载即可。这里选择了"Eclipse Modeling Tools"包进行开发，如图1-7所示。下载后，无需安装它，直接解压运行即可（前提是Java环境正确配置）。这里我们将"Eclipse Modeling Tools"包解压到自定义的目录即可。

图1-7　Eclipse开发包

注意

- Eclipse提供的每一个开发包都提供了不同的系统版本，下载的时候开发者需要根据自身的实际情况进行选择。
- 在Eclipse的解压路径中，应尽量避免使用中文字符和空格等特殊字符。

1.2.3　Android SDK的安装和配置

至此，我们就完成了Android开发环境的基础配置。接下来，我们将讲解如何安装和配置Android开发工具包（后面简称Android SDK），具体步骤如下所示。

（1）登录Android开发者网站（http://developer.android.com/sdk/index.html），下载最新的Android SDK版本。值得一提的是，只要登录此网址，网站将会自动匹配适合开发者正在使用的操作系统的Android SDK版本，直接点击下载即可，如图1-8所示。

1.2 Android 开发环境配置　　7

图1-8　下载SDK（匹配Windows系统）

(2)解压下载好的SDK安装包，此时我们仅仅得到了如图1-9所示的基本内容的目录结构。要进行开发，还需要下载其他必要的安装包。

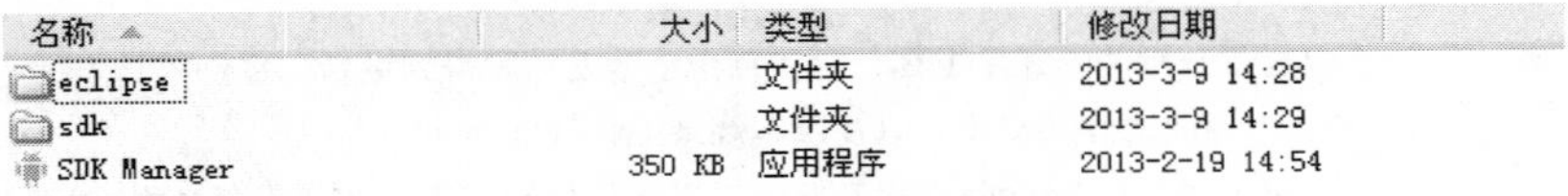

图1-9　Android SDK的初始化目录结构

如图1-9所示，谷歌为Android开发者提供了一个已经部署好ADT的Eclipse。大家可以选择使用此Eclipse进行开发，也可以根据以下步骤继续部署一个属于自己的Android开发环境。

(3)运行目录下的"SDK Manager.exe"文件进行安装。这里，我们选择下载并安装所有的平台版本，还要下载相关例子文档，如图1-10所示，同时还需要更新SDK工具（SDK Tools）和平台工具（Platforms Tools）。

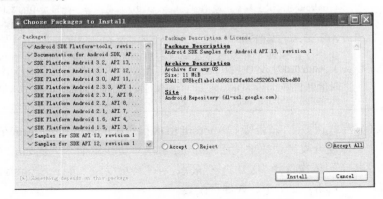

图1-10　Android SDK的安装以及更新

当安装/更新过程完成之后，将会得到如图1-11所示的Android SDK目录，其目录结构的说明见表1-4。

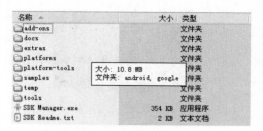

图1-11　Android SDK的目录结构

表1-4　Android SDK的目录结构说明

名　　称	描　　述
add-ons	第三方开发包
docs	HTML格式化中的一整套文档，包括开发者指引、API参考以及其他信息
extras	附加工具包
platform-tools	包含平台相关的开发工具，可在每个平台发布时得到更新。平台工具包括Android调试桥（ADB）以及版本烧录工具（fastboot）
platforms	对应不同的Android版本的开发包，里面包含的主要文件是一个名叫android.jar的文件，它在平台编译的时候一同生成。在此目录中，我们会根据不同的Android版本（以API级别对应）生成相应子目录。它包含一套Android平台的版本，可以针对它来开发应用程序，每一个程序对应一个单独的目录
Android-*	平台版本的目录，例如 android-11。所有平台版本目录包含一套类似的文件和子目录结构。每个平台目录还包括Android库（android.jar），它用来针对不同的Android版本而编译应用程序
samples	示例代码和运行于特定平台版本的应用程序
temp	临时目录，当下载或更新SDK的时候用于存放下载文件等
tools	它是SDK根目录下的tools文件夹，包含一套独立于平台的开发和分析工具，比如DDMS（Android的调试工具）、模拟器、LogCat和屏幕截图等。此目录中的工具可以在任何时间通过使用Android SDK和AVD管理器来进行更新，并且是独立于平台版本的
system-images	Android 3.0以后的SDK版本在这个目录下将存放不同版本的配套镜像文件
SDK Readme.txt	这个文件解释了开发者应如何进行SDK的初始设置，包括如何在所有平台启动Android SDK和AVD管理器工具
SDK Manager.exe	仅适用于Windows SDK。它是一个可执行文件，用于启动Android SDK管理器工具，可使用它来管理SDK，添加、删除、更新SDK工具和镜像文件等

（4）完成相关的更新过程后，就需要把Android SDK目录中的tools和platform-tools文件夹路径添加到环境变量中，以便开发者便捷地使用Android SDK中提供的命令（比如adb命令、ddms命令等）。右击"我的电脑"，依次选择"属性"→"高级"→"环境变量"选项，把tools和platform-tools文件夹的路径加入到"Path"变量中，并保存配置。

注意 在变量中，不同值之间用";"分隔，具体配置如图1-12所示。

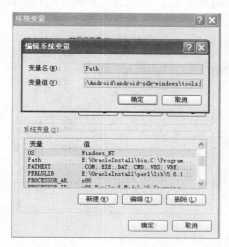

图1-12 Android环境变量配置

完成以上步骤以后，SDK就配置完毕了。现在，让我们来看看它们是否正确。

依次选择"开始"→"运行"，在弹出的对话框中输入cmd（不区分大小写），然后单击"确定"按钮，在打开的命令行窗口中输入adb version，如果结果为如图1-13所示的结果，就说明配置成功了。

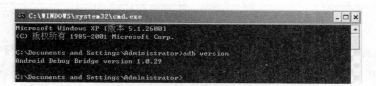

图1-13 adb version命令的运行结果

注意 如表1-1所示，Android为3种不同的操作系统提供了不同的SDK版本，开发者需要根据自己的需要进行下载。由于本书是基于Windows操作系统进行开发的，所以下载的是Windows的SDK版本。

1.2.4 ADT的安装和配置

前面介绍的内容在Android开发环境配置中只是一部分，如果我们要创建并且运行模拟器，还需要做一件事情，那就是安装和配置ADT。

1. ADT的安装

首先双击Eclipse.exe，启动Eclipse程序，在Eclipse中增加Android开发插件ADT，具体操作步骤如下所示。

(1) 启动Eclipse，选择"Help"→"Install New Software"菜单项，弹出如图1-14所示的窗口。

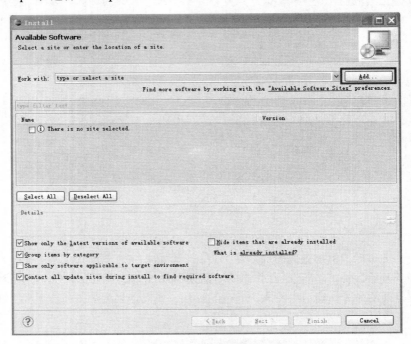

图1-14　添加ADT安装路径

(2) 单击"Add…"按钮，弹出"Add Repository"对话框，在"Name"字段中填入自定义的名字，在"Location"字段中输入"http://dl-ssl.google.com/android/eclipse"，然后单击"OK"按钮，如图1-15所示。

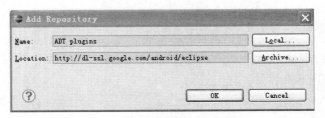

图1-15　添加下载路径

(3) 此时列表框中会出现需要下载的插件"Developer Tools"，如图1-16所示，单击"Select All"按钮全选后，再单击"Next"按钮，系统将自动完成插件的下载和安装。

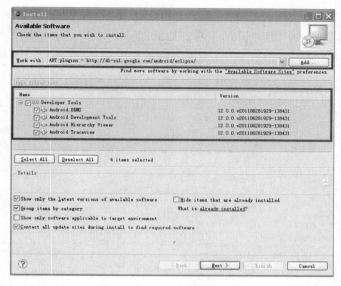

图1-16　安装ADT

最后，重新启动Eclipse即可完成ADT的安装。

2. ADT的配置

安装完ADT之后，我们还要对它进行配置，具体步骤如下。

(1) 在Eclipse的"Android"属性中增加SDK的路径。选择Eclipse菜单"Window"→"Preferences"，在打开的"Preferences"窗口中选择左侧列表中的"Android"项，在右侧的"SDK Location"项中输入Android SDK解压缩后的目录（我的SDK目录为D:\Android\android-sdk-windows），然后单击"Apply"按钮，如图1-17所示。

图1-17　配置Android SDK路径

(2) 在Eclipse中设置Java属性的编译属性。选择Eclipse菜单"Window"→"Preferences",在打开的"Preferences"窗口中单击"Java"项左边的加号,选择"Compiler"子项,确认当前选择的是刚刚安装的Java SE JDK的版本号(我安装的是JDK 1.7版本),如图1-18所示。

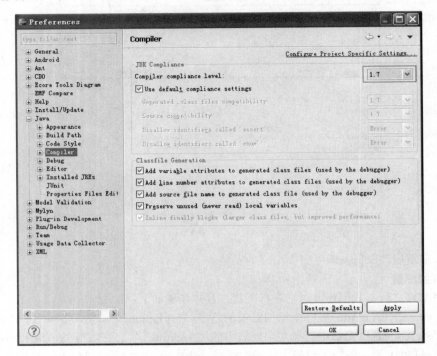

图1-18 选择JDK版本

(3) 单击"OK"按钮,此时我们就配置好ADT了。

1.2.5 创建并运行模拟器

安装并配置好JDK和ADT后,创建模拟器的准备工作就全部完成了,接下来就要创建并运行一个模拟器。

例如,要创建一个名为BookAVD的模拟器,它基于Android 4.2.2,并支持一个大小为256 MiB的SD卡,该怎么操作呢?

(1) 在Eclipse界面的菜单栏上单击"Window"→"AVD Manager"菜单,得到如图1-19所示的界面。

(2) 单击图1-19右边的"New…"按钮,进入图1-20所示的页面,在"AVD Name"栏中填写模拟器名字,在"Target"栏中选择"Android 4.2.2 - API Level17",在"SD Card"的"Size"列表框中填256 MiB就可以了,其余暂时选择默认项。单击"OK"按钮完成模拟器的创建。

1.2 Android 开发环境配置

图1-19 AVD管理器

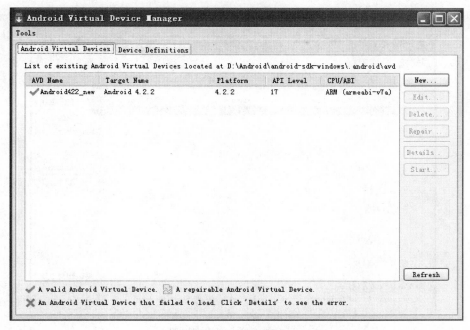

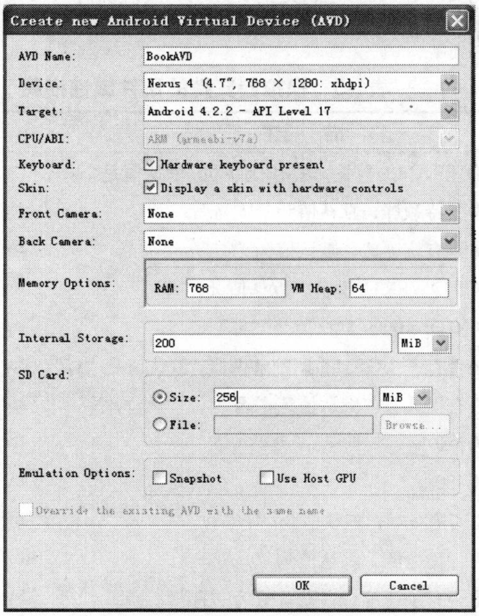

图1-20 创建模拟器的信息填写

这时，AVD管理器界面将会出现我们创建的模拟器，如图1-21所示。

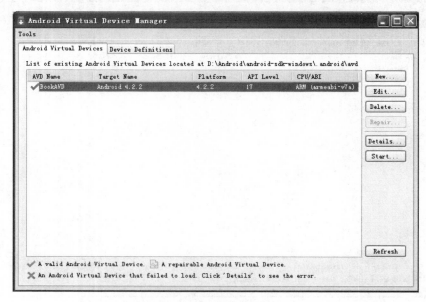

图1-21　完成创建模拟器

下面扩展一下模拟器的知识。模拟器支持的硬件属性如表1-5中的特征栏所示，在表中可看到对于这些特征的具体描述。

表1-5　模拟器支持的硬件属性描述

特　　征	描　　述	属　　性
设备的RAM大小	设备上物理RAM的数量，以MB为单位，默认值是"96"	hw.ramSize
触屏支持	设备是否支持触屏，默认值为"支持"	hw.touchScreen
轨迹球支持	设备上是否有轨迹球，默认值为"有"	hw.trackBall
键盘支持	设备是否有QWERTY键盘，默认值为"有"	hw.keyboard
Dpad支持	设备是否有Dpad键，默认值为"有"	hw.dPad
GSM调制解调器支持	设备上是否有一个GSM的调制解调器，默认值是"有"	hw.gsmModem
摄像头支持	设备是否有摄像头，默认值为"否"	hw.camera
最大水平摄像头像素	默认值为640	hw.camera.maxHorizontalPixels
最大垂直摄像头像素	默认值为480	hw.camera.maxVerticalPixels
GPS支持	设备上是否有GPS，默认值为"有"	hw.gps
电池支持	设备是否支持电源，默认值为"是"	hw.battery
加速度计	设备上是否有加速度计，默认值为"有"	hw.accelerometer
录音支持	设备能否录音，默认值为"能"	hw.audioInput

（续）

特　征	描　述	属　性
音频回放支持	设备能否播放音频，默认值为"能"	`hw.audioOutput`
SD卡支持	设备是否支持虚拟SD卡的插入/移除，默认值为"是"	`hw.sdCard`
缓存分区支持	我们能否在设备上使用缓存分区，默认值为"能"	`disk.cachePartition`
缓存分区大小	默认值为66 MB	`disk.cachePartition.size`
抽取的LCD密度	设置由AVD屏幕使用的普遍的密度特征，默认值为160	`hw.lcd.density`

至此，我们就完成了开发以及测试环境的搭建，下一章我们将建立一个简单的项目"HelloWorld"，用来说明如何基于Eclipse进行Android应用程序的开发与测试。

第 2 章 测试方法及工具

在上一章中，我们主要向大家介绍了Android应用开发的前期准备工作，创建并运行了模拟器。接下来，我们将向大家介绍多种测试方法及相关工具，这对今后深入Android开发大有帮助。现在我们就从最简单的HelloWorld项目开始学习吧。

2.1 向世界问好——HelloWorld 项目

Android的插件（ADT）和Android SDK一起为Android应用程序开发者提供了便利而强大的支持。在本章中，我们将建立一个简单的项目（HelloWorld），然后解读该项目中的一些默认配置。

2.1.1 两种创建HelloWorld项目的方法

在实际开发中，有两种方式可以帮助我们创建Android应用程序，它们分别是使用ADT以及命令行，下面我们来介绍这两种创建方式。

1. 使用ADT创建HelloWorld工程

这是较为常用的方法。在创建过程中，要避免粗心造成的错误，否则将影响最终的运行结果。创建过程如下。

（1）在Eclipse中选择"File"→"New"→"Project"，打开"New"窗口，然后依次选择"Android"→"Android Application Project"，如图2-1所示。单击"Next"按钮，开启Android工程创建向导（New Android Project）。

2.1 向世界问好——HelloWorld 项目

图2-1 新建项目向导

(2) 在Android工程创建向导中填入必要的信息,这些信息包括应用程序名称、包名、应用程序入口Activity和最低SDK版本等。图2-2到图2-6所示的页面演示了创建HelloWorld项目的过程。

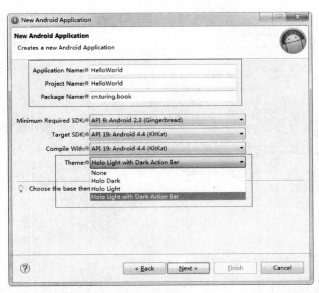

图2-2 创建Android项目流程1:填写项目信息以及应用程序默认风格

18　第 2 章　测试方法及工具

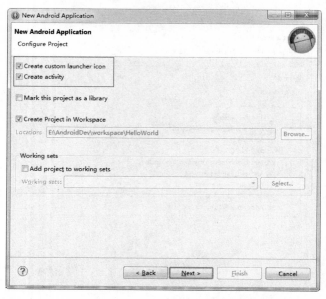

图2-3　创建Android项目流程2：配置应用程序

为了更方便开发Android应用程序，ADT在这个步骤中为Android程序员提供了两个可选项。
- **Create custom launcher icon**：用于启动创建应用程序图标向导的可选项。当勾选此项时，向导将会进入如图2-4所示的创建应用程序图标界面。

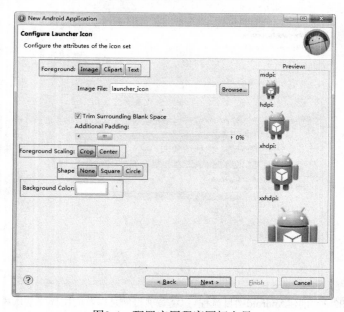

图2-4　配置应用程序图标向导

注意

- 可以通过"Foreground"选择图片的来源，这里可以使用默认的图片（选择"Image"按钮），可以是一张图片的裁剪（选择"Clipart"按钮），也可以是一段文字（选择"Text"按钮）。
- 可以通过"Shape"设定图标的边框，这里你可以选择无边框（None）、正方形边框（Square）、圆形边框（Circle）。
- 可以通过"Background Color"设定图片的背景颜色。
- 通过单击"Next"按钮以完成向导。需要注意的是，此向导将为我们生成4种不同的应用程序图标。

- **Create activity**：用于启动创建应用程序入口Activity向导的可选项。如果我们勾选此项，将在"配置应用程序图标"向导后进入创建入口Activity向导界面，如图2-5所示。

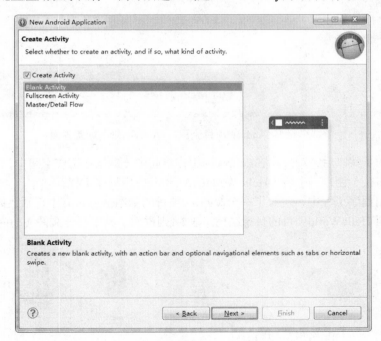

图2-5　创建Activity向导

这里仅仅为我们提供了比较常用的3种风格的Activity。以下我们以"Blank Activity"为例说明一些问题，其余的风格读者可以自行探索。

勾选"Create Activity"，选择"Blank Activity"并单击"Next"按钮，将进入Activity细节配置界面，如图2-6所示。

第 2 章 测试方法及工具

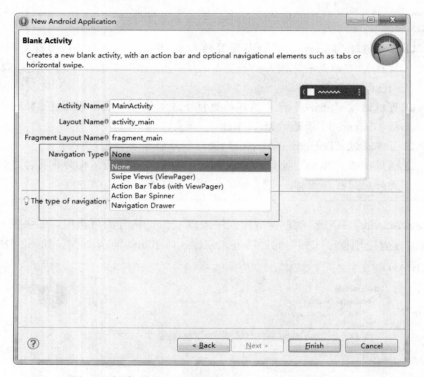

图2-6 创建Android项目流程3：Activity细节配置界面

完成上面的步骤以后，ADT将在Eclipse的工作空间中（默认在工作空间中，若有特殊需求，可以设置别的路径）创建一个名为HelloWorld的Android应用程序工程。

在这个应用程序工程中，包含了一个Android项目的基本信息，其中包括代码、清单及资源等。图2-7展示了HelloWorld项目的目录结构，表2-1则说明了其中部分文件夹的内容。

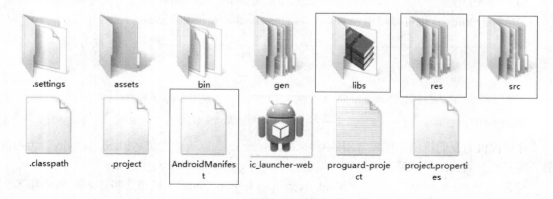

图2-7 HelloWorld项目的目录结构

表2-1　HelloWorld项目目录文件说明

目录/文件名	说明
src	包含存根Activity文件，它存储在src/your/package/namespace/ActivityName.java中。其他所有的源代码文件（如.java或者.aidl文件）也存储在这里
bin	结构的输出目录。这里可以找到最终的.apk文件和其他已编译的资源
gen	包含由ADT产生的Java文件，如R.java文件和从aidi文件中创建的接口
assets	它是空的，可以用来存储原始的资源文件
res	包含应用程序资源，如图片或者图片配置文件、布局文件和字符串配置等
AndroidManifest.xml	描述应用程序的性质和它的每个组件的控制文件。例如，它描述Activity服务、意图接收器和内容提供者的某些特质，要求哪些权限，需要哪些外部库，哪些设备特征是必要的，哪些API Level是支持的或者必要的等
project.properties	这个文件包含了项目的设置，例如构建目标（build target）

2. 使用命令行的方式创建工程

除了使用ADT来创建工程以外，Android SDK的系统工具（tools目录下）还为我们提供了使用命令行的方式来创建Android工程。首先举例说明一下命令行格式，代码如下：

```
android create project \
--target 1 \
--name MyAndroidApp \
--path ./MyAndroidAppProject \
--activity MyAndroidAppActivity \
--package com.example.myandroid
```

下面简单介绍一下其中的参数。

- `--target`：也可以使用-t替代，表示新项目的目标ID。
- `--name`：也可以使用-n替代，表示项目名称。
- `--path`：也可以使用-p替代，表示新项目存放的路径。
- `--activity`：也可以使用-a替代，表示创建的工程默认的Activity。
- `--package`：也可以使用-k替代，表示Android应用程序的包名。

> **小知识**　如何确认目标、平台版本以及API Level的对应关系？只要在命令行中输入`android list targets`命令，就会列出这些信息，如图2-8所示。动动手，尝试一下吧！

在图2-8中，我们标记了`android create project`命令的`--target`参数的取值。

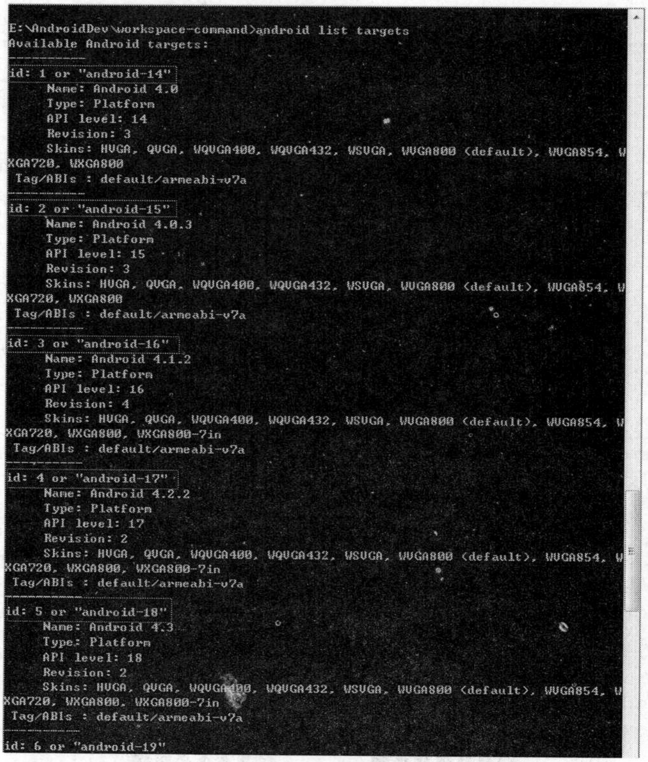

图2-8 android list targets命令的运行结果

上面介绍了命令行的格式,现在我们就动手用命令行来创建一个HelloWorld项目吧!在命令行窗口中进入工程目录,输入如下命令:

```
@>android create project --target android-17 --name HelloWorld --path . --activity MainActivity --package cn.turing.book
```

命令运行完成后,也创建了一个名叫HelloWorld的项目,其目录结构如图2-9所示。

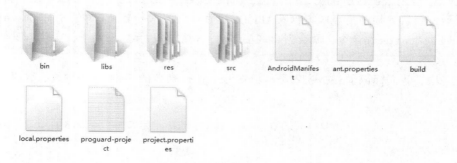

图2-9 用命令行创建的项目的目录结构

读者可以比较一下,用命令行与用ADT两种方法创建工程后得到的结果是否一样?

到这里,我们就完成了HelloWorld项目的创建工作。用ADT创建工程的方法是我们常用的,而用命令行方式创建工程的方法却是我们不熟悉、不常用的。也可能很多朋友根本就没有想到还能用命令行方式来创建工程。所以,亲爱的读者朋友们不要局限于思维定势,我们需要开拓思维,多想想,多动手实践,才能更加深入Android应用的开发。

2.1.2 HelloWorld项目中的默认配置解读

其实,Android已经提供了一些默认配置,其工程结构如图2-10所示。

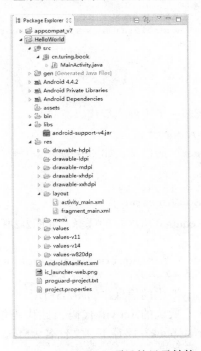

图2-10 HelloWorld项目的目录结构

这个目录结构中包含的信息不少,我们来详细解读一下。

首先,Android提供了默认清单文件"AndroidManifest.xml",这个文件包含了HelloWorld应用程序的重要信息,其中包括应用程序包含的组件信息、应用程序包信息、应用程序版本信息等。下面来看看到目前为止这个文件的内容,代码如下所示:

```xml
<?xml version="1.0" encoding="utf-8"?>
<manifest xmlns:android="http://schemas.android.com/apk/res/android"
    package="com.turing.book"
    android:versionCode="1"
    android:versionName="1.0" >
```

```xml
    <uses-sdk
        android:minSdkVersion="19"
        android:targetSdkVersion="19" />

    <application
        android:allowBackup="true"
        android:icon="@drawable/ic_launcher"
        android:label="@string/app_name"
        android:theme="@style/AppTheme" >
        <activity
            android:name="com.turing.book.MainActivity"
            android:label="@string/app_name" >
            <intent-filter>
                <action android:name="android.intent.action.MAIN" />
                <category android:name="android.intent.category.LAUNCHER" />
            </intent-filter>
        </activity>
    </application>

</manifest>
```

在以上这段代码中，我们解释一下下面三行代码。

- `package="com.turing.book"`

    这是向导中"Package Name"的信息，如图2-2所示。

- ```
  <uses-sdk
      android:minSdkVersion="19"
      android:targetSdkVersion="19" />
  ```

    表示向导中"Minimum Required SDK"的选择，如图2-2所示。

- ```
  <activity
      android:name="com.turing.book.Main Activity"
      android:label="@string/app_name" >
  ```

    表示向导中"Create Activity"中的信息，如图2-5所示。

其次，Android为我们提供了默认的Activity代码，此代码仅仅显示一个布局，它存放在"workspace\HelloWorld\src\cn\turing\book"路径下，文件名为MainActivity.java：

```java
package cn.turing.book;

import android.support.v7.app.ActionBarActivity;
import android.support.v4.app.Fragment;
import android.os.Bundle;
import android.view.LayoutInflater;
import android.view.Menu;
import android.view.MenuItem;
import android.view.View;
import android.view.ViewGroup;

public class MainActivity extends ActionBarActivity {

    @Override
```

```java
protected void onCreate(Bundle savedInstanceState) {
    super.onCreate(savedInstanceState);
    setContentView(R.layout.activity_main);

    if (savedInstanceState == null) {
        getSupportFragmentManager().beginTransaction()
                .add(R.id.container, new PlaceholderFragment())
                .commit();
    }
}


@Override
public boolean onCreateOptionsMenu(Menu menu) {
    getMenuInflater().inflate(R.menu.main, menu);
    return true;
}

@Override
public boolean onOptionsItemSelected(MenuItem item) {
    int id = item.getItemId();
    if (id == R.id.action_settings) {
        return true;
    }
    return super.onOptionsItemSelected(item);
}

public static class PlaceholderFragment extends Fragment {

    public PlaceholderFragment() {
    }

    @Override
    public View onCreateView(LayoutInflater inflater, ViewGroup container,
        Bundle savedInstanceState) {
        View rootView = inflater.inflate(R.layout.fragment_main, container, false);
        return rootView;
    }
}

}
```

此外，还有一些默认资源，包括字符串资源、图标资源和布局资源等，它们都存放在工程根目录下的"res"目录中，具体位置可以参考图2-9。

到这里，我们就已经创建好了一个名为HelloWorld的项目，接下来要做的事就是让它在已经创建好的模拟器中跑起来。

> 提示 "Project" → "Build Automatically" 菜单项是一个自动构建开关，如果打开，在我们编码的时候，每次保存修改，它都会自动编译一次项目，并且所编译的结果（.apk文件）都会保存在项目的"bin"文件夹中。由于此操作不是必需的，因此开发者可根据实际需要选择。

2.2　HelloWorld 项目运行及调试信息

经过前面的介绍，大家应该掌握了不少知识，下面来盘点一下到目前为止我们已经拥有的"利器"。

- 一套Android应用开发环境，包括Android SDK和ADT，它们一起为我们提供了强大而便捷的开发、管理和调测应用程序的工具。
- 一个建立好的Android模拟器，它基于Android 4.2.2版本，支持SD卡，本节将基于这个模拟器进行调测。
- 一个非常简单的Android应用程序项目，本节将基于这个应用程序简要介绍Android SDK提供的有用工具。

基于我们拥有的"利器"，我先简要介绍一下如何运行HelloWorld项目。

2.2.1　运行HelloWorld应用程序

如上一节所述，我们创建了一个名叫HelloWorld的应用程序，在这一节中，我们就来学习一下怎样让它运行起来，向世界打声招呼，具体步骤如下所示。

(1) 在Eclipse IDE中配置运行选项。选择"Run"→"Run Configuration…"菜单，出现如图2-11所示的"Run Configurations"对话框，从中选中"Android Application"后单击 按钮开始进行配置。

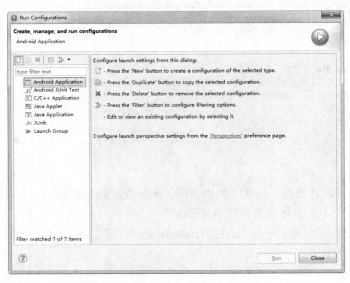

图2-11　运行配置对话框

(2) 此时的"Run Configurations"对话框将会变成如图2-12所示的情形，此时我们填上一些配置选项，具体如图2-13和图2-14所示。然后单击"Apply"按钮使配置生效，再单击"Run"按钮运行应用程序。

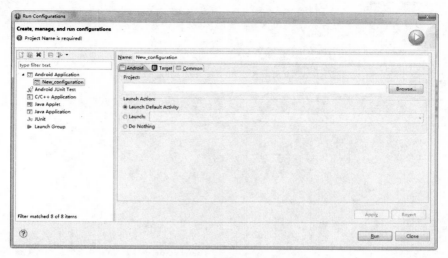

图2-12　HelloWorld应用程序运行配置参数

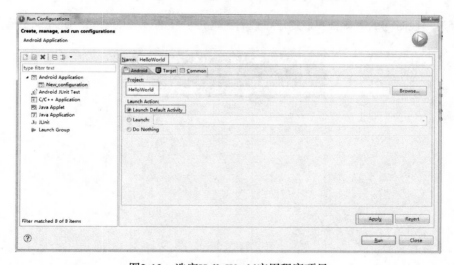

图2-13　选定HelloWorld应用程序项目

注意
- 当需要重复运行这个项目的时候，不需要再重复配置，因为Eclipse IDE已经为我们保存了这些配置（可以在"Run"→"Run History"中找到这些配置）。
- 图2-14的配置说明应用程序运行在"BookAVD"中。在应用程序运行之前，如果此模拟器已经启动，则直接安装运行应用程序；如果此模拟器未启动，则首先需要启动它。

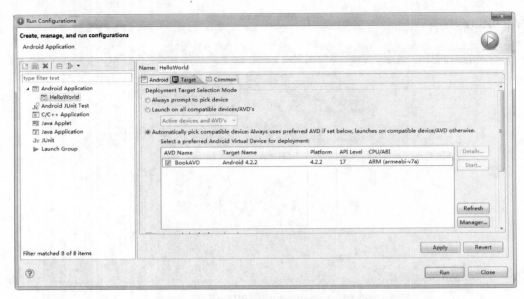

图2-14　HelloWorld应用程序运行参数配置示例

(3) 经过一段时间的等待，我们终于可以看到应用程序的运行结果了，如图2-15所示。

图2-15　HelloWorld运行结果

2.2.2 HelloWorld运行过程的调试信息

下面来看看程序的基本运行过程,Eclipse IDE的"Console"窗口显示了调试信息,如图2-16所示。

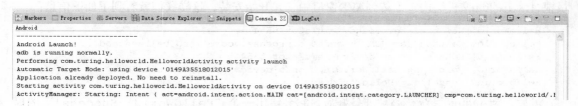

图2-16 "Console"窗口中的调试信息

图2-16中的调试信息传递了几个重要内容,下面一一道来。

在运行前,需要判断ADB是不是正在正常运行(ADB是一个重要的工具,下面将详细讲解),并准备运行默认的Activity。当前,默认的Activity是MainActivity,它在com.turing.book包下。因此,我们得到了如下信息:

```
HelloWorld] -----------------------------
HelloWorld] Android Launch!
HelloWorld] adb is running normally.
HelloWorld] Performing cn.turing.book.MainActivity activity launch
```

然后,Android系统会判断是否有适合的AVD正在运行(所谓"适合",是指当前的AVD支持的Android平台版本是否大于或等于应用程序要求的最低版本,也就是说大于或等于"Minimum Required SDK"定义的版本号),如果没有,则需要启动一个适合的AVD。注意,在运行配置中,如果选定了一个AVD,则该AVD将会被启动,如果没有,Android系统会选择一个适合的AVD,并启动它。如果当前已经运行了一个适合的AVD,那么这个步骤将会被跳过。当前,我们并没有正在运行的适合的模拟器,但已经配置了一个固定的AVD(BookAVD),因此将得到下面的这些信息,同时要做的是启动这个已配置的固定AVD

```
HelloWorld] Automatic Target Mode: Preferred AVD 'BookAVD' is not available. Launching
    new emulator.
HelloWorld] Launching a new emulator with Virtual Device 'BookAVD'
```

如果当前已经运行了一个适合的AVD,那么运行信息将会变成以下的情况。与上面这个后来启动的AVD相比,运行信息是有所不同的,下面让我们一起来找找区别:

```
HelloWorld] -----------------------------
HelloWorld] Android Launch!
HelloWorld] adb is running normally.
HelloWorld] Performing cn.turing.book.MainActivity activity launch
HelloWorld] Automatic Target Mode: Preferred AVD 'BookAVD' is available on emulator
    'emulator-5554'
HelloWorld] Application already deployed. No need to reinstall.
HelloWorld] Starting activity cn.turing.book.MainActivity on device emulator-5554
```

```
HelloWorld] ActivityManager: Starting: Intent { act=android.intent.action.MAIN
    cat=[android.intent.category.LAUNCHER] cmp= cn.turing.book/.MainActivity }
```

对！区别就在这里，它省去了启动模拟器的过程，直接开始安装和运行我们的应用程序。

此外，当AVD窗口被创建时，Android将会自动开始将应用程序的APK文件（此文件位于项目根目录下的bin文件夹内）上传到AVD窗口中，并开始安装，这样我们就看到了如下信息：

```
HelloWorld] New emulator found: emulator-5554
HelloWorld] Waiting for HOME ('android.process.acore') to be launched...
HelloWorld] HOME is up on device 'emulator-5554'
HelloWorld] Uploading HelloWorld.apk onto device 'emulator-5554'
HelloWorld] Installing HelloWorld.apk...
```

最后，当Android系统核心被准备好后，它会给出一个"HelloWorld] Success！"的提示。接下来，Activity管理器（ActivityManager）就开始运行APK的默认Activity，于是就看到了这样的信息提示：

```
HelloWorld] Success!
HelloWorld] Starting activity cn.turing.book.MainActivity on device emulator-5554
HelloWorld] ActivityManager: Starting: Intent { act=android.intent.action.MAIN
    cat=[android.intent.category.LAUNCHER] cmp=cn.turing.book/.MainActivity }
```

完成以上过程后，我们就能在模拟器上看到如图2-15所示的运行结果。

2.3 DDMS工具介绍

DDMS工具对于Android应用程序的调测非常重要，DDMS中包含了LogCat等工具，它们为应用程序的调测提供了重要的信息。了解并熟悉DDMS工具的用法对应用程序的好处将不言而喻。

2.3.1 DDMS工具及其打开方式

对于开发者而言，除了要拥有足够的开发技能外，还得拥有一定的测试技能，这对于Android开发者同样也不例外。在Android开发中，有一个非常重要的工具——DDMS，它就是用于启动Android的调试工具，在整个Android平台中发挥着至关重要的作用。

DDMS的内容非常关键而又繁杂，下面我们将详细解读它，希望读者跟着本书一起做一做，看一看，想一想。

1. 什么是DDMS

Android搭载了一个被称为DDMS的调试工具，该工具提供了端口转发服务、设备上的屏幕捕捉、线程和设备上的堆信息、LogCat、进程、来电呼叫和SMS的模拟、位置数据的模拟等。图2-17展示了DDMS的整体界面。

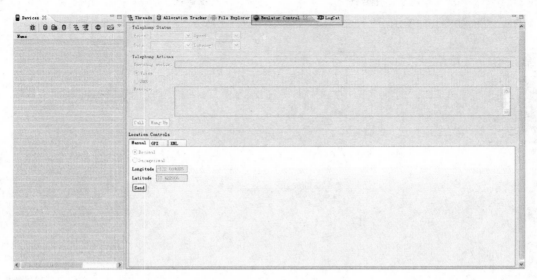

图2-17 DDMS界面

一句话，DDMS是调测、监控应用程序以及模拟真实终端行为的重要工具。

2. 如何运行DDMS

DDMS工具既被整合到Eclipse开发环境中，也被搭载在SDK的tools目录中，它可以通过以下两种方式打开。

- 从Eclipse中单击"Window"→"Open Perspective"→"Other..."→"DDMS"菜单。
- 在命令行中从tools目录中输入ddms。

2.3.2 使用DDMS工具调测HelloWorld项目

上一节简单介绍了何为DDMS以及如何运行它，现在我们就来详细谈谈如何使用它来调测应用程序。本节我们将会为测试修改一些代码，还要介绍一个Android的测试类，它对我们以后的开发起到相当重要的作用。下面先大概介绍一下DDMS工具的用法。

1. 查看Heap

要查看Heap，主要有如下3种方法。

- 在"Devices"页中，选择想要查看其Heap信息的进程。
- 单击"Update Heap"按钮来启用查看进程的Heap信息。
- 在"Heap"页中，单击"Cause GC"按钮来调用垃圾收集。当操作完成时，开发者将看到一组对象类型以及已经为每个类型分配的内存。再次单击"Cause GC"按钮可以刷新数据。

单击列表中的一个对象类型，可以便看到一个显示对象数量的条形图，其中这些对象是为以字节为单位的一个特定内存大小分配的。

Heap界面如图2-18所示。

图2-18　Heap界面展示

2. 使用模拟器或者设备的文件系统

DDMS提供一个允许我们在设备上查看、复制和删除文件的"File Explorer"页（如图2-19所示），它用于展示设备中的文件要使用模拟器还是设备的文件系统，使用方法如下。

❑ 在"Devices"中选择你想要为之查看文件系统的模拟器。
❑ 要从设备中复制文件，在"File Explorer"中定位文件并且单击"Pull File"按钮即可。
❑ 要将文件复制到设备上，在"File Explorer"上单击"Push File"按钮即可。

图2-19　DDMS的文件浏览器界面

3. 使用LogCat

LogCat被整合到DDMS中，用于输入系统或应用程序运行的日志信息，这些信息可用Log类打印出来，如图2-20所示。

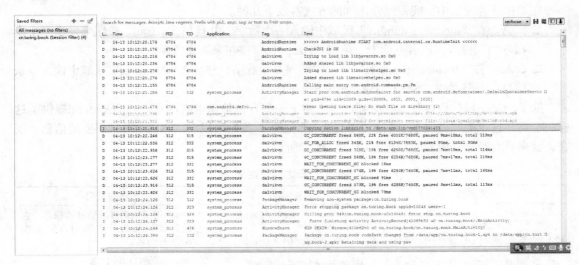

图2-20　LogCat界面以及一些模拟信息

4. 模拟电话操作和位置

模拟器控制页（Emulator Control界面，如图2-21所示）可使我们模拟电话的语音和数据网络状态。当要在不同的网络环境中测试应用程序的稳定性时，它非常有用。

图2-21　Emulator Control界面

5. 模拟呼叫或者SMS文本信息

模拟器的电话行为部分控制页可让我们模拟呼叫和发送短信。当想测试应用程序的稳定性、响应来电以及发送到电话上的信息时，它非常有用。

在工作或者测试中，我们经常用到的方式有以下几种。

- 声音。在"Incoming number"区域中输入一个数字，并且单击"Call"按钮来发送一个模拟呼叫到模拟器或者电话上。单击"Hang Up"按钮来终止呼叫。
- SMS。在"Incoming number"区域中输入一个数字，并且在"Message"区域中输入一条信息，并且单击"Send"按钮来发送信息。

除了调试一段代码以外，在必要的地方留下一些日志信息也同样重要，而Android提供了这样一个类，这个类叫做Log。通过使用它的一些方法，我们可以在DDMS中看到想要的信息。现在，就来看看经常会用到的一些方法，如表2-2所示。

表2-2 日志接口定义

方法原型	方法描述	参数说明
public static int d (String tag, String msg)	发送一个debug级别的日志消息	tag：用于识别日志信息的标志，它通常被定义为日志调用点的类或Activity的名字
public static int e (String tag, String msg)	发送一个error级别的日志消息	
public static int i (String tag, String msg)	发送一个info级别的日志消息	msg：需要打印的日志
public static int v (String tag, String msg)	发送一个verbose级别的日志消息	

下面来修改一下MainActivity.java代码，让它打印一个ERROR级别的日志，其中日志消息是HelloWorld Application，tag为HelloWorldActivity：

```java
package cn.turing.book;

import android.support.v7.app.ActionBarActivity;
import android.support.v4.app.Fragment;
import android.os.Bundle;
import android.util.Log;
import android.view.LayoutInflater;
import android.view.Menu;
import android.view.MenuItem;
import android.view.View;
import android.view.ViewGroup;

public class MainActivity extends ActionBarActivity {

    @Override
    protected void onCreate(Bundle savedInstanceState) {
        super.onCreate(savedInstanceState);
        setContentView(R.layout.activity_main);

        if (savedInstanceState == null) {
            getSupportFragmentManager().beginTransaction()
```

```java
            .add(R.id.container, new PlaceholderFragment())
            .commit();
    }
    Log.e("HelloWorldActivity", "HelloWorld Application");
}

@Override
public boolean onCreateOptionsMenu(Menu menu) {
    getMenuInflater().inflate(R.menu.main, menu);
    return true;
}

@Override
public boolean onOptionsItemSelected(MenuItem item) {
    int id = item.getItemId();
    if (id == R.id.action_settings) {
        return true;
    }
    return super.onOptionsItemSelected(item);
}

public static class PlaceholderFragment extends Fragment {

    public PlaceholderFragment() {
    }

    @Override
    public View onCreateView(LayoutInflater inflater, ViewGroup container,
        Bundle savedInstanceState) {
        View rootView = inflater.inflate(R.layout.fragment_main, container, false);
        return rootView;
    }
}
}
```

完成修改以后，再次运行HelloWorld应用程序，此时就会看到如图2-22所示的运行结果。

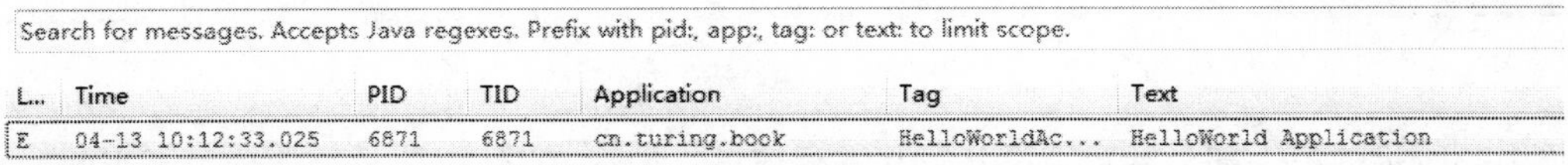

L...	Time	PID	TID	Application	Tag	Text
E	04-13 10:12:33.025	6871	6871	cn.turing.book	HelloWorldAc...	HelloWorld Application

图2-22　DDMS中的日志输出

提示　如果需要打印其他级别的日志，只需要更换Log方法即可。例如，如果需要打印DEBUG级别的日志，只需要使用public static int d(String tag, String msg)接口即可。

2.3.3 详解DDMS工具界面

DDMS工具的重要性不言而喻，它能提供比较详细的调试以及日志信息，因此，我们有必要对它再做个比较详细的介绍。上一节介绍的是DDMS嵌套在ADT中的用法，本节就要来看一看一个完整DDMS的"庐山真面目"。

启动一个模拟器，会出现如图2-23所示的界面，它展示了DDMS工具的全貌，现在我们将这个界面分成3个部分。

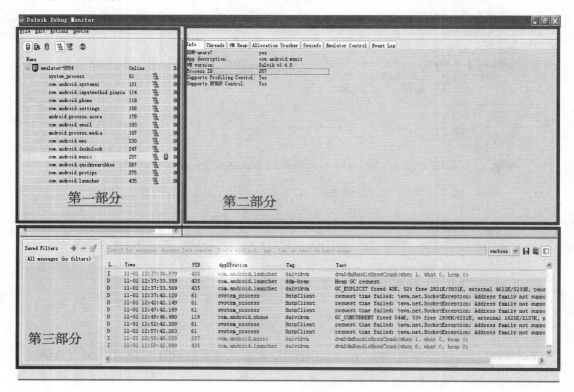

图2-23　DDMS工具

图2-23所示的第一部分展示了设备及其进程信息。此外，它还以树形结构展示了当前ADB所侦测到的所有设备及其进程信息，该树的根表示一个设备以及设备的状态，而树的每一片叶子则表示当前所启动的进程以及进程的状态。当前，我们只启动了一个标识为"5554"的设备。

在图2-23所示的第二部分中，"Info"标签页显示了选中进程的信息，这里展示的是"com.android.music"进程的信息。从"App description"中可以知道，这个进程是"com.android.music"应用程序启动的，它的ID（Process ID）是257，当前模拟器的版本（VM version）是"Dalvik v1.4.0"等。当然，这里还提供了非常丰富的信息，它们被分类到不同的标签中。

此外，可以看到的主要条目还有"Threads""VM Heap""Allocation Tracker""Emulator

Control""Sysinfo"和"Event Log"。下面我们将以"com.android.music"为样本对前4个标签页做重点介绍。

1. "Threads"标签

在DDMS的"Thread"标签页中，我们可以非常方便地看到某一个进程的所有线程信息，如图2-24所示。

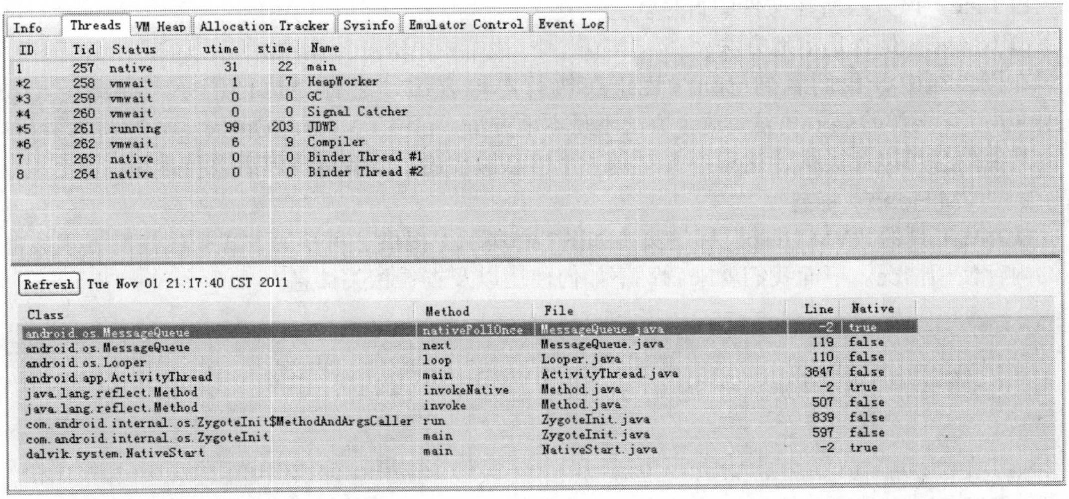

图2-24 "com.android.music"进程的线程信息

下面我们来看看线程中每个字段的含义。

- ID：模拟器分配的一位的线程ID号。
- Tid：Linux的线程ID号。
- Status：线程的状态信息，主要包括如下几种状态。
  - running：正在执行的程序代码。
  - sleeping：执行了`Thread.sleep()`。
  - monitor：等待接受一个监听锁。
  - wait：执行了`Object.wait()`，等待被唤醒。
  - native：正在执行本地代码。
  - vmwait：等待模拟器。
  - zombie：线程在垂死的进程中。
  - init：初始化的线程。
  - starting：线程正在启动。
- utime：执行用户代码的累计时间。
- stime：执行系统代码的累计时间。
- Name：线程的名字。

以上这些信息能为我们衡量代码质量提供一定的帮助。

现在选择其中一个线程，然后单击"Refresh"按钮，此时可以看到线程内的如下运行信息。

- Class：执行方法的类名。
- Method：执行的方法名称。
- File：这个方法所在的文件名称。
- Line：该方法所在文件的行号。
- Native：是否是本地方法。

在图2-24中，我们看到main线程正在执行本地方法，它曾经执行了一个android.os.MessageQueue类的next方法。这个方法不是本地方法，它位于MessageQueue.java文件的第119行。

其他信息可以此类推，这里不再对每一个信息做描述，读者可理解后自行推敲。

2. "VM Heap"标签

DDMS工具的"VM Heap"标签页（如图2-25所示）提供了可视的方式来让我们观测某个进程的内存使用情况。下面我们就来看一下如何使用以及查看相关信息。

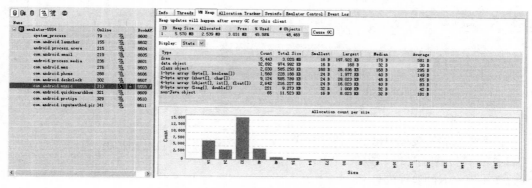

图2-25 "VM Heap"标签页

说明

- 图中"Cause GC"按钮的作用是向模拟器请求一次GC操作，只需要单击一次即可，此界面会不断刷新。
- 如何通过此工具观测我们的代码是否存在内存泄露的可能性呢？答案是通过观测"Type"为"data object"（数据对象）的变化即可知道。在"data object"行中，有一个名叫"Total Size"的列，此列上的值表示当前进程中所有Java数据对象的内存总量，它的大小决定了是否存在内存泄漏。一般来说，对于一个内存控制良好的应用程序，我们会不断对它进行操作，而"Total Size"会稳定在一个范围内。如果应用程序中的代码不恰当地使用内存（比如，创建的对象没有适当地回收），那么这个值则会不断增加，直到系统上报内存溢出（OOM）为止。

3. "Allocation Tracker" 标签

在这个标签页里，我们可以跟踪每个模拟器的内存分配情况。单击"Start Tracking"按钮后，再单击"Get Allocations"按钮，就可以得到如图2-26所示的数据。

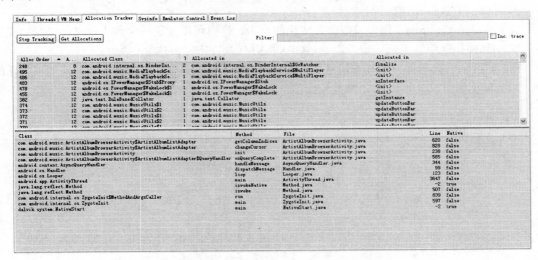

图2-26 "Allocation Tracker" 标签页

从图2-26中可以观察对象分配的情况，也可以看到分配此内存的代码所在，这对调测程序有很大的帮助。

4. "Emulator Control" 标签

这个标签（如图2-27所示）用于模拟真实设备的行为，比如电话状态（Telephony Status）、电话行为（Telephony Actions）和位置控制（Location Controls）。下面简要介绍这3个字段。

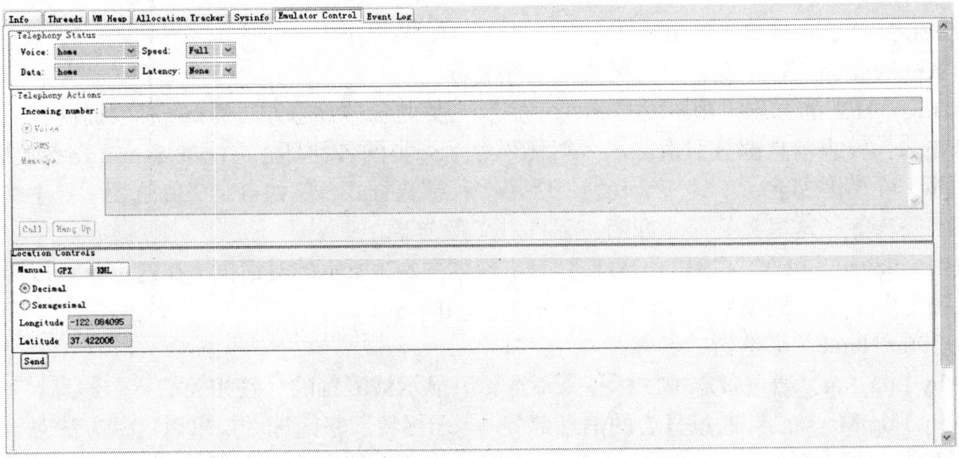

图2-27 "Emulator Control" 标签页

- Telephony Status：改变电话语音和数据方案状态，以便模拟不同的网络速度，比如数据漫游模式和GPS等。
- Telephony Actions：模拟一个电话给链接上的模拟器发送短信或者拨打电话。在电话方面，可以模拟拨打和挂机行为。
- Location Controls：用于模拟位置变化的行为，这里可以发送一个预先定义好的经纬度数据到模拟器中。当然，也可以通过GPX和KML文件来完成这个行为。

图2-23所示的第三部分是日志信息，这为我们提供了供调试使用的便捷工具，比如可视化的LogCat工具（如图2-28所示），下面简要介绍一下这个工具。

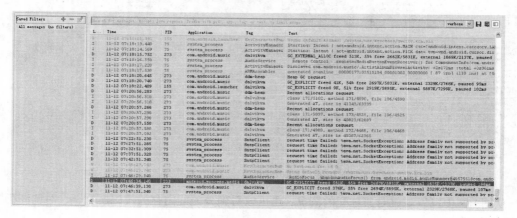

图2-28　可视化的LogCat工具

这里有必要解释一下日志的一些重要指标，具体如下所示。
- Level：日志级别，包含verbose（V）、debug（D）、info（I）、warn（W）和error（E）共5个级别。
- PID：打出此行日志的进程ID。
- Application：打出此行日志的应用程序名称。
- Tag：日志的标志，由`android.util.Log`类的各种日志方法的`tag`参数提供。
- Text：日志信息部分，由`android.util.Log`类的各种日志方法的`message`参数提供。

此外，可视化LogCat工具还给我们提供了多种筛选方式，比如自定义筛选器、日志级别筛选和按文字筛选等，这里我们简要介绍一下自定义筛选器。

单击"Saved Filters"右侧的加号按钮，出现如图2-29所示的对话框，在这里就可以添加一个自定义筛选器了。下面简要介绍该对话框中各选项的含义。
- Filter Name：筛选器的名称。
- by Log Tag：通过日志中的标签来筛选，只显示被配置的标签相关的日志信息。
- by Log Message：通过日志的消息部分（Text标签）来筛选。如果以这种方法对日志进行筛选，那么最终显示出来的日志中的"Text"部分则包含被配置的信息。

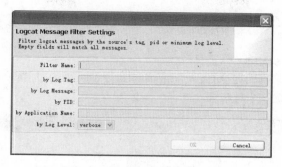

图2-29 自定义筛选器对话框

- ❑ by PID：通过进程ID筛选。
- ❑ by Application Name：通过应用程序名称筛选。
- ❑ by Log Level：通过日志级别筛选，只显示日志级别为配置级别以上的所有日志。例如，如果该项目选择warn这个级别，那么该筛选器只显示warn以及warn以上（也就是error）级别的日志。

2.3.4 DDMS工具菜单中的重要工具

在上一节中，我们向大家介绍了在DDMS工具可视化界面中所包含的标签、它们的使用方法及其参数描述。其实，在DDMS工具菜单中，还有一些非常有用的工具，下面我们就对它们进行剖析。

1. 设备文件浏览器

DDMS提供了设备目录的浏览工具，这可以通过“Device” → “File Explorer...”菜单来实现。比如，当应用程序创建了一个数据库的时候，当我们想看看这个数据库是否创建成功的时候，就可以使用这个浏览工具。首先，我们看看相应的数据库文件是否被创建，这可以通过文件浏览器来实现。当然，也可以使用ADB的shell工具查看。图2-30展示了文件浏览器的全貌，它以树形的方式列出了模拟器的文件目录结构。

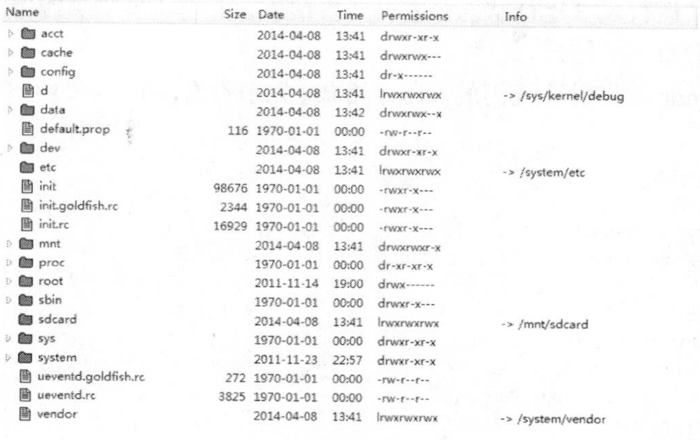

Name	Size	Date	Time	Permissions	Info
acct		2014-04-08	13:41	drwxr-xr-x	
cache		2014-04-08	13:41	drwxrwx---	
config		2014-04-08	13:41	dr-x------	
d		2014-04-08	13:41	lrwxrwxrwx	-> /sys/kernel/debug
data		2014-04-08	13:42	drwxrwx--x	
default.prop	116	1970-01-01	00:00	-rw-r--r--	
dev		2014-04-08	13:41	drwxr-xr-x	
etc		2014-04-08	13:41	lrwxrwxrwx	-> /system/etc
init	98676	1970-01-01	00:00	-rwxr-x---	
init.goldfish.rc	2344	1970-01-01	00:00	-rwxr-x---	
init.rc	16929	1970-01-01	00:00	-rwxr-x---	
mnt		2014-04-08	13:41	drwxrwxr-x	
proc		1970-01-01	00:00	dr-xr-xr-x	
root		2011-11-14	19:00	drwx------	
sbin		1970-01-01	00:00	drwxr-x---	
sdcard		2014-04-08	13:41	lrwxrwxrwx	-> /mnt/sdcard
sys		1970-01-01	00:00	drwxr-xr-x	
system		2011-11-23	22:57	drwxr-xr-x	
ueventd.goldfish.rc	272	1970-01-01	00:00	-rw-r--r--	
ueventd.rc	3825	1970-01-01	00:00	-rw-r--r--	
vendor		2014-04-08	13:41	lrwxrwxrwx	-> /system/vendor

图2-30 DDMS的文件浏览器

该文件浏览器提供了一些按钮（位于浏览器的顶部）来下载和上传文件、新建文件夹以及删除文件。

2."Show process status..."工具

此工具的功能类似于我们在执行ps -x的shell命令，可以通过"Device" → "Show process status..."菜单来打开，如图2-31所示。

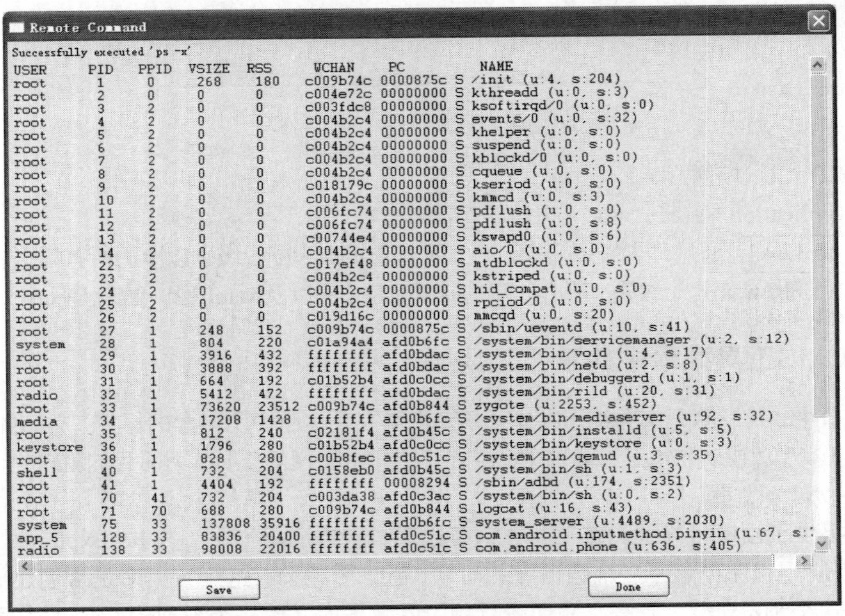

图2-31 "Show process status..."工具

每名熟悉Linux的开发者都应该很清楚，ps命令是一个非常强大的进程查看命令，使用它可以了解哪些进程正在运行及其运行状态、进程是否结束、占用了多少资源等。下面就通过ps的源代码来分析一下我们得到的结果。

首先，来看看Android提供给我们的ps命令格式。先来看看ps的入口函数main()的代码片段：

```
int ps_main(int argc, char **argv)
{
    ......
    d = opendir("/proc");
    if(d == 0) return -1;

    while(argc > 1){
        if(!strcmp(argv[1],"-t")) {
            threads = 1;
        } else if(!strcmp(argv[1],"-x")) {
            display_flags |= SHOW_TIME;
        } else if(!strcmp(argv[1],"-P")) {
            display_flags |= SHOW_POLICY;
```

```
        } else if(!strcmp(argv[1],"-p")) {
            display_flags |= SHOW_PRIO;
        } else if(isdigit(argv[1][0])){
            pidfilter = atoi(argv[1]);
        } else {
            namefilter = argv[1];
        }
        argc--;
        argv++;
    }
    ......
    return 0;
}
```

从上面的代码片段可以得到这样的结论：Android的ps命令至少支持表2-3所示的这些参数。

表2-3　ps支持的参数

参　　数	作　　用
-t	用于显示线程的状态，后面跟的是线程ID。与ps -x命令相比，这里输出的信息包含了各个进程中所有线程的信息
-x	显示进程级的信息，并带有时间相关的信息。它也是我们的命令中所带的参数，此参数比较常用
-P	在-x的输出信息中追加了进程的优先级信息，这里包括un（未知状态）、bg（后台状态）、fg（前台状态）以及er（错误状态）
-p	在-x的输出信息中追加了"PRIO"（任务的动态优先级）、"NICE"（任务的静态优先级）、"RTPRI"（实时进程的相对优先级）和"SCHED"（进程的调度策略）
无	如果没有携带任何操作的时候，只输出进程的基本信息，这些信息包括进程的用户（USER）、进程ID、占用空间等

此外，ps命令还支持筛选条件。大家可以尝试运行这些命令，看看会得到什么样的结果。其次，我们来看看这些信息是从哪里得到的。下面还是从ps命令的源代码入手：

```
sprintf(statline, "/proc/%d", pid);
stat(statline, &stats);

if(tid) {
    sprintf(statline, "/proc/%d/task/%d/stat", pid, tid);
    cmdline[0] = 0;
} else {
    sprintf(statline, "/proc/%d/stat", pid);
    sprintf(cmdline, "/proc/%d/cmdline", pid);
    fd = open(cmdline, O_RDONLY);
    if(fd == 0) {
        r = 0;
    } else {
        r = read(fd, cmdline, 1023);
        close(fd);
        if(r < 0) r = 0;
    }
    cmdline[r] = 0;
    ......
}
```

可以看到，Android的ps命令的输出信息存放在以"/proc/%d"为基础的目录中，而"/proc"目录是Android运行过程中产生的临时目录，用于保存运行的实时信息。

如果我们想要输出某个线程的信息（也就是-t操作），那么输出信息将保存在"/proc/进程ID/task/线程ID/stat"文件中。

如果我们需要输出的是进程级的信息，那么这些信息分别包含在"/proc/进程ID/stat"和"/proc/进程ID/cmdline"文件中，其中绝大多数信息来自"stat"文件，而"cmdline"中只保存进程的cmd名称。

下面就进入ps命令的重头戏——信息解析。

如图2-31所示，ps -x的输出包括USER、PID、PPID、VSIZE、RSS、WCHAN、PC和NAME这些字段，其中NAME的输出中还包括了u和s的说明。通过阅读上文，我们已经了解到，这些信息都来源于"/proc/pid/stat"和"/proc/pid/cmdline"这两个过程文件。

现在具体看看这两个文件都包含了什么内容。先启动一个模拟器，然后在命令行环境下使用adb shell命令，最后分别输入cat proc/270/stat和cat proc/270/cmdline这两条命令，此时将会得到如图2-32所示的运行结果。

图2-32　输入cat proc/270/stat和cat proc/270/cmdline的运行结果

注意　命令中的"270"是一个进程的ID号，并不是一个固定的值，这个数据可以在DDMS中获取，这里以音乐播放器的进程为例来说明我们可以得到的关键数据。

图2-32就体现了音乐播放器当前的状态，其中那一串匪夷所思的数字和图2-31是怎么关联起来的呢？表2-4就体现了它们之间的关系（注意：表中数据的先后顺序与命令行输出一致）。

表2-4 `ps -x` 命令输出与DDMS的"Show process status..."工具的对应关系

名　称	对应关系	描　述
进程ID	PID	指示进程的ID号，包括轻量级进程（也就是线程）ID。 stat中的数据：270
名称	NAME	应用程序或者命令的名字。值得注意的是，cmdline中的消息更全。所以，ps命令会判断cmdline中是否存在一个名称，如果没有，就取stat中的该字段数据。 stat中的数据：com.android.music cmdline中的数据：com.android.music
任务状态	STATUS	表示任务的当前状态，它包括以下这些取值。 ❏ R：running。 ❏ S：sleeping。 ❏ D：disk sleep。 ❏ T：stopped。 ❏ Z：zombie。 ❏ X：dead。 ❏ stat中的数据：S，表示已睡眠。 当我们运行音乐播放器的时候，此状态将会变为"R"，表示运行状态
父进程号	PPID	stat中的数据：33。表示zygote创建的此进程
进程组号	PGID	stat中的数据：33
会话组号	SID	该任务所在的会话组ID。 stat中的数据：0
tty终端设备号	TTY	表示该任务的tty终端设备号。stat中的数据：0
终端进程号		表示终端的进程组号，当前运行在该任务所在终端的前台任务的PID。 stat中的数据：−1
进程标志		此标志用于查看进程的特性。 stat中的数据：4194624
cmin_flt		该任务的所有waited-for进程曾经发生的缺页的累计次数
cmaj_flt		该任务的所有waited-for进程曾经发生的主缺页的累计次数
utime	u	该任务的用户运行时间，单位为毫秒
stime	s	该任务的核心态运行时间，单位为毫秒
cutime		该任务所有waited-for进程曾经在用户态运行的累计时间
cstime		该任务所有waited-for进程曾经在核心态运行的累计时间
priority	使用-p操作的时候，与PRIO区域对应	任务的动态优先级。 stat中的数据为：20
nice	使用-p操作的时候，与NICE区域对应	任务的静态优先级。 stat中的数据为：0
num_threads		该任务所在的线程组中包含的线程个数。 stat中的数据为：8

（续）

名称	对应关系	描述
it_realvalue		由于计时间隔导致下一个SIGALRM发送进程延时。 stat中的数据为：0
start_time		该任务的启动时间，单位为毫秒。 stat中的数据为：11906
vsize	VSIZE	该任务的虚拟地址空间大小。 stat中的数据为：84905984。 备注：界面中显示的数据=84905984/1024
rlim		该任务能驻留物理地址空间的最大值。 stat中的数据为：4294967295
start_code		该任务在虚拟地址空间的代码段的起始地址。 stat中的数据为：32768
end_code		该任务在虚拟地址空间的代码段的结束地址。 stat中的数据为：36516
start_stack		该任务在虚拟地址空间的栈的结束地址。 stat中的数据为：3204086896
kstkesp		栈指针的当前值（esp）。 stat中的数据为：3204084408
kstkeip	PC	指向将要执行的指令的指针。 stat中的数据为：2949694748
pendingsig		等待处理的信号，记录发送给进程的普通信号。 stat中的数据为：0
block_sig		阻塞的信号。 stat中的数据为：4612
sigignore		忽略的信号。 stat中的数据为：0
sigcatch		被俘获的信号。 stat中的数据为：38120
wchan	WCHAN	如果该进程是睡眠状态，该值给出调度的调用点。 stat中的数据为：4294967295。 备注：界面中显示的是该值的十六进制的数值
nswap		被替换的页数，目前没有使用。 stat中的数据为：0
cnswap		所有子进程被替换的页数的和。 stat中的数据为：0
exit_signal		该进程结束的时候，向父进程所发送的信号。 stat中的数据为：17
task_cpu		运行在哪个CPU上。 stat中的数据为：0

（续）

名称	对应关系	描述
task_tr_priority	-p操作的时候与PRPRI区域相对应	任务实时进程的相对有限级。
task_policy	-p操作的时候与SCHED区域相对应	stat中的数据为：0 进度的调度策略，0表示非实时进程，1表示先进先出实时进程，2表示RR实时进程。 stat数据为：0

最后，还要来关注一下：在使用ps-P显示进程的时候，我们发现多了一个名叫PCY的列。那么，它的值是从哪里来的呢？

要回答这个问题，只需要看看ps的源代码就一目了然了，具体如下所示：

```
if (display_flags & SHOW_POLICY) {
    SchedPolicy p;
    if (get_sched_policy(pid, &p) < 0)
        printf(" un ");
    else {
        if (p == SP_BACKGROUND)
            printf(" bg ");
        else if (p == SP_FOREGROUND)
            printf(" fg ");
        else
            printf(" er ");
    }
}
```

这里的关键是调用了get_sched_policy()函数，这个函数的作用就是返回这个进程策略。如果返回的值大于或等于0，那么具体策略被存放在SchedPolicy中。

现在来看看SchedPolicy结构的声明，具体如下：

```
typedef enum {
    SP_BACKGROUND = 0,
    SP_FOREGROUND = 1,
} SchedPolicy;
```

可以看出，SchedPolicy是一个表示线程调度优先级的枚举类型，它枚举了两种状态，分别是SP_BACKGROUND（后台）和SP_FOREGROUND（前台）。如果当前进程不符合这些枚举值，我们将看到PCY区域被标识为er。如果枚举类型是SP_BACKGROUND，PCY区域将被标识为bg；如果枚举类型是SP_FOREGROUND，PCY区域将被标识为fg。

下面看一下get_sched_policy()函数的声明：

`extern int get_sched_policy(int tid, SchedPolicy *policy);`

从这个声明中可以看到，这个函数需要两个参数，分别是tid（进程ID）和SchedPolicy类型的指针（用于保存结果）。另外，该函数还会返回一个整型值来标识进程是否存在（如果存在，则返回大于或者等于0的值，否则不存在）。

综上所述，通过get_sched_policy()函数，我们可以得到un、bg、fg和er这4种状态。

下面来看看ps -P的运行结果，这里只显示音乐播放器的进程，如图2-33所示。

图2-33 ps -P的运行结果

那么，运行ps -p又会怎样呢？图2-34将会告诉你结果。

图2-34 ps -p的运行结果

对比-P与-p这两个参数可以发现，-p参数输出了更详细的信息，比如具体的进程优先级等。

这里我们介绍了ps工具的基本用法，它对于开发和测试有非常大的帮助。如果读者了解了该工具的用法以及一些基本输出信息的含义，对开发和测试程序大有帮助。

3. "Dump device state..."工具

此工具实际上是执行了dumpstate /proc/self/fd/0命令，它打印了设备的相关信息，比如设备的内存信息（/proc/meminfo设备）、网络以及核心信息等。通过"Device"→"Show state state..."菜单，可以打开"Dump device state..."输出界面，如图2-35所示。

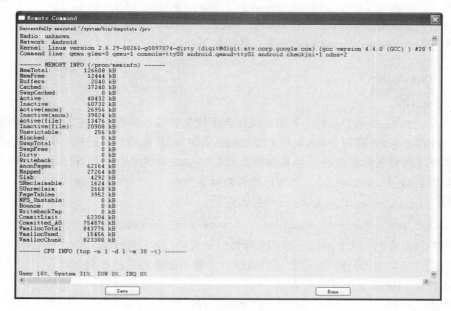

图2-35 设备信息

dumpstat是我们观察设备属性（版本、核心信息等）以及设备运行状态（CPU以及内存使用情况等）的非常有用的工具。测试或者开发的时候，经常会用到它。

dumpstat工具打印出非常丰富的信息，大大方便了我们定位问题。这里依然用源代码来分析dumpstat具体提供的两部分信息。

第一部分信息将告诉我们本设备的版本以及核心等相关信息，如下所示：

```
Build: sdk-eng 2.3.1 GSI11 93351 test-keys
Bootloader: unknown
Radio: unknown
Network: Android
Kernel: Linux version 2.6.29-00261-g0097074-dirty (digit@digit.mtv.corp.google.com)
    (gcc version 4.4.0 (GCC) ) #20 Wed Mar 31 09:54:02 PDT 2010
Command line: qemu.gles=0 qemu=1 console=ttyS0 android.qemud=ttyS1 android.checkjni=1
    ndns=2
```

那么，这些信息从何而来呢？下面来看看dumpstat的代码片段：

```
property_get("ro.build.display.id", build, "(unknown)");
property_get("ro.baseband", radio, "(unknown)");
property_get("ro.bootloader", bootloader, "(unknown)");
......

FILE *cmdline = fopen("/proc/cmdline", "r");
    if (cmdline != NULL) {
        fgets(cmdline_buf, sizeof(cmdline_buf), cmdline);
        fclose(cmdline);
    }
......

printf("Build: %s\n", build);
printf("Bootloader: %s\n", bootloader);
printf("Radio: %s\n", radio);
printf("Network: %s\n", network);

printf("Kernel: ");
dump_file(NULL, "/proc/version");
printf("Command line: %s\n", strtok(cmdline_buf, "\n"));
```

从以上代码片段中不难看出，dumpstat工具的这部分打印信息分别来自一些类似ro.*的属性值。它们是系统编译的时候就已经定义的属性或者是启动的时候动态写入的属性值。下面的代码片段展示了ro.build.display.id的来源：

```
echo "ro.build.display.id=$BUILD_DISPLAY_ID"
```

这行代码表示，ro.build.display.id来自一个名叫BUILD_DISPLAY_ID的环境变量，而这个变量正是预先定义好的值。

而我们在系统初始化代码中可以发现这样的代码：

```
property_set("ro.serialno", serialno[0] ? serialno : "");
    property_set("ro.bootmode", bootmode[0] ? bootmode : "unknown");
    property_set("ro.baseband", baseband[0] ? baseband : "unknown");
    property_set("ro.carrier", carrier[0] ? carrier : "unknown");
```

```
        property_set("ro.bootloader", bootloader[0] ? bootloader : "unknown");
```

可以看到，系统启动的时候提供了ro.baseband属性以及ro.bootloader属性的值。而Kernel来自proc/version运行文件的信息，Command line来自proc/comline运行文件的信息。

第二部分信息将告诉我们一些系统当前的运行状态信息，它们分别是内存信息、CPU信息以及缓存相关的信息。让我们来看看下面的代码：

```
dump_file("MEMORY INFO", "/proc/meminfo");
    run_command("CPU INFO", 10, "top", "-n", "1", "-d", "1", "-m", "30", "-t", NULL);
```

可以看出，上面调用了两个函数dump_file和run_command。由它们的函数名称可以得到这样的结论：我们所需要的信息分别来自某个文件或者是通过执行某个命令得到。

接下来，我们简要分析一下这些信息。

- dump_file("MEMORY INFO","/proc/meminfo");这一行代码说明我们现在打印的是内存信息，它的信息来自"/proc/meminfo"过程文件。这里展示了"/proc/meminfo"中包含的内容，如下所示：

```
------ MEMORY INFO (/proc/meminfo) ------
MemTotal:          126608 KB
MemFree:            13392 KB
Buffers:               12 KB
Cached:             39556 KB
SwapCached:             0 KB
Active:             37548 KB
Inactive:           62724 KB
Active(anon):       27520 KB
Inactive(anon):     42468 KB
Active(file):       10028 KB
Inactive(file):     20256 KB
Unevictable:          256 KB
Mlocked:                0 KB
SwapTotal:              0 KB
SwapFree:               0 KB
Dirty:                  0 KB
Writeback:              0 KB
AnonPages:          60996 KB
Mapped:             29372 KB
Slab:                3904 KB
SReclaimable:        1128 KB
SUnreclaim:          2776 KB
PageTables:          4212 KB
NFS_Unstable:           0 KB
Bounce:                 0 KB
WritebackTmp:           0 KB
CommitLimit:        63304 KB
Committed_AS:      803796 KB
VmallocTotal:      843776 KB
VmallocUsed:        16476 KB
VmallocChunk:      824324 KB
```

这些数据准确地表现出在执行dumpstat的那一刻物理以及虚拟内存的使用情况。

- `run_command("CPU INFO", 10, "top", "-n", "1", "-d", "1", "-m", "30", "-t", NULL)`这一行代码实际上执行了一个top命令（该命令中具体参数的含义请参考Linux相关文档，这里不做描述）：`top -n 1 -d 1 -m 30 -t`。此命令告诉我们当前CPU的实时使用情况以及使用率排名，这里只列出排名前30的命令。该命令的执行结果如下所示：

```
------ CPU INFO (top -n 1 -d 1 -m 30 -t) ------

User 14%, System 34%, IOW 0%, IRQ 0%
User 15 + Nice 0 + Sys 36 + Idle 53 + IOW 0 + IRQ 0 + SIRQ 0 = 104

  PID   TID  CPU% S     VSS     RSS PCY UID      Thread            Proc
  308   308   52% R    980K    448K  fg shell    top               top
  281   284    0% S  82512K  17988K  bg app_14   Signal Catcher    com.android.protips
   41    41    0% S   4424K    212K  fg root     adbd              /sbin/adbd
  126   126    0% S  98020K  21096K  fg radio    m.android.phone   com.android.phone
  129   129    0% S  87280K  23024K  fg system   ndroid.systemui   com.android.systemui
  307   307    0% S    840K    404K  fg shell    dumpstate         /system/bin/dumpstate
    7     7    0% S      0K      0K  fg root     kblockd/0
    8     8    0% S      0K      0K  fg root     cqueue
    9     9    0% S      0K      0K  fg root     kseriod
   10    10    0% S      0K      0K  fg root     kmmcd
   11    11    0% S      0K      0K  fg root     pdflush
   12    12    0% S      0K      0K  fg root     pdflush
   13    13    0% S      0K      0K  fg root     kswapd0
   14    14    0% S      0K      0K  fg root     aio/0
   22    22    0% S      0K      0K  fg root     mtdblockd
   23    23    0% S      0K      0K  fg root     kstriped
   24    24    0% S      0K      0K  fg root     hid_compat
   25    25    0% S      0K      0K  fg root     rpciod/0
   26    26    0% S      0K      0K  fg root     mmcqd
   27    27    0% S    248K    152K  fg root     ueventd           /sbin/ueventd
   28    28    0% S    804K    260K  fg system   servicemanager    /system/bin/servicemanager
   29    29    0% S   3916K    476K  fg root     vold              /system/bin/vold
   29    46    0% S   3916K    476K  fg root     vold              /system/bin/vold
   29    51    0% S   3916K    476K  fg root     vold              /system/bin/vold
   30    30    0% S   3888K    436K  fg root     netd              /system/bin/netd
   30    44    0% S   3888K    436K  fg root     netd              /system/bin/netd
   30    45    0% S   3888K    436K  fg root     netd              /system/bin/netd
   31    31    0% S    664K    232K  fg root     debuggerd         /system/bin/debuggerd
   32    32    0% S   5412K    520K  fg radio    rild              /system/bin/rild
   32    54    0% S   5412K    520K  fg radio    rild              /system/bin/rild
[top: 2.2s elapsed]
```

在最好的情况下，当应用程序不再运行时，这里就看不到它的"身影"了。

- `run_command("PROCRANK", 20, "procrank", NULL)`这一行代码说明我们实际上是在执行procrank命令。procrank命令的作用是列出Linux进程的内存使用情况，它按照从高到低的顺序排列这些进程。在本例中，我们将会看到procrank命令的执行结果，如下所示：

```
------ PROCRANK (procrank) ------
  PID       VSS      RSS      PSS      USS  cmdline
   68    36936K   35436K   18698K   16696K  system_server
  134    28040K   28040K   11741K    9980K  com.android.launcher
  129    23024K   23024K    6819K    5100K  com.android.systemui
  183    22716K   22716K    6096K    4236K  android.process.acore
  126    21096K   21096K    5485K    4252K  com.android.phone
   33    22176K   22176K    5383K    3484K  zygote
  217    20068K   20068K    4422K    3152K  com.android.email
  118    19620K   19620K    4291K    3096K  com.android.inputmethod.pinyin
  225    19816K   19816K    4196K    2956K  android.process.media
  245    19180K   19180K    3789K    2548K  com.android.mms
  198    19040K   19040K    3502K    2264K  com.android.deskclock
  273    18672K   18672K    3471K    2212K  com.android.quicksearchbox
  167    18328K   18328K    3312K    2196K  com.android.settings
  264    18036K   18036K    2966K    1796K  com.android.music
  281    17988K   17988K    2924K    1772K  com.android.protips
   34     1388K    1388K     937K     904K  /system/bin/mediaserver
  309      540K     540K     349K     340K  procrank
   29      476K     476K     267K     256K  /system/bin/vold
   32      520K     520K     240K     228K  /system/bin/rild
   30      436K     436K     231K     220K  /system/bin/netd
   41      212K     212K     196K     196K  /sbin/adbd
  307      412K     412K     172K     156K  /system/bin/dumpstate
   36      324K     324K     161K     156K  /system/bin/keystore
   38      324K     324K     131K     124K  /system/bin/qemud
  303      344K     344K     129K     116K  logcat
    1      180K     180K     122K      84K  /init
   27      152K     152K     114K      76K  /sbin/ueventd
  301      328K     328K     109K      68K  /system/bin/sh
  306      328K     328K     109K      68K  /system/bin/sh
   35      284K     284K      95K      88K  /system/bin/installd
   28      260K     260K      86K      80K  /system/bin/servicemanager
   40      244K     244K      78K      72K  /system/bin/sh
   31      232K     232K      66K      60K  /system/bin/debuggerd
[procrank: 4.2s elapsed]
```

上面的内容真是太丰富了,下面我们来具体介绍一下这些信息的含义,以便帮助大家理解这些数据。

- VSS:Virtual Set Size,虚拟耗用内存(包含共享库占用的内存)。
- RSS:Resident Set Size,实际使用的物理内存(包含共享库占用的内存)。
- PSS:Proportional Set Size,实际使用的物理内存。
- USS:Unique Set Size,进程独自占用的物理内存(不包含共享库占用的内存)。

在正常的情况下,这些数据应该符合这样的规律:VSS≥RSS≥PSS≥USS。

由于CPU以及内存的相关信息非常丰富,这里举了以上3个例子来分析我们所得到的信息。如果读者感兴趣,可以执行这些命令或者查看相关的过程文档来获取剩下的信息,在此不再赘述。

dumpstat工具除了前面介绍的用法外,还有其他非常有用的用法,具体如下所示。掌握了这些用法,对我们开发和测试程序将大有帮助。

- dumpstat工具能显示打印设备启动到使用此工具之前这个时间段内的各种系统日志，它执行了如下代码：

  ```
  run_command("SYSTEM LOG", 20, "logcat", "-v", "time", "-d", "*:v", NULL);
  ```

- dumpstat工具能显示无响应的原因以及发生的位置，产生这个结果的原因是它执行了如下代码：

  ```
  property_get("dalvik.vm.stack-trace-file", anr_traces_path, "");
      if (!anr_traces_path[0]) {
          printf("*** NO VM TRACES FILE DEFINED (dalvik.vm.stack-trace-file)\n\n");
      } else if (stat(anr_traces_path, &st)) {
          printf("*** NO ANR VM TRACES FILE (%s): %s\n\n", anr_traces_path,
              strerror(errno));
      } else {
          dump_file("VM TRACES AT LAST ANR", anr_traces_path);
      }
  ```

上面的代码说明，如果15分钟内设备曾经发生过应用程序无响应（即ANR）的情况，那么该工具将显示无响应的原因以及发生的位置。

Android系统在由于应用程序的原因而陷入长时间等待，无法响应用户事件（比如触屏事件、单击事件等）的时候，就会在"data/anr"目录下产生一个名叫"traces.txt"的文件，这个文件描述了什么地方导致的ANR。而以上代码的目的就是打开这个文件，并显示里面的内容。

接下来，我们将展示这个文件的片段以便加深读者的印象：

```
----- pid 167 at 2011-11-19 09:58:27 -----
Cmd line: com.android.settings

DALVIK THREADS:
(mutexes: tll=0 tsl=0 tscl=0 ghl=0 hwl=0 hwll=0)
"main" prio=5 tid=1 NATIVE
  | group="main" sCount=1 dsCount=0 obj=0x4001f1a8 self=0xce48
  | sysTid=167 nice=0 sched=0/0 cgrp=bg_non_interactive handle=-1345006528
  | schedstat=( 580577670 14046945509 151 )
  at android.os.MessageQueue.nativePollOnce(Native Method)
  at android.os.MessageQueue.next(MessageQueue.java:119)
  at android.os.Looper.loop(Looper.java:110)
  at android.app.ActivityThread.main(ActivityThread.java:3647)
  at java.lang.reflect.Method.invokeNative(Native Method)
  at java.lang.reflect.Method.invoke(Method.java:507)
  at com.android.internal.os.ZygoteInit$MethodAndArgsCaller.run(ZygoteInit.java:839)
  at com.android.internal.os.ZygoteInit.main(ZygoteInit.java:597)
  at dalvik.system.NativeStart.main(Native Method)

"Binder Thread #2" prio=5 tid=8 NATIVE
  | group="main" sCount=1 dsCount=0 obj=0x4050fe58 self=0x1e2288
  | sysTid=178 nice=0 sched=0/0 cgrp=bg_non_interactive handle=1973264
  | schedstat=( 5577323 43935086 2 )
  at dalvik.system.NativeStart.run(Native Method)
```

```
"Binder Thread #1" prio=5 tid=7 NATIVE
  | group="main" sCount=1 dsCount=0 obj=0x4050fc18 self=0x1e1868
  | sysTid=177 nice=0 sched=0/0 cgrp=default handle=586904
  | schedstat=( 17393753 446966035 4 )
  at dalvik.system.NativeStart.run(Native Method)

"Compiler" daemon prio=5 tid=6 VMWAIT
  | group="system" sCount=1 dsCount=0 obj=0x4050e760 self=0x26fc70
  | sysTid=174 nice=0 sched=0/0 cgrp=bg_non_interactive handle=969272
  | schedstat=( 22373670 126808590 27 )
  at dalvik.system.NativeStart.run(Native Method)

"JDWP" daemon prio=5 tid=5 VMWAIT
  | group="system" sCount=1 dsCount=0 obj=0x4050e548 self=0x26fb38
  | sysTid=173 nice=0 sched=0/0 cgrp=bg_non_interactive handle=1976336
  | schedstat=( 66410954 784290985 33 )
  at dalvik.system.NativeStart.run(Native Method)

"Signal Catcher" daemon prio=5 tid=4 RUNNABLE
  | group="system" sCount=0 dsCount=0 obj=0x4050e488 self=0x121720
  | sysTid=172 nice=0 sched=0/0 cgrp=bg_non_interactive handle=1140584
  | schedstat=( 17788483 76367602 5 )
  at dalvik.system.NativeStart.run(Native Method)

"GC" daemon prio=5 tid=3 VMWAIT
  | group="system" sCount=1 dsCount=0 obj=0x4050e3e0 self=0x1215e8
  | sysTid=170 nice=0 sched=0/0 cgrp=bg_non_interactive handle=1182544
  | schedstat=( 99090565 560366578 21 )
  at dalvik.system.NativeStart.run(Native Method)

"HeapWorker" daemon prio=5 tid=2 VMWAIT
  | group="system" sCount=1 dsCount=0 obj=0x4050e328 self=0x1214b0
  | sysTid=168 nice=0 sched=0/0 cgrp=bg_non_interactive handle=1182480
  | schedstat=( 153792252 5539124599 26 )
  at dalvik.system.NativeStart.run(Native Method)

----- end 167 -----
```

上面的信息告诉我们,在"2011-11-19 09:58:27"的时候,167号进程,也就是com.android.settings应用程序曾经经历了一次应用程序无响应的情况。它如果不是问题的根源,就是问题的受害者。根源在哪里?这就需要根据整个traces.txt文件进行分析。

❑ dumpstat能提供到目前为止的广播以及事件信息,下面的代码证明了这一点:

```
run_command("EVENT LOG", 20, "logcat", "-b", "events", "-v", "time", "-d", "*:v",NULL);
run_command("RADIO LOG", 20, "logcat", "-b", "radio", "-v", "time", "-d", "*:v",NULL);
```

这两行代码实际上分别执行了`logcat -b events -v time -d *:v`以及`logcat -b radio -v time -d *:v`这两个命令。

❑ dumpstat能提供设备的当前网络环境,示例代码如下所示:

```
//执行netcfg命令
run_command("NETWORK INTERFACES", 10, "netcfg", NULL);
//展示proc/net/route文件的内容
dump_file("NETWORK ROUTES", "/proc/net/route");
```

```
//展示proc/net/arp文件的内容
dump_file("ARP CACHE", "/proc/net/arp");
```

- dumpstat能提供系统属性的相关信息,示例代码如下所示:

```
print_properties();
```

系统在编译之前往往需要预先定义一些重要属性,比如堆的大小、ANR的traces文件的存放路径和默认语言之类的信息。在完成编译以后,系统在初次启动的时候,将会按照这些属性的内容启动,而这个函数可以让我们完整地看到这些信息。

由于Android的内容非常丰富,这里就不一一展示了。下面来看一个小片段:

```
------ SYSTEM PROPERTIES ------
[ARGH]: [ARGH]
[dalvik.vm.heapsize]: [24m]
[dalvik.vm.stack-trace-file]: [/data/anr/traces.txt]
......
```

- dumpstat将执行dmesg命令并展示dmesg的运行结果,也就是系统核心的调试信息:

```
run_command("KERNEL LOG", 20, "dmesg", NULL);
```

- dumpstat将展示核心的实时信息,包括进程信息、CPU信息和文件系统信息等,如下列代码所示:

```
dump_file("KERNEL CPUFREQ",
    "/sys/devices/system/cpu/cpu0/cpufreq/stats/time_in_state");

    run_command("VOLD DUMP", 10, "vdc", "dump", NULL);
    run_command("SECURE CONTAINERS", 10, "vdc", "asec", "list", NULL);

    run_command("PROCESSES", 10, "ps", "-P", NULL);
    run_command("PROCESSES AND THREADS", 10, "ps", "-t", "-p", "-P", NULL);
    run_command("LIBRANK", 10, "librank", NULL);

dump_file("BINDER FAILED TRANSACTION LOG",
    "/sys/kernel/debug/binder/failed_transaction_log");
    dump_file("BINDER TRANSACTION LOG",
    "/sys/kernel/debug/binder/transaction_log");
    dump_file("BINDER TRANSACTIONS", "/sys/kernel/debug/binder/transactions");
    dump_file("BINDER STATS", "/sys/kernel/debug/binder/stats");
    dump_file("BINDER STATE", "/sys/kernel/debug/binder/state");

run_command("FILESYSTEMS & FREE SPACE", 10, "df", NULL);
```

这里的信息非常丰富,主要展示的是文件系统的实时信息。读者可以自行执行dumpstat命令来看看其他的相关信息,命令输出如下所示:

```
------ FILESYSTEMS & FREE SPACE (df) ------
Filesystem         Size     Used     Free     Blksize
/dev               61MB     32KB     61MB     4096
/mnt/asec          61MB     0KB      61MB     4096
/mnt/obb           61MB     0KB      61MB     4096
/system            82MB     82MB     0KB      4096
```

```
/data                            64MB      28MB     35MB     4096
/cache                           64MB      1MB      62MB     4096
/mnt/sdcard                      252MB     1KB      252MB    512
/mnt/secure/asec: Permission denied
*** df: Exit code 1
[df: 1.0s elapsed]
```

从这里，我们可以看到设备的文件系统的基本信息，比如大小（Size）、已经使用了多少（Used）以及剩余多少空间（Free）等。

❑ dumpstat展示目前系统中所有的应用程序包的情况：

```
dump_file("PACKAGE SETTINGS", "/data/system/packages.xml");
```

这里实际上展示了"/data/system/"目录下的"packages.xml"文件，其中包含权限信息和包信息等。

权限信息如下所示：

```
<permissions>
......
    <item name="android.permission.SET_ORIENTATION" package="android" protection="2" />
    <item name="android.permission.SET_DEBUG_APP" package="android" protection="1" />
    <item name="android.permission.FACTORY_TEST" package="android" protection="2" />
    <item name="android.permission.REORDER_TASKS" package="android" protection="1" />
......
</permissions>
```

以音乐播放器应用程序为例的包信息如下所示：

```
<package name="com.android.music" codePath="/system/app/Music.apk"
    nativeLibraryPath="/data/data/com.android.music/lib" flags="1" ft="12da0e9e458"
        it="12da0e9e458" ut="12da0e9e458" version="9" userId="10007">
    <sigs count="1">
        <cert index="0" />
    </sigs>
</package>
```

上面的这些代码展示了com.android.music包的APK路径（codePath）。如果应用程序包含了自己的库文件，则这里也会做描述（通过nativeLibraryPath节点值）的。

❑ dumpstat命令还展示一些其他信息，比如亮度以及一些驱动信息，如下列代码所示：

```
dump_file("LAST KMSG", "/proc/last_kmsg");
    run_command("LAST RADIO LOG", 10, "parse_radio_log", "/proc/last_radio_log",
        NULL);
    dump_file("LAST PANIC CONSOLE", "/data/dontpanic/apanic_console");
    dump_file("LAST PANIC THREADS", "/data/dontpanic/apanic_threads");

    for_each_pid(show_wchan, "BLOCKED PROCESS WAIT-CHANNELS");

    printf("------ BACKLIGHTS ------\n");
    printf("LCD brightness=");
    dump_file(NULL, "/sys/class/leds/lcd-backlight/brightness");
    printf("Button brightness=");
    dump_file(NULL, "/sys/class/leds/button-backlight/brightness");
```

```
printf("Keyboard brightness=");
dump_file(NULL, "/sys/class/leds/keyboard-backlight/brightness");
printf("ALS mode=");
dump_file(NULL, "/sys/class/leds/lcd-backlight/als");
printf("LCD driver registers:\n");
dump_file(NULL, "/sys/class/leds/lcd-backlight/registers");
```

由于我们使用模拟器作为示例进行说明，有些数据我们可能无法得到，比如：

```
------ BACKLIGHTS ------
LCD brightness=*** /sys/class/leds/lcd-backlight/brightness: No such file or
    directory
Button brightness=*** /sys/class/leds/button-backlight/brightness: No such file or
    directory
Keyboard brightness=*** /sys/class/leds/keyboard-backlight/brightness: No such
    fileor directory
ALS mode=*** /sys/class/leds/lcd-backlight/als: No such file or directory
LCD driver registers:
*** /sys/class/leds/lcd-backlight/registers: No such file or directory
```

如果读者对这些信息感兴趣，可以通过真实的设备观察得到。

❑ dumpstat还会执行dumpsys命令，如下列代码所示：

```
run_command("DUMPSYS", 60, "dumpsys", NULL);
```

关于dumpsys命令的输出结果，我们将在下面的"Dump app state..."工具中具体阐述。

4. "Dump app state..." 工具

此工具将为我们执行dumpsys这个远程命令。这个远程命令展示了应用程序数量以及各个应用程序的详细情况（比如应用程序的用户ID、权限信息和包信息等）。通过"Device"→"Dump app state..."菜单，可以打开"Dump app state..."工具，得到的输出界面如图2-36所示。

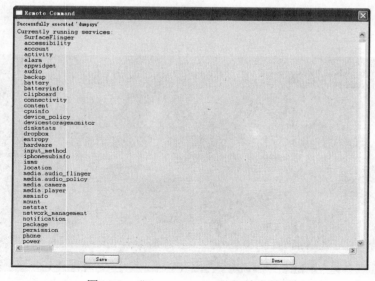

图2-36 "Dump app state..." 输出界面

Android的dumpsys工具的作用是为我们展示当前系统的各种服务信息。这里可打印的服务种类非常丰富，包括软件包、电源、网络、内存和CPU服务等。

dumpsys是一个命令行工具，它的命令格式为[adb shell] dumpsys [services_name]，其中services_name是一个可选参数，如果没有使用该参数，那么dumpsys将打印所有服务的状态，反之，则打印其中一种服务的状态。services_name的取值范围如下所示：

```
SurfaceFlinger          devicestoragemonitor    network_management
accessibility           diskstats               notification
account                 dropbox                 package
activity                entropy                 permission
alarm                   ethernet                phone
appwidget               hardware                power
audio                   input_method            search
backup                  iphonesubinfo           sensorservice
battery                 isms                    simphonebook
batteryinfo             keybar                  statusbar
bluetooth               location                telephony.registry
bluetooth_a2dp          media.audio_flinger     throttle
clipboard               media.audio_policy      uimode
connectivity            media.camera            usagestats
content                 media.player            vibrator
cpuinfo                 meminfo                 wallpaper
device_policy           mount                   wifi
                        netstat                 window
```

假设我们需要打印Wi-Fi服务的信息，可以使用如下代码：

```
adb shell dumpsys wifi
```

得到的运行结果如图2-37所示。

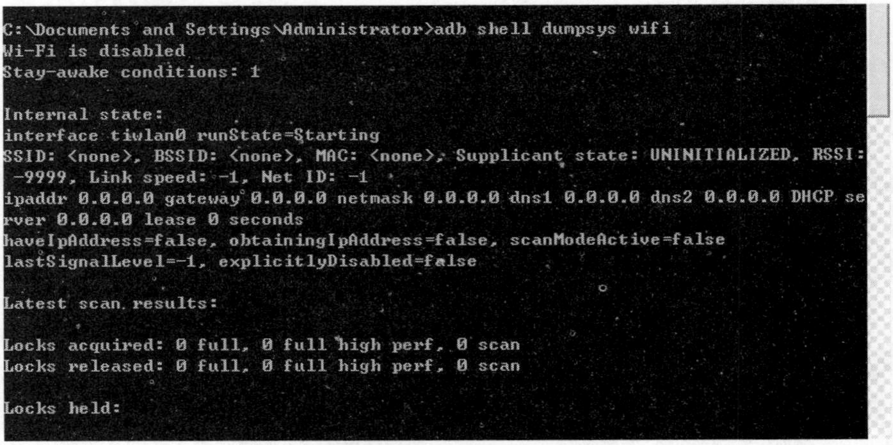

图2-37 Wi-Fi服务信息

2.3 DDMS 工具介绍

假设需要打印CPU服务的信息，则可以使用如下代码：

```
adb shell dumpsys cpuinfo
```

其运行结果如图2-38所示。其他的用法依次类推。

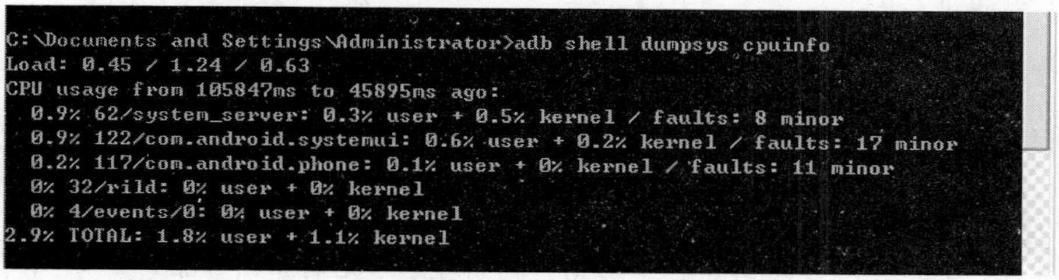

```
C:\Documents and Settings\Administrator>adb shell dumpsys cpuinfo
Load: 0.45 / 1.24 / 0.63
CPU usage from 105847ms to 45895ms ago:
  0.9% 62/system_server: 0.3% user + 0.5% kernel / faults: 8 minor
  0.9% 122/com.android.systemui: 0.6% user + 0.2% kernel / faults: 17 minor
  0.2% 117/com.android.phone: 0.1% user + 0% kernel / faults: 11 minor
  0% 32/rild: 0% user + 0% kernel
  0% 4/events/0: 0% user + 0% kernel
2.9% TOTAL: 1.8% user + 1.1% kernel
```

图2-38　CPU服务信息

那么，dumpsys的信息是怎么得来的呢？下面还是采取输出结合源代码的方式来分析。

首先，dumpsys打印当前正在运行的服务名称，其代码如下所示：

```cpp
sp<IServiceManager> sm = defaultServiceManager();
if (N > 1) {
    // 首先打印当前正在运行的服务
    aout << "Currently running services:" << endl;

    for (size_t i=0; i<N; i++) {
        sp<IBinder> service = sm->checkService(services[i]);
        if (service != NULL) {
            aout << "  " << services[i] << endl;
        }
    }
}
```

这样就得到了49个正在运行的服务的名称，如下所示：

```
Currently running services:
    SurfaceFlinger
    accessibility
    account
    activity
    alarm
    appwidget
    ......
```

其次，dumpsys将打印每一个服务的运行状态信息，如下所示：

```cpp
for (size_t i=0; i<N; i++) {
    sp<IBinder> service = sm->checkService(services[i]);
    if (service != NULL) {
        if (N > 1) {
            aout << "-------------------------------------------------------"
                    "-------------------" << endl;
            aout << "DUMP OF SERVICE " << services[i] << ":" << endl;
        }
```

```
            int err = service->dump(STDOUT_FILENO, args);//打印服务信息
            if (err != 0) {
                aerr << "Error dumping service info: (" << strerror(err)
                     << ") " << services[i] << endl;
            }
        } else {
            aerr << "Can't find service: " << services[i] << endl;
        }
    }
}
```

每执行一次循环,就可以得到如下信息:

```
--------------------------------------------------------------------------
DUMP OF SERVICE services_name:
```

在上述代码中,`service->dump(STDOUT_FILENO, args)`是核心部分代码,正是它提供了我们能看到的信息详情。

最后,再来看看"Dump app state..."输出信息中那些和软件开发息息相关的内容,主要是Activity服务和AppWidget这两个方面。

(1) Activity服务

Activity服务为我们提供了Provider、广播(Broadcast)、服务(Service)、PendingIntent、Activity、最新运行的任务和进程等信息。现在简要分析一下和代码开发息息相关的其中4大组件的信息。

❏ Provider:在dumpsys中提供发布信息和鉴权信息。发布信息的代码如下:

```
ContentProviderRecord{4069f828 com.android.providers.media.MediaProvider}
package=com.android.providers.media
process=android.process.media
app=ProcessRecord{406788d8 202:android.process.media/10000}
uid=10000 provider=android.content.ContentProviderProxy@40535c10
name=media
```

> **说明** 这个内容提供者所在的包为com.android.providers.media,运行在android.process.media进程中,用户ID是10000,等等。

鉴权与Provider的映射信息如下:

```
media:
ContentProviderRecord{4069f828 com.android.providers.media.MediaProvider}
```

> **说明** 需要使用这个提供者来提供数据,并且需要提供一个名为media的鉴权字符串。

❏ 广播:dumpsys提供了广播的相关信息,比如当前已经注册的广播等,具体如下所示:

```
ReceiverList{40730dd8 139 com.android.launcher/10013 remote:40730c58}
app=ProcessRecord{405c1e08 139:com.android.launcher/10013} pid=139 uid=10013
Filter #0: BroadcastFilter{40730e50}
Action: "android.intent.action.CLOSE_SYSTEM_DIALOGS"
```

> 说明　这些信息表示com.android.launcher注册了一个监听android.intent.action.CLOSE_SYSTEM_DIALOGS的广播。

此外，还提供了需要广播的细节内容，感兴趣的读者请自行查阅dumpsys命令的相关内容。

- 服务：dumpsys在这里提供了当前正在运行的服务信息列表，包括服务名、权限、创建时间以及binder（进程间通信的一种手段）信息。
- Activity：dumpsys在这里将告诉我们处在不同状态下的Activity的信息，这些状态包括正在运行、被暂停、被重新显示、获得焦点以及最后被暂停。下面来看看这部分信息的片段：

```
Running activities (most recent first):......
mPausingActivity: null
mResumedActivity:......
mFocusedActivity:......
mLastPausedActivity: null
```

关于Activity的不同状态，我们将在第4章中详细介绍。

(2) AppWidget服务信息

AppWidget是桌面小应用，很多系统应用都提供了此类小应用以丰富实用手段，比如本书主角音乐播放器也提供了类似的工具。而dumpsys在这里则提供AppWidget的详细信息，比如AppWidget的包名和类名、大小尺寸、刷新频率及其所属的Host等信息。下面就来看看音乐播放器提供的AppWidget的详细信息。

- AppWidget的自身属性信息，具体代码如下：

```
provider com.android.music/.MediaAppWidgetProvider:
min=(75265x18433) updatePeriodMillis=0 initialLayout=#7f030000 zombie=false
```

通过上述代码，我们可以知道如下信息。

- 音乐播放器AppWidget的包名以及类名信息：com.android.music/.MediaAppWidgetProvider。
- 最小尺寸为75265 × 18433。
- 多少秒界面会刷新一次：0毫秒。0表示界面不会按一定频率刷新。
- 初始的布局ID：#7f030000。

- AppWidget标识信息，具体代码如下：

```
id=3
hostId=1024 com.android.launcher/10013
provider=com.android.music/.MediaAppWidgetProvider
host.callbacks=com.android.internal.appwidget.IAppWidgetHost$Stub$Proxy@406f2e10
views=android.widget.RemoteViews@4067ff78
```

当AppWidget被加载到桌面上的时候，就会产生一条这样的信息，它说明如下信息。

- AppWidget的id此时为3。

- 加载到哪个Host上，这里是1024 com.android.launcher/10013，表示AppWidget已经被加载到桌面上。
- AppWidget上加载的对象。
❑ Host信息：AppWidget能被成功加载，就必须有一个Host。一般说来，这个Host是Launcher（桌面）这个应用，它的信息如下：

```
Hosts:
    [0] hostId=1024 com.android.launcher/10013:
    callbacks=com.android.internal.appwidget.IAppWidgetHost$Stub$Proxy@406f2e10
    instances.size=3
    zombie=false
```

说明 目前AppWidget加载的Host的ID号为1024，已经有3个AppWidget被加载到桌面上。

5. "Dump radio state..."工具

此工具用于检查广播状态，可以通过"Device"→"Dump radio state..."菜单打开，如图2-39所示。

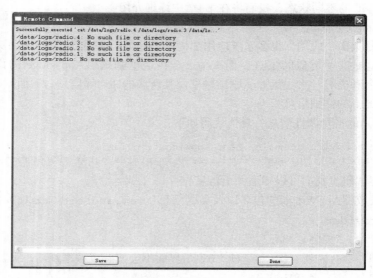

图2-39 广播信息

2.4 Android 的主要工具介绍

除了前面提到的DDMS和`android.util.Log`类以外，Android还提供了其他一些很有用的工具，如ADB、android工具、sdcard命令、模拟器操作、LogCat工具和数据库工具等，本节将介绍这些工具的用法。

2.4.1 ADB工具

ADB是一个功能非常全面的命令行工具,使用它可以让我们方便地与模拟器或者Android终端进行交互。

ADB命令格式为`adb [-d|-e|-s <serialNumber>] <command>`,其中相关参数的含义如表2-5所示。

表2-5 ADB工具的参数

指令	相关说明
-d	表示adb命令连接的设备已经通过USB连上。如果多于一个设备通过USB连接到ADB服务器上,那么它将返回一条错误信息
-e	连接到已经运行的模拟器上。如果当前有多个模拟器正在运行,那么此命令将返回一个错误信息
| -s <serialNumber> | -d和-e这两个命令只能直接连接到唯一的设备上,也就是说,需要保证当前只有一个设备通过USB与ADB连接,或者只有一个模拟器正在运行。如果当前有多个设备通过USB连接到ADB服务器上或者有多个模拟器正在运行,则可以通过这个命令指定ADB去连接一个指定的设备,此操作只需要设备的流水号作为必选参数即可。<br>如下命令可以帮助我们获取此流水号:<br>`adb devices`<br>此命令返回所有连接到ADB服务器的设备(或者模拟器)的信息,其中就包括了流水号,其运行结果如下所示:<br>```
C:\Documents and Settings\Administrator>adb devices
List of devices attached
0123456789ABCDEF        device
emulator-5554   device
```<br>其中关键字device前面的那串字符就是流水号。<br>这时如果我们需要连接到某一个设备并使用它的shell命令,只需要这样编写命令即可:<br>`adb -s 0123456789ABCDEF shell` |

比较常用的adb命令如表2-6所示。

表2-6 常用的adb指令及其说明

指令	相关说明	执行结果
adb help	显示adb命令的帮助信息	显示adb命令的帮助信息
| adb version | 打印ADB工具的版本号 | adb version的运行结果是:<br>```
E:\>adb version
Android Debug Bridge version 1.0.29
``` |
| adb devices | 显示所有已经与ADB服务连接的设备或者模拟器实例 | 假设我们已经启动了一个模拟器,那么执行此命令的结果是:<br>```
C:\Documents and Settings\Administrator>adb devices
List of devices attached
emulator-5554   device
```<br>如果没有连接任何设备,将返回:<br>```
C:\Documents and Settings\Administrator>adb devices
List of devices attached
``` |

（续）

指令	相关说明	执行结果
adb install <path_to_apk>	向设备安装指定路径下的应用程序，其中<path_to_apk>指的是APK文件的全路径	假设HelloWorld应用程序的APK文件位于"D:\android\workspace_book\HelloWorld\bin"路径下，那么我们需要执行如下命令来完成安装： adb install D:\android\workspace_book\HelloWorld\bin\HelloWorld.apk 其执行过程以及结果如下所示： 43 KB/s (13355 bytes in 0.296s) 　　pkg: /data/local/tmp/HelloWorld.apk Success
adb pull <remote> <local>	将设备中的特定文件下载到本地的指定路径中	例如指令adb pull /sdcard/foo.txt 将sdcard中的foo.txt下载到当前目录中。 注意：这个命令要求具有设备的足够权限才可以成功执行
adb push <local> <remote>	将本地文件上传到设备中的指定路径下	例如adb push foo.txt /sdcard/foo.txt 将当前路径下的foo.txt文件上传到sdcard目录下，指定文件名为foo.txt。 注意：这个命令要求具有设备的足够权限才可以成功执行
adb start-server	启动ADB服务	执行结果如下： * daemon not running. starting it now on port 5037 * * daemon started successfully *
adb kill-server	停止ADB服务	执行此命令后，在Eclipse的Console窗口中将看到如下信息： Adb connection Error:远程主机强迫关闭了一个现有的连接。
adb shell [<shellCommand>]	向设备发送一条shell命令	例如执行adb shell ls /system/bin命令，将会得到如下结果： E:\>adb shell ls /system/bin skia_test showlease dexopt reboot qemud ps 这个命令相当于分别执行了adb shell和ls /system/bin这两个命令

2.4.2 android工具

android是一个很重要的工具，通过这个工具，我们可以很方便地管理AVD、项目以及SDK更新。其命令格式为android [global options] action [action options]，其中全局选项（[global options]）有3个可选值，分别是-s、-h和-v，-s表示只打印出错误，-h表示使用方法帮助，-v表示详细模式，其中包括打印错误、警报以及信息性的消息。

android命令的行为（action）、相关选项（[action options]）及其说明如表2-7所示。

2.4 Android的主要工具介绍

表2-7 android命令的行为及相关选项

行为	选项	说明
create avd	-n <name>	用于AVD的名称
	-t <targetID>	和新AVD一起使用的系统镜像的目标ID。要想获取可用目标的列表,可使用android list targets
	-c <path>|<size>[K|M]	SD卡镜像的路径,和该AVD一起使用,或者为该AVD而创建的新SD卡的尺寸。 例如-c path/to/sdcard or -c 1000M
	-f	强制创建AVD
	-p <path>	AVD的路径
	-s <name>|<width>-<height>	用于该AVD设备的尺寸,通过名称或者尺寸来识别。 例如-s HVGA-L
delete avd	-n <name>	要删除的AVD的名称
update avd	-n <name>	要更新的AVD的名称
move avd	-n <name>	要移动的AVD的名称
	-p <path>	移动位置的路径,在此位置为该AVD文件创建目录
	-r <new-name>	如果你想重命名AVD,则这是AVD的新名称
update adb		更新ADB以支持在SDK第三方文件中声明的USB设备

2.4.3 sdcard相关命令

创建SD卡的命令为mksdcard -l <label> <size> <file>。例如,当需要在当前目录下创建一个大小为1024 MB、文件名为"mySdCardFile.img"的sdcard镜像文件时,则应该这样使用mksdcard命令:

```
mksdcard -l mySdCard 1024M mySdCardFile.img
```

其中创建命令中各个参数及其说明如表2-8所示。

表2-8 创建命令中各个参数及其说明

选项	说明
-l	创建的sdcard镜像的名称
size	sdcard镜像的大小
file	要创建的sdcard镜像的路径/文件名

使用sdcard的命令为emulator -sdcard <file>。

2.4.4 模拟器的操作

模拟器的截图如图2-40所示。

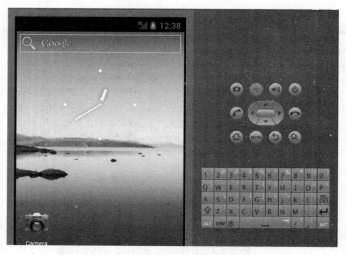

图2-40　Android模拟器截图

操作模拟器的快捷键，如表2-9所示。

表2-9　操作模拟器的快捷键

模拟设备的键	快　捷　键
主页键	Home
菜单（左软键）	F2或者Page Up
开始（右软键）	Shift+F2或者Page Down
后退	Esc
拨号按钮	F3
挂断按钮	F4
搜索	F5
电源按钮	F7
音量调高按钮	KEYPAD_PLUS，Ctrl+5
音量调低按钮	KEYPAD_MINUS，Ctrl+F6
摄像头按钮	Ctrl+KEYPAD_5，Ctrl+F3
转换到前一个布局定位（例如，竖向、横向）	KEYPAD_7，Ctrl+F11
转换到下一个布局定位（例如，竖向、横向）	KEYPAD_9，Ctrl+F12
切换网络开/关	F8
切换代码分析	F9（仅与-trace启动选项一起使用）
切换全屏模式	Alt+Enter
切换轨迹球模式	F6
临时输入轨迹球模式（在键按下的时候）	Delete
Dpad左/上/右/下键	KEYPAD_4/8/6/2
Dpad中间键	KEYPAD_5

2.4.5 LogCat工具

Android日志系统提供了一个收集和查看系统调试输出的机制。来自各种应用程序以及系统的各部分日志会被收集到一系列循环缓冲区中,这些缓冲区可以通过logcat命令查看和筛选。可以使用ADB shell的logcat命令去查看这些日志消息,其语法为[adb] logcat [<option>]...[<filter-spec>]...。

该命令的具体用法如下所示。

(1)直接在命令行中输入adb logcat。

(2)创建一个到设备的shell连接,然后执行logcat,如下所示:

```
> adb shell
# logcat
```

logcat命令的相关参数如表2-10所示。

表2-10 `logcat`命令的相关参数

选 项	说 明
-b <buffer>	加载用于查看的一个备用日志缓冲区,如event或者radio。默认情况下,使用main缓冲区。<buffer>只有3个可选参数,分别是radio、event和main
	❑ radio:只查看手机通信模块和电话模块相关的信息(dev/log/radio设备)。dev/log/radio设备中的信息包括手机信号、Wi-Fi信号。
	❑ event:只查看系统事件相关的信息(dev/log/events设备)。
	❑ main:查看dev/log/main设备的信息。
	注意 日志驱动程序Logger提供了上述的三个设备节点。
	示例:adb logcat -b radio
-c	清除(刷新)整个日志并退出,只清除dev/log/main设备节点上的信息。
	示例:adb logcat -c
-d	将日志打印到屏幕上并退出。
	示例:adb logcat -d
-f <filename>	将日志信息输出到<filename>。
	示例:adb logcat -f e:/logcat.txt
-g [<buffer>]	指定日志缓冲区的尺寸并退出。
	示例:adb logcat -g main
-n <count>	设置日志的最大数目<count>。默认值是4,需要-r选项。
	示例:logcat -n 3 -r 20 -f e:\events
-r <kbytes>	每输出<kbytes>大小的日志时写一次文件。日志文件的文件名及其路径由-f参数指定。默认值是16,需要与-f一同使用。
	示例:logcat -n 3 -r 20 -f e:\events
-s	设置默认的过滤级别和过滤信息。
	示例:adb logcat -s "NetworkStats"
	注解:只显示日志标签为"NetworkStats"的日志信息

(续)

选项	说明
-v <format>	为日志信息设置输出格式，默认是brief格式。格式包括如下所示的选项。 ❑ brief：显示原始进程的优先级/标签和PID（默认格式）。 ❑ process：只显示PID。 ❑ tag：只显示优先级/标签。 ❑ thread：只显示"进程：线程"以及优先级/标签。 ❑ raw：只显示原始的日志信息。 ❑ time：显示原始进程的日期、调用事件、优先级/标签和PID。 ❑ long：显示具体的日志信息，包括时间、进程、优先级、进程ID以及日志信息等。 示例：`adb logcat -v long`

2.4.6 数据库工具

应用程序有时会使用数据库来保存一些持久数据，这时应用程序代码就会生成一个数据库文件来保存这些持久数据，而sqlite3就是一个方便大家查询数据库的有用工具。现在，我们就来讲一讲sqlite3的一般使用方法。

它的语法为sqlite3 数据库文件全路径+数据库文件。比如，Android的Launcher应用程序会在其创建过程中生成一个名为"launcher.db"的数据库文件来保存其桌面配置信息，它位于"/data/data/com.android.launcher/databases/"下。可以通过sqlite3工具来查看其中的内容，相关命令如下所示：

```
slqite3 /data/data/com.android.launcher/databases/launcher.db
```

具体用法如下所示。

(1) 进入sqlite3，具体代码如下：

```
>adb shell
# sqlite3 data/data/com.android.launcher/databases/launcher.db
sqlite3 data/data/com.android.launcher/launcher.db
SQLite version 3.6.22
Enter ".help" for instructions
Enter SQL statements terminated with a ";"
sqlite>
```

(2) 在sqlite>提示符下运行SQL语句，对表进行数据库操作。

(3) 在sqlite>提示符下输入.exit命令，可以退出sqlite3。

2.5 Android 其他小工具简介

前面介绍了Android系统和性能方面的一些工具，下面将介绍其他一些小工具，比如截屏工具和Monkey工具等。

2.5.1 截屏工具

在我们想要和朋友分享应用产生的效果时，或者当别人需要你的界面作为参考时，就需要截屏并生成一张当前屏幕的图片，而Android提供了满足这一要求的截屏工具。

单击"Device"→"Screen capture..."菜单，将打开"Device Screen Capture"对话框，稍后就能得到当前屏幕的实时画面，如图2-41所示。下面简要介绍一下其中各个按钮的作用。

- "Refresh"按钮：刷新图片以便与当前设备屏幕显示同步。
- "Rotate"按钮：顺时针旋转画面，每次旋转90°。
- "Save"按钮：保存显示的图片，扩展名为png。
- "Copy"按钮：复制当前图像。
- "Done"按钮：关闭截屏工具。

图2-41　截屏工具

2.5.2 Monkey工具

在软件开发过程中进行压力测试是必要的，这可以让我们看到所写代码是否足够健壮，是否可以满足用户的需求，而Android提供了这样一个压力测试工具，它的名字叫Monkey。

Monkey是一个很调皮的工具，它可以在模拟器或者设备上运行，并产生用户事件的伪随机流，如单击、触摸或者手势。此外，Monkey还支持很多系统级别的事件。遗憾的是，Monkey只是一个命令行工具，只能通过命令启动，并且不提供可视化界面。下面让我们来看看Monkey的使用方法。

因为Monkey在模拟器/设备环境中运行，所以必须从其环境的shell中启动，这可以通过在每条命令前加上adb shell来达到目的，或者进入shell后直接输入monkey命令来完成，基本句法如下：

```
$ adb shell monkey [options] <event-count>
```

如果不指定options，Monkey将以无反馈模式启动，并把事件任意发送到安装在目标环境中的全部包。下面是一个更为典型的命令行示例，它启动指定的应用程序，并向其发送500个伪随机事件：

```
$ adb shell monkey -p your.package.name -v 500
```

Monkey包括许多选项，这些选项主要分成4类，具体如下所示。
- 基本的配置选项，如设置尝试的事件数目。
- 操作限制选项，如设置只对单独的一个包进行测试。
- 事件类型和频率。
- 调试选项。

当Monkey运行时，它产生事件并将这些事情信息发送到系统上。它还在测试中监视系统，并且对下列3种情况进行特殊处理。
- 如果已经限制Monkey在一个或多个特定的包中运行，那么它将阻止运行那些没有被指定的应用程序包。
- 如果应用程序崩溃或者接收到任何未处理的异常，则Monkey将停止并报错。
- 如果应用程序产生了不响应错误的应用程序，则Monkey将停止并报错。

表2-11展示了我们可以在Monkey中使用的操作以及它们的含义。

表2-11　Monkey中的操作及它们的含义

类别	选项	描述
常规	--help	列出简单的用法
	-v	命令行的每一个-v将增加反馈信息的级别。Level 0（默认值）表示除了提供启动提示、测试完成和最终结果之外，仅提供较少信息；Level 1表示提供较为详细的测试信息，如逐个发送到Activity的事件；Level 2表示提供更加详细的设置信息，如测试中选中的或未选中的Activity
事件	-s <seed>	伪随机数生成器的seed值。如果用相同的seed值再次运行Monkey，它将生成相同的事件序列
	--throttle <milliseconds>	在事件之间插入固定延迟。通过这个选项，可以减缓Monkey的执行速度；如果不指定该选项，Monkey将不会被延迟，生成的事件将尽可能快地生成
	--pct-touch <percent>	调整触摸事件的百分比（触摸事件是一个down-up事件，它发生在屏幕上的某一位置）
	--pct-motion <percent>	调整动作事件的百分比（动作事件由屏幕上某处的一个down事件、一系列的伪随机事件和一个up事件组成）

(续)

类别	选 项	描 述
事件	--pct-trackball <percent>	调整轨迹事件的百分比
	--pct-nav <percent>	调整"基本"导航事件的百分比(导航事件由来自方向输入设备的 up/down/left/right组成)
	--pct-majornav <percent>	调整"主要"导航事件的百分比(这些导航事件通常引发图形界面中的动作,如回退按键和菜单按键)
	--pct-syskeys <percent>	调整"系统"按键事件的百分比(这些按键通常被保留,由系统使用,如Home、Back、Start Call、End Call及音量控制键)
	--pct-appswitch <percent>	调整启动Activity的百分比。在随机间隔里,Monkey将执行一个startActivity()调用
	--pct-anyevent <percent>	调整其他类型事件的百分比,它包罗了所有其他类型的事件,如按键、其他不常用的设备按钮等
限制	-p <allowed-package-name>	如果用此参数指定一个或几个包,Monkey将只允许系统启动这些包里的Activity。如果你的应用程序还需要访问其他包里的Activity(如选取一个联系人),那些包也需要在此同时指定。如果不指定任何包,Monkey将允许系统启动全部包里的Activity。要指定多个包,需要使用多个-p选项,并且每个-p选项只能用于一个包
	-c <main-category>	如果用此参数指定了一个或几个类别,Monkey将只允许系统启动这些类别中某个类别列出的Activity。如果不指定任何类别,Monkey将选择下列类别中列出的Activity:Intent.CATEGORY_LAUNCHER或Intent.CATEGORY_MONKEY。要指定多个类别,需要使用多个-c选项,并且每个-c选项只能用于一个类别
	--dbg-no-events	设置此选项,Monkey将执行初始启动,进入到一个测试Activity,并且不会再进一步生成事件。为了得到最佳结果,把它与-v、一个或几个包约束,以及一个保持Monkey运行30秒或更长时间的非零值联合起来,从而提供一个环境,可以监视应用程序所调用的包之间的转换
	--hprof	设置此选项,将在Monkey事件序列之前和之后立即生成profiling报告。这将会在data/misc中生成大文件,所以要小心使用它
	--ignore-crashes	通常,当应用程序崩溃或发生任何失控异常时,Monkey将停止运行。如果设置此选项,Monkey将继续向系统发送事件,直到计数完成
	--ignore-timeouts	通常,当应用程序发生任何超时错误(如"Application Not Responding"对话框)时,Monkey将停止运行。如果设置此选项,Monkey将继续向系统发送事件,直到计数完成
	--ignore-security-exceptions	通常,当应用程序发生许可错误(如启动一个需要某些许可的Activity)时,Monkey将停止运行。如果设置了此选项,Monkey将继续向系统发送事件,直到计数完成
	--kill-process-after-error	通常,当Monkey由于一个错误而停止时,出错的应用程序将继续处于运行状态。当设置了此选项时,将会通知系统停止发生错误的进程。注意,正常的(成功的)结束,并没有停止启动的进程,设备只是在结束事件之后,简单地保持在最后的状态
	--monitor-native-crashes	监视并报告Android系统中本地代码的崩溃事件。如果设置了--kill-process-after-error选项,系统将停止运行
	--wait-dbg	停止执行中的Monkey,直到有调试器和它相连接

现在，我们就通过一个实例来看看如何使用Monkey来测试谷歌音乐播放器。这里大家看到的是比较简单的用法，比较复杂的用法可以参考表2-11。

在Windows的命令行环境中执行如下命令：

```
adb shell monkey -p com.android.music -v 500
```

此命令的含义是：指定测试只启动com.android.music这个包（也就是音乐播放器应用程序），并且随机发出500个随机命令。该命令的运行结果如下所示：

```
:Monkey: seed=0 count=500
:AllowPackage: com.android.music
:IncludeCategory: android.intent.category.LAUNCHER
:IncludeCategory: android.intent.category.MONKEY
// Allowing start of Intent { act=android.intent.action.PICK dat= typ=vnd.android.
// cursor.dir/track cmp=com.android.music/.TrackBrowserActivity } in package
com.android.music
// activityResuming(com.android.music)
// Allowing start of Intent { act=android.intent.action.PICK dat= typ=vnd.android.
// cursor.dir/playlist cmp=com.android.music/.PlaylistBrowserActivity } in package
// com.android.music
// activityResuming(com.android.music)
// Event percentages:
//   0: 15.0%
//   1: 10.0%
//   2: 15.0%
//   3: 25.0%
//   4: 15.0%
//   5: 2.0%
//   6: 2.0%
//   7: 1.0%
//   8: 15.0%
:Switch:
#Intent;action=android.intent.action.MAIN;category=android.intent.category. LAUNCHER;
    launchFlags=0x10000000;component=com.android.music/.MusicBrowserActivity;end
```

注意

- 在应用程序里必须包含类别为android.intent.category.LAUNCHER或者android.intent.category.MONKEY的入口，否则Monkey会报错。
- 在现有的命令配置下，如果在执行Monkey发送来的命令的过程中报错或者无响应，Monkey就会自动停止，并产生一些错误信息。

2.6 下载谷歌播放器源代码

由于本书是通过剖析谷歌发布的商用音乐播放器来深入介绍Android的，因此有必要在此介绍一下如何下载该播放器的源代码，以便在讲解后面的内容时能随时调出并研究。

目前，谷歌源代码的下载地址为https://github.com/android，这是谷歌的项目托管网站。进入这个网站，将看到如图2-42所示的界面。

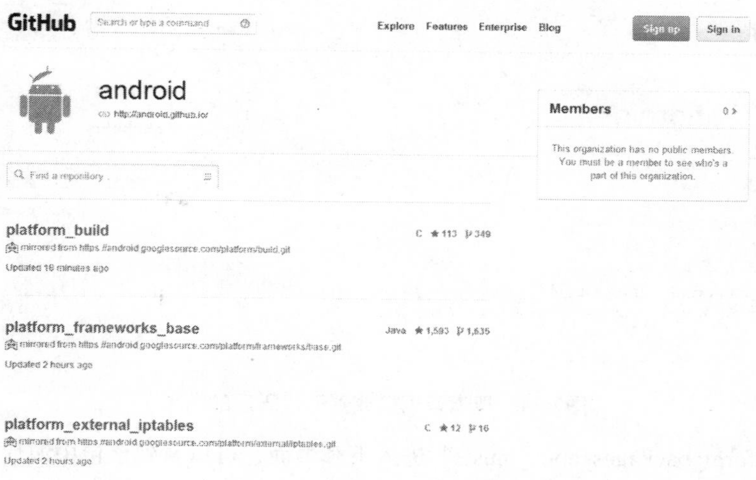

2.6 下载谷歌播放器源代码

图2-42 GitHub界面

大家会发现这个界面上的内容非常多,仅源代码就列出了很多,那么我们要找的谷歌播放器源代码在哪里呢?它的源代码又是什么?

实际上,只需要找到两个源代码就可以了,它们分别是`platform_packages_apps_music`和`platform_packages_providers_mediaprovider`,一个是音乐的代码,另一个则是媒体的数据库。怎样才能找到它们呢?只需要在网页上搜索就可以得到。

如图2-43所示,在搜索框内输入`platform_packages_apps_music`,回车后就可以看到所需要下载的包已经列在搜索框的下方了,如图2-44所示。

图2-43 搜索音乐播放器的代码

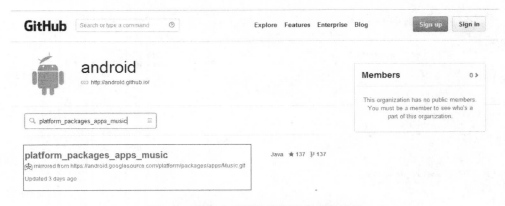

图2-44　搜索音乐播放器源代码后的结果

单击"platform_packages_apps_music"进入下载页面,可以看到该包中源代码的项目列表。单击框内的"Download ZIP"按钮,就可以下载源代码的压缩包,如图2-45所示。

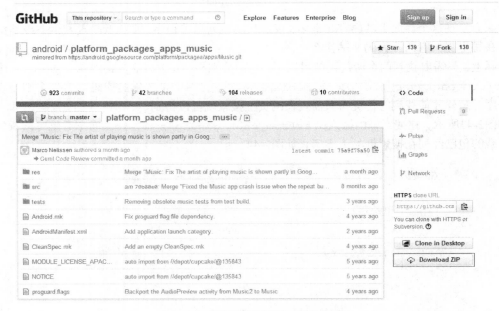

图2-45　音乐代码压缩包的下载界面

以上步骤只是完成了其中一个源代码的下载,还有platform_packages_providers_mediaprovider这个媒体的数据库需要下载。只要按以上操作再来一遍即可。读者朋友们,请自己动手完成这次下载,看看过程是不是和下面介绍的一样。

依然在GitHub主页上,在搜索框内输入platform_packages_providers_mediaprovider,回车后就可以看到所需要下载的包已经列在搜索框的下方了,如图2-46所示。

图2-46 输入数据库名称后得到的结果界面

单击图2-46中搜索到的"platform_packages_providers_mediaprovider"结果,进入下载页面,并单击框内的"Download ZIP"按钮来下载压缩包,如图2-47所示。

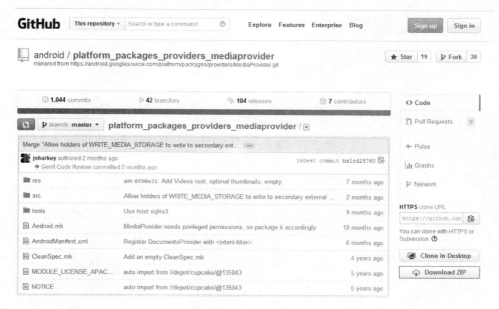

图2-47 媒体数据库压缩包的下载界面

至此,音乐播放器的源代码下载完毕。

Part 2 第二篇

Android 组件及其配置

在第一篇中,我们完成了 Android 开发以及测试环境的搭建,并且掌握了 Android 应用程序调测相关的工具的用法。接下来,我们将学习 Android 应用程序开发的一些细节,窥探应用的五脏六腑——AndroidManifest.xml 的秘密,让程序活动起来,用各种布局让界面变得更漂亮。此外,还会介绍默默服务的 Service。在这里,我们将掌握组成 Android 应用程序的组件的使用方法以及如何让这些组件成为应用程序的一部分。

第 3 章 应用的五脏六腑——AndroidManifest.xml

通过前两章的学习，大家已经得到了一把开启Android开发大门的钥匙。从这一章起，我们就要走进Android的世界，让大家真正成为Android开发者。现在，请拿起手中的钥匙一起开启Android开发的神秘之门吧。

从本章开始，我们将解析谷歌音乐播放器。首先，我们介绍一下Android应用的五脏六腑——最重要的AndroidManifest.xml。

3.1 AndroidManifest.xml 文件

正如第2章中所看到的HelloWorld应用程序，所有的Android应用程序都必须有一个Manifest文件，我们称之为"AndroidManifest.xml"，它保存在应用程序工程的根目录下，如图3-1所示。

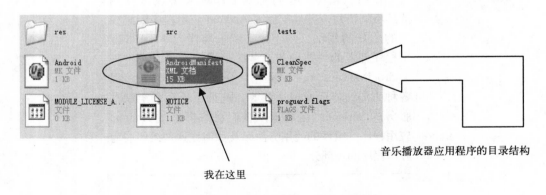

图3-1 AndroidManifest.xml的位置

它是一个应用程序的清单，换句话说，它是应用程序的"产品说明书"，向Android系统介绍应用程序的信息，这些信息包括应用程序的组成部分（Activity、服务、广播和内容提供者）、应用程序的能力（它能够处理怎样的消息和数据等）以及申请的权限（这对于应用程序而言不是必需的，需要结合应用程序的需求而定，因此AndroidManifest.xml可以不申请权限）等。

下面的代码展示了音乐播放器的AndroidManifest.xml片段：

```xml
<?xml version="1.0" encoding="utf-8"?>
<manifest xmlns:android="http://schemas.android.com/apk/res/android"
    package="com.android.music">
    <original-package android:name="com.android.music" />
    <uses-permission android:name="android.permission.WRITE_SETTINGS" />
    <uses-permission
    android:name="android.permission.SYSTEM_ALERT_WINDOW" />
    <uses-permission android:name="android.permission.WAKE_LOCK" />
    ......
    <application android:icon="@drawable/app_music"
        android:la="@string/musicbrowserlabel"
        android:taskAffinity="android.task.music"
        android:allowTaskReparenting="true">
        <meta-data
            android:name="android.app.default_searchable"
            android:value="com.android.music.QueryBrowserActivity"/>
        <activity android:name="com.android.music.MusicBrowserActivity"
            android:theme="@android:style/Theme.NoTitleBar"
            android:exported="true">
            <intent-filter>
                <action android:name="android.intent.action.MAIN" />
                <action android:name="android.intent.action.MUSICPLAYER" />
                <category android:name="android.intent.category.DEFAULT" />
                <category android:name="android.intent.category.LAUNCHER" />
            </intent-filter>
        </activity>
        <receiver
            android:name="com.android.music.MediaButtonIntentReceiver">
            <intent-filter>
                <action android:name="android.intent.action.MEDIA_BUTTON" />
                <action android:name="android.media.AUDIO_BECOMING_
                NOISY" />
            </intent-filter>
        </receiver>
        <activity android:name="com.android.music.MediaPlaybackActivity"
            android:theme="@android:style/Theme.NoTitleBar"
            android:label="@string/mediaplaybacklabel"
            android:taskAffinity=""
            android:launchMode="singleTask"
            android:clearTaskOnLaunch="true"
            android:excludeFromRecents="true"
            android:exported="true" >
        <intent-filter>
            <action android:name="android.intent.action.VIEW"/>
            <category android:name="android.intent.category.DEFAULT" />
            <data android:scheme="content"/>
            <data android:host="media"/>
            <data android:mimeType="audio/*"/>
            <data android:mimeType="application/ogg"/>
            <data android:mimeType="application/x-ogg"/>
            <data android:mimeType="application/itunes"/>
        </intent-filter>
```

```xml
            <intent-filter>
                <action android:name="com.android.music.PLAYBACK_VIEWER" />
                <category android:name="android.intent.category.DEFAULT" />
            </intent-filter>
        </activity>
        ......
        <activity-alias android:name="com.android.music.PlaylistShortcutActivity"
            android:targetActivity="com.android.music.PlaylistBrowserActivity"
            android:label="@string/musicshortcutlabel"
            android:icon="@drawable/ic_launcher_shortcut_music_playlist"
            android:exported="true" >
            <intent-filter>
                <action android:name="android.intent.action.CREATE_SHORTCUT"/>
                <category android:name="android.intent.category.DEFAULT"/>
            </intent-filter>
        </activity-alias>
        ......
        <service android:name="com.android.music.MediaPlaybackService"
            android:exported="false" />
        <receiver android:name="com.android.music.MediaAppWidgetProvider">
            <intent-filter>
                <action android:name="android.appwidget.action.APPWID GET_UPDATE" />
            </intent-filter>
            <meta-data android:name="android.appwidget.provider"
                android:resource="@xml/appwidget_info" />
        </receiver>
    </application>
</manifest>
```

以上这段代码组成了音乐播放器的框架，具体包括下面3个部分。

- 一些Activity组件，它们由一些Activity节点组成，每一个节点表示一个Activity组件。这些组件是com.android.music.MusicBrowserActivity、com.android.music.Media-PlaybackActivity和com.android.music.PlaylistShortcutActivity等。值得注意的是，activity-alias也表示一个Activity组件，不同的是它只是一个别名，也就是用另一个名字来表示这个Activity。
- 一个服务组件（它是名为Service的节点，每一个这样的节点表示一个服务），它的名字是com.android.music.MediaPlaybackService。
- 两个接收器（它们是名为Receiver的节点，每一个这样的节点表示一个接收器），分别为com.android.music.MediaButtonIntentReceiver 和 com.android.music.MediaAppWidgetProvider。值得注意的是，这里的接收器表示的是AppWidget。

下面我们就来看看这些组件可以处理什么样的消息和数据。

- Activity。Activity是Android应用程序中最重要的组件之一，每个Activity都对内或对外提供了自己的能力，这些能力包括能够处理请求和数据等。在上述代码中，我们可以看到每一个Activity节点都包含了一个或者多个<intent-filter>节点，而这些<intent-filter>节点详细描述了Activity的能力和作用。接下来，我们就来详细介绍这几个Activity组件。

- **com.android.music.MusicBrowserActivity**：当从桌面启动该应用播放器的时候，这个Activity就是应用程序的入口，代码如下：

```xml
<action android:name="android.intent.action.MAIN" />
<category android:name="android.intent.category.LAUNCHER" />
```

上述的两行代码说明，它是主入口。这样的配置说明此应用接受桌面的管理。当单击这个应用程序的图标时，这两行代码将变成启动播放器的intent中的参数。如此我们才可以从桌面上的快捷方式或者从应用程序中的快捷图标进入播放器的主界面。

此外，它还可以处理一个音乐播放请求，这是因为它的声明中包含了如下代码：

```xml
<action android:name="android.intent.action.MUSIC_PLAYER" />
```

- **com.android.music.MediaPlaybackActivity**。首先，当需要浏览音乐的内容时，这个Activity将会被启动：

```xml
<action android:name="android.intent.action.VIEW"/>
<category android:name="android.intent.category.DEFAULT"/>
```

其次，它可以处理的数据包括标准音频（MP4等）、ogg和x-ogg等格式，如下所示：

```xml
<data android:mimeType="audio/*"/>
<data android:mimeType="application/ogg"/>
<data android:mimeType="application/x-ogg"/>
<data android:mimeType="application/itunes"/>
```

最后，当遇到以content://media开头的字符串的URL请求时，这个Activity可能被启动，如下所示：

```xml
<data android:scheme="content"/>
<data android:host="media"/>
```

- 服务组件提供了一个服务来保证满足音乐播放器的特殊需求，比如，在关闭音乐播放器时仍需要继续播放等，这个知识点将在后续章节中详细介绍。
- 接收器在Android系统或者应用程序运行的过程中，它会在某一个时刻、某一个特定的场景下请求发出一些广播，比如时间变化的广播（一分钟发出一次）和系统启动完成广播等。应用程序可以按照自己的需求接收一个或多个广播来完成一些特定情况下才能发生的事件，这时就需要一个广播接收器来完成，代码如下所示：

```xml
<receiver
    android:name="com.android.music.MediaButtonIntentReceiver">
    <intent-filter>
        <action android:name="android.intent.action.MEDIA_BUTTON" />
        <action android:name="android.media.AUDIO_BECOMING_NOISY" />
    </intent-filter>
</receiver>
```

这些代码说明这个广播接收器（com.android.music.MediaButtonIntentReceiver）能接收到android.intent.action.MEDIA_BUTTON和android.media.AUDIO_BECOMING_NOISY两种广播。

前面简要介绍了AndroidManifest.xml的常用部分，除此之外，我们还需要了解以下内容。

- 声明其他应用程序必须有哪些权限，以便与应用程序组件进行交互。同样，应用也通过声明权限为别的应用程序留了一扇友好的大门，必要的时候可以通过应用提供的权限来使用这些组件。
- 声明应用程序需要的API的最小级别，这个级别告诉Android系统应用程序不能运行在比这个级别更低的Android系统中。例如，如果这里设定为8，就意味着应用程序只能运行在Android 2.2或更高版本的系统中。
- 列出应用程序必须链接的库。

3.2 一切从`<manifest>`节点开始

在AndroidManifest.xml文件中，首先看到的是<manifest>节点，它是整个应用程序的基本属性，涵盖了默认进程名字、应用程序标识、安装位置、对系统的要求以及应用程序的版本等。它是AndroidManifest.xml文件的根节点，其中必须包含一个<application>节点（后面会详细阐述），并且必须指定xmlns:android和package属性，其语法如下面的代码所示：

```
<manifest xmlns:android="http://schemas.android.com/apk/res/android"
    package="string"
    android:sharedUserId="string"
    android:sharedUserLabel="string resource"
    android:versionCode="integer"
    android:versionName="string"
    android:installLocation=["auto" |"internalOnly" | "preferExternal"] >
    ......
</manifest>
```

需要注意的是，在上面描述的众多属性中，除了xmlns和<package>节点外，其余都是可选节点，Android为它们提供了默认值。下面我们来看看音乐播放器都做了什么样的配置，具体如下：

```
<manifest xmlns:android="http://schemas.android.com/apk/res/android"
    package="com.android.music">
```

可以看到，音乐播放器只是简单地配置了基本属性，其他属性则采用了默认值。

接下来，我们就来详细说明<manifest>节点中这些属性的含义及其作用。

3.2.1 `xmlns:android`属性——定义命名空间

这个属性定义了这个XML文件所使用的命名空间。如果需要指定特殊的命名空间，就需要手动编写代码，基本格式如下所示：

```
xmlns:<命名空间标识>="http://schemas.android.com/apk/res/<完整的包名>"
```

注意 代码中的<>部分是必须填写的部分，千万不可遗漏！

在音乐播放器中，这个属性被设置为http://schemas.android.com/apk/res/android，它在项目生成或者创建某些特定的XML文件（如布局及动画配置文件等）时就已经默认配置完成。

图3-2展示了音乐播放器中xmlns:android属性的配置及其相关含义，其中为命名空间命名的不同段以大括号作为标识进行了分段。特别要注意每个大括号里的内容，稍有疏漏就会产生错误。这些错误非常微小，一旦产生，进程就不能进入下一步了。下面我们列出两种常见的错误，请读者引起重视。

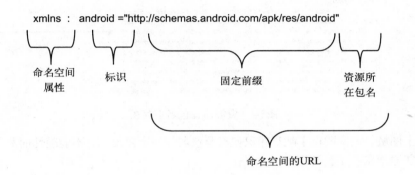

图3-2　命名空间配置

如果"标识"不匹配，产生的结果如图3-3所示。

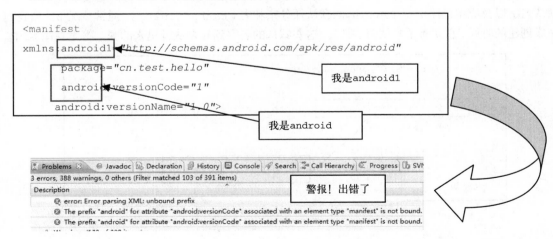

图3-3　标识不匹配

"资源所在包名"是一个必须存在的Java包名，如果不存在，同样也会出错，请看图3-4。

第 3 章 应用的五脏六腑——AndroidManifest.xml

图3-4 资源所在包名不存在

看到以上图解，大家明白了吧！标识和资源包名等一定要统一，不能随性而写，否则无论怎么折腾都只能原地踏步了！切记！

3.2.2 `package`属性——应用程序的身份证

`package`属性唯一标识了一个应用程序。注意，它是唯一的！同样，它也是应用程序进程的默认名字以及应用程序中每个Activity的默认任务亲和力（`taskAffinity`）。通常情况下，当我们完成创建的时候，它就有了默认值。那么，这些默认的名字到底是从哪里来的呢？答案在图3-5中。

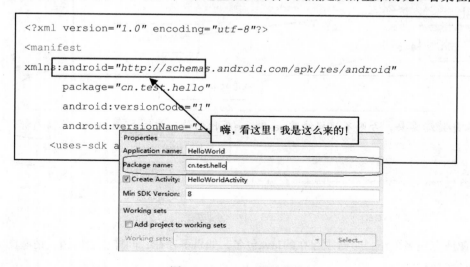

图3-5 package属性的值

在音乐播放器里，我们将package属性配置为com.android.music，此时Android就会为这个播放器启动一个这样的进程，如图3-6所示。

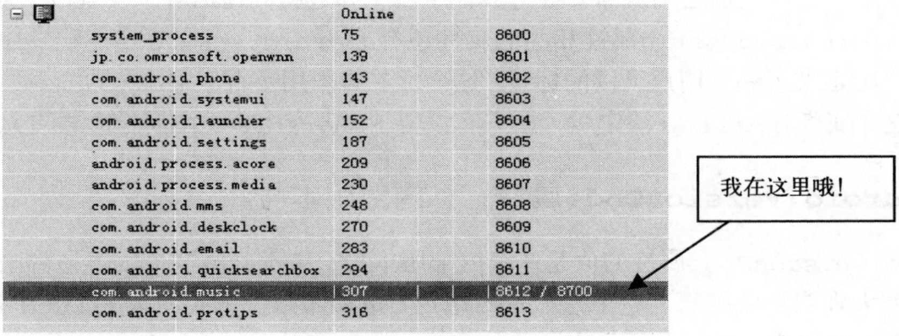

图3-6　音乐播放器的进程

看清楚了吗？说到这里，你可能会冒出个想法：要是我安装另一个有相同package属性值的应用程序（如何安装应用程序，请参考第2章中的相关内容），会有什么"奇迹"发生呢？结果如图3-7所示。

```
                          ┌──────────────────┐
                          │ 我是冒牌的哟！    │
                          └────────┬─────────┘
                                   ↓
E:\>adb install D:\android\workspace\Music\bin\Music.apk
83 KB/s <13314 bytes in 0.156s>
    pkg:/data/local/tmp/Music.apk
    ┌─────────────────────────────────────────┐
    │ Failure [INSTALL_FAILED_ALREADY_EXSIST] │
    └─────────────────────┬───────────────────┘
                          ↓
          ┌──────────────────────────┐
          │ 哪里逃！我专逮冒牌货！    │
          └──────────────────────────┘
```

图3-7　重复的package

> **注意**　除非特殊需要，否则不建议修改package属性的值！原因是package是唯一标识了我们的应用程序的属性，如果你试图改变它的值，那么系统通常会认为这是一个不同的应用程序，会导致拥有前一版本应用程序的用户无法拥有新版本的应用程序。

3.2.3　android:sharedUserId 属性——共享数据

该属性定义了需要和其他应用程序共享的Linux用户ID。默认情况下，Android系统为每一个应用程序分配一个唯一的用户ID。然而，当这个属性在多个应用程序中被设置为相同值的时候，它们将共享一个用户ID。这样做的好处是，它们之间可以互相访问彼此的数据，如有需要，它们还将在相同的进程中运行。音乐播放器中并没有设置这个属性，这就意味着它没有和别的应用程序存在共享关系，这样它们之间就需要通过其他手段（如进程间通信等）实现数据互访了。

与android:sharedUserId属性相关的属性还有android:sharedUserLabel，这个属性给共享的用户ID定义了一个用户可读的标签。这个标签必须用字符串资源来设置，不能使用原生的字符串。这个属性在API Level 3中引入，只有设置了sharedUserId属性时才有意义。

3.2.4 android:versionCode属性——内部版本号

android:versionCode属性的值是一个内部版本号，用于确定这个版本是否比另一个版本更新，数字越大表明它就越新。它不是显示给用户看的版本号，而是由versionName属性设置的号码。版本号将决定一些服务的行为，比如替换应用程序时是否执行备份还原操作等。

该号码必须设为整数，如100。此外，我们可以随心所欲地定义这个整数，只要每个继任的版本能有一个更大的数字即可。例如，它可以是一个编译号码（build number）。

在Android系统启动以后，会生成一系列关于应用程序包描述的XML文件（比如packages.xml），系统会通过这些文件来管理应用程序包。具体的管理方法将在第10章中详细解释，而内部版本号将在这里得到体现和使用。现在就先在packages.xml文件中看看音乐播放器以及HelloWorld中的内部版本信息，具体如图3-8和图3-9所示。

```
<package name="com.android.music" codePath="/system/app/Music.apk" nativeLibraryPath="/data/data/com.android.music/lib"
flags="1" ft="132f9b160c0" it="132f9b160c0" ut="132f9b160c0" version="14" userId="10028">
<sigs count="1">
<cert index="0" />
</sigs>
```

图3-8　音乐播放器的内部版本信息

```
<package name="cn.turing.book" codePath="/mnt/asec/cn.turing.book-1/pkg.apk"
nativeLibraryPath="/mnt/asec/cn.turing.book-1/lib" flags="0" ft="133f9a97440" it="133f99c9f31" ut="133f9a98da9"
version="1" userId="10040">
<sigs count="1">
<cert index="3" key="308201e53082014ea00302010202044d0d81b6300d06092a864886f70d0101050500303731030090603550406
</sigs>
<perms />
```

图3-9　HelloWorld的内部版本信息

3.2.5 android:versionName属性——显示给用户的版本号

android: versionName属性的值是显示给用户的版本号，它可以被设置为一个原始字符串或者一个字符串源的引用。这个字符串除了要显示给用户以外，没有其他目的。在HelloWorld中，显示给用户的版本号为1.0，如图3-10所示。

3.2 一切从<manifest>节点开始

图3-10　HelloWorld中显示给用户的版本号

3.2.6　`android:installLocation`属性——安装位置

该属性定义了应用程序默认的安装位置，共有3个可选值，其形式如下：

`android:installLocation=["auto" | "internalOnly" | "preferExternal"]`

表3-1列出了这3个可选值的含义。

表3-1　`android:installLocation`属性值及其描述

值	描述
`auto`	应用程序可能被安装到外部存储设备中，但默认情况下系统会将会把应用程序安装到内部存储设备中。如果内存不足，那么系统将会把应用程序安装到外部存储设备中
`internalOnly`	应用程序必须安装到设备的内部存储设备中。如果设置为这个值，那意味着应用程序将永远不会被安装到外部存储设备（如SD卡）中去。如果内存不足，那么系统将不会安装这个APK。在没有设置`android:installLocation`属性的情况下，`internalOnly`是该属性的默认值
`preferExternal`	应用程序将被安装到外部存储设备中，如果系统不支持外部存储设备或者外部设备已满，那么系统将会把这个应用程序安装到内部存储设备中

将该属性设置为`internalOnly`的时候，会得到如图3-11所示的界面。

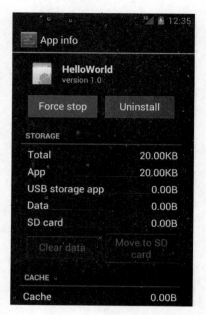

图3-11 将android:installLocation属性设置为internalOnly的效果

从图3-11中可以看到,该应用程序被安装到了内存中,而且无法移动其安装位置。将该属性设置为auto的时候,会得到如图3-12所示的界面。

图3-12 将android:installLocation属性设置为auto的效果

从图3-12中可以看到，HelloWorld应用程序被默认安装到了内存中，但可以通过"Move to SD card"按钮把应用移动到外设中，能这样做的前提是SD卡要有足够的空间。

将该属性设置为`preferExternal`的时候，将得到如图3-13所示的界面。

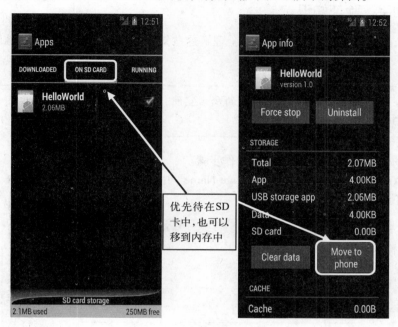

图3-13　将`android:installLocation`属性设置为`preferExternal`的效果

从图3-13中可以看到，应用程序默认安装到SD卡中，因此可以在"ON SDCARD"标签页中看到我们的应用程序。单击详情还可以看到，如果我们愿意的话，还可以把它移动到内存中，此时只需要单击"Move to phone"按钮即可。

3.2.7　HelloWorld示例——再向世界打个招呼

好了，刚刚我们了解了一些`<manifest>`节点的基础知识。现在，我们就用实例来说明如何在音乐播放器的AndroidManifest.xml中设置这个节点，相关代码如下所示：

```
<manifest xmlns:android="http://schemas.android.com/apk/res/android"
    package="com.android.music">
    <original-package android:name="com.android.music" />
</manifest>
```

通过对上述基础知识的解析，我们可将代码解析成如下几条信息。

❑ 音乐播放器使用的默认命名空间为`http://schemas.android.com/apk/res/android`。

❑ 音乐播放器在Android世界中的"身份证号码"是`com.android.music`。

- 音乐播放器默认安装到内存中。

说到这儿,大家是不是对AndroidManifest.xml文件中的`<manifest>`节点有了初步的了解?

3.2.8 动动手,验证知识

讲了这么多,不知道大家有没有完全理解这些知识,现在就要大家动动脑筋完成一个小任务。

小任务 开发一个应用程序,它使用默认的命名空间,包名是cn.book.test,并配置为"安装到SD卡中"。

想一想,做一做,再看一看下面的操作步骤。

(1) 启动Android工程向导,在"Package Name"中输入"cn.book.test",单击"Finish"按钮完成向导,结果如图3-14所示。

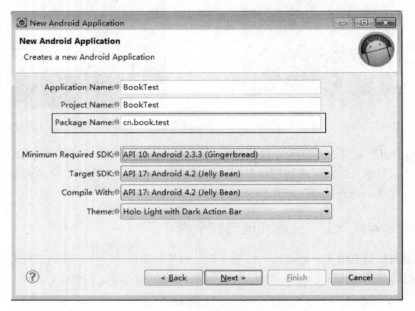

图3-14 新建工程向导

(2) 双击工程根目录下的AndroidManifest.xml文件,再查看`<manifest>`节点的相关细节,看看是不是能看到如图3-15所示的内容。

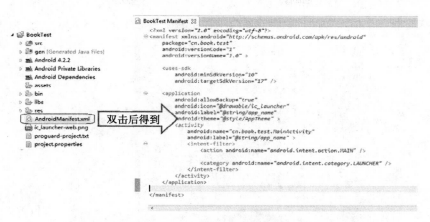

图3-15 <manifest>节点的相关细节

(3) 使用可视化工具配置installLocation属性为preferExternal,如图3-16所示。

图3-16 修改"Install location"属性

这会对AndroidManifest.xml文件有什么影响呢?我们来看看图3-17。

图3-17 配置结果

(4) 再来运行一下应用程序，就会找到应用程序的进程，如图3-18所示。

	Online	
system_process	67	8600
com.android.systemui	129	8601
jp.co.omronsoft.openwnn	138	8602
com.android.launcher	159	8604
com.android.settings	180	8605
android.process.acore	213	8606
com.android.phone	270	8613
com.android.defcontainer	289	8616
com.android.email	331	8623
com.android.quicksearchbox	348	8627
com.android.music	362	8632
com.android.protips	373	8635
com.android.deskclock	384	8638
android.process.media	394	8642
com.svox.pico	415	8644
cn.book.test	502	8645 / 8700

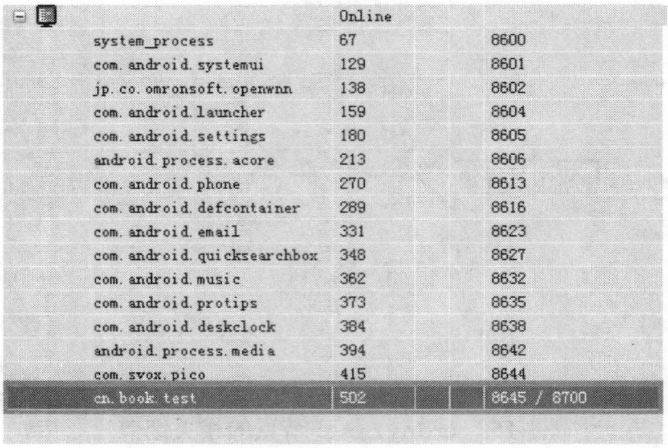

图3-18　运行进程

(5) 打开设置，查看应用程序的安装细节，如图3-19所示。

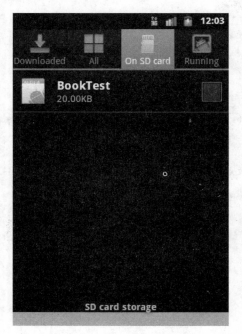

图3-19　安装完成后的结果

如果你得到如图3-19所示的界面，那就大功告成了。同时也要恭喜你，通过完成这个任务，你已经理解了前面所讲的知识了。

3.3　应用程序权限的声明

在上一节中，我们学习了AndroidManifest.xml文件的根节点<manifest>。我们知道，Android系统的各个模块（比如电话、电源和设置等）提供了非常强大的功能（比如电话功能、电源的亮度功能以及开关设置等），通过使用这些功能，应用程序可以表现得更强大、更灵活。不过，使用这些功能并不是无条件的，而是需要拥有一些权限。接下来，我们就开始讲解另一个非常重要的知识点——应用程序权限的声明，其中主要包括应用程序的权限申请、自定义应用程序的访问权限和SDK版本限定等。

3.3.1　`<uses-permission>`——应用程序的权限申请

下面还是通过音乐播放器来了解如何申请权限，相关代码如下所示：

```
<uses-permission android:name="android.permission.WRITE_SETTINGS" />
<uses-permission android:name="android.permission.SYSTEM_ALERT_WINDOW" />
<uses-permission android:name="android.permission.WAKE_LOCK" />
<uses-permission android:name="android.permission.INTERNET" />
<uses-permission android:name="android.permission.READ_PHONE_STATE" />
<uses-permission android:name="android.permission.WRITE_EXTERNAL_STORAGE" />
<uses-permission android:name="android.permission.BROADCAST_STICKY" />
```

在上述代码中，共申请了7个权限，它们分别是读写系统设置权限（`android.permission.WRITE_SETTINGS`）、允许用户使用`TYPE_SYSTEM_ALTER`（系统通知）类型打开窗口的权限（`android.permission.SYSTEM_ALERT_WINDOW`）、使用WakeLock功能的相关权限（`android.permission.WAKE_LOCK`）、允许使用网络的权限（`android.permission.INTERNET`）、读取电话状态的权限（`android.permission.READ_PHONE_STATE`）、写外部存储器（一般为SD卡）的权限（`android.permission.WRITE_EXTERNAL_STORAGE`）和广播Sticky Intent的权限（`android.permission.BROADCAST_STICKY`）。那么，这些权限又是怎样申请到的呢？目前，主要有以下两种方法来申请权限。

第一种是用代码的方式（添加一行或多行<uses-permission>节点）直接写到AndroidManifest.xml文件中，但需要注意的是，<uses-permission>节点只能包含在<manifest>节点中，其语法如下：

```
<uses-permission android:name="string"/>
```

其中`android:name`属性需要填写要申请的权限字符串，比如`android.permission.WRITE_SETTINGS`。

第二种是使用ADT工具添加<uses-permission>节点，具体步骤如下所示。

（1）打开AndroidManifest.xml文件，选择"Permissions"标签，如图3-20所示。

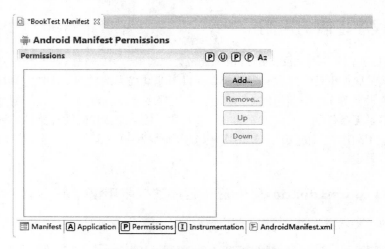

图3-20 选择"Permissions"标签

(2) 单击"Add..."按钮,在弹出的对话框中选择"Uses Permission"选项,并单击"OK"按钮确认添加,如图3-21所示。

图3-21 选择"Uses Permission"选项

(3) 这里我们在"Name"下拉列表中选择"android.permission.WRITE_EXTERNAL_STORAGE"权限并保存,如图3-22所示。

3.3 应用程序权限的声明

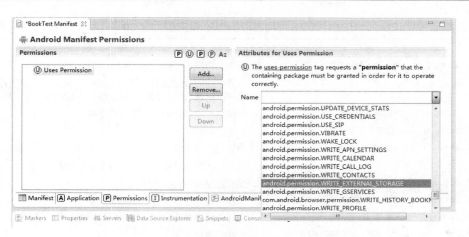

图3-22 配置权限

这些步骤完成后,我们就在AndroidManifest.xml文件相应地增加了下面这行代码:

```
<uses-permission android:name="android.permission.WRITE_EXTERNAL_STORAGE"/>
```

建议
- 如果非常清楚想要申请的权限全称,建议使用代码的方式直接添加。
- 如果对要申请的权限全称很模糊,建议使用ADT的方式添加,因为ADT中提供了所有可申请权限的全集,并且保证不会出错。

Android系统在编译之初,各个模块就已经提供了很多这样的权限,现在我们就来看看其中比较重要的权限,如表3-2所示。

表3-2 权限列表

权 限	描 述
android.permission.ACCESS_NETWORK_STATE	允许应用程序访问网络状态信息
android.permission.ACCESS_WIFI_STATE	允许应用程序访问Wi-Fi状态信息
com.android.voicemail.permission.ADD_VOICEMAIL	允许应用程序往系统中添加一封语音邮件
android.permission.BATTERY_STATS	允许应用程序更新手机电池统计信息
android.permission.BIND_APPWIDGET	允许应用程序通知AppWidget服务哪个应用程序可以访问AppWidget的数据
	Launcher是使用此权限的一个实例
android.permission.BLUETOOTH	允许应用程序连接一个已经配对的蓝牙设备
android.permission.BLUETOOTH_ADMIN	允许应用程序主动发现和配对蓝牙设备
android.permission.BROADCAST_PACKAGE_REMOVED	允许应用程序发送应用程序包已经卸载的通知
android.permission.BROADCAST_SMS	允许应用程序广播短信回执通知

(续)

权限	描述
android.permission.BROADCAST_STICKY	允许应用程序广播Sticky Intent。 有些广播的数据在其广播完成后被放在系统中，这样应用程序可以快速访问它们的数据，而无需等到下一个广播到来
android.permission.CALL_PHONE	允许应用程序初始化一次电话呼叫
android.permission.CAMERA	请求访问摄像设备
android.permission.CHANGE_CONFIGURATION	允许应用程序修改当前的配置，比如语言种类、屏幕方向等。比如，我们的设置模块就使用了这个权限
android.permission.CHANGE_NETWORK_STATE	允许应用程序改变连接状态
android.permission.CHANGE_WIFI_STATE	允许应用程序改变Wi-Fi连接状态
android.permission.DEVICE_POWER	允许应用程序访问底层设备电源管理
android.permission.EXPAND_STATUS_BAR	允许应用程序展开或者收起状态栏
android.permission.INSTALL_LOCATION_PROVIDER	允许应用程序安装一个数据提供者到本地管理器中
android.permission.INSTALL_PACKAGES	允许应用程序安装另一个应用程序
android.permission.INTERNET	允许应用程序打开网络。 如果读者希望开发一个和网络相关的应用程序，那么首先应该考虑是否需要这个权限
android.permission.KILL_BACKGROUND_PROCESSES	允许应用程序调用killBackgroundProcesses()方法
android.permission.MODIFY_PHONE_STATE	允许修改电话状态，但不包括拨打电话
android.permission.MOUNT_FORMAT_FILESYSTEMS	允许应用程序格式化可移除的外部存储设备
android.permission.MOUNT_UNMOUNT_FILESYSTEMS	允许应用程序挂载或者卸载外部存储设备
android.permission.NFC	允许应用程序执行NFC（近场通信）的输入输出操作
android.permission.READ_CALENDAR	允许应用程序读取日历的数据
android.permission.READ_CONTACTS	允许应用程序读取联系人的数据
android.permission.READ_PHONE_STATE	允许应用程序访问电话状态
android.permission.READ_SMS	允许应用程序访问短信信息
android.permission.RECEIVE_BOOT_COMPLETED	允许应用程序在系统完成以后接收到android.intent.action.BOOT_COMPLETED广播
android.permission.RECEIVE_MMS	允许应用程序监控MMS
android.permission.RECEIVE_SMS	允许应用程序监控SMS
android.permission.RECEIVE_WAP_PUSH	允许应用程序监控WAP的推送信息
android.permission.SEND_SMS	允许应用程序主动发送短信
android.permission.SET_TIME	允许应用程序设置系统时间
android.permission.SET_TIME_ZONE	允许应用程序设置系统时区
android.permission.SET_WALLPAPER	允许应用程序设置桌面壁纸
android.permission.STATUS_BAR	允许应用程序操作（打开、关闭和禁用）状态栏和它的图标
android.permission.VIBRATE	允许应用程序访问振动设备
android.permission.WAKE_LOCK	允许应用程序使用电源管理器的屏幕锁功能
android.permission.WRITE_CALENDAR	允许用户写入日历数据。如果我们只申请了这个权限，那么我们对日历的数据只有写入权限，没有读取权限

（续）

权　限	描　述
android.permission.WRITE_CONTACTS	允许用户写入联系人数据，如果我们只申请了这个权限，那么我们对联系人的数据只有写入权限，没有读取权限
android.permission.WRITE_EXTERNAL_STORAGE	允许应用程序把数据写入外部存储设备（比如SD卡、U盘等）
android.permission.WRITE_SETTINGS	允许应用程序读写系统设置
android.permission.WRITE_SMS	允许应用程序写短信

应用程序在不同的场景下可能需要申请表3-2中的某些权限，比如当我们需要使用SD卡时，则需要申请SD卡相关的权限。下面我们举例来解释这个问题。

在这个实例中，我们将改造HelloWorld应用程序，并在sdcard的根目录下添加一个名为"abc.txt"的文本文件。由于需要访问外部存储器，因此需要申请android.permission.WRITE_EXTERNAL_STORAGE权限，否则代码将会失败。具体步骤如下所示。

(1) 需要在HelloWorld应用程序的AndroidManifest.xml文件中添加相应的权限，如下列代码所示：

```xml
<?xml version="1.0" encoding="utf-8"?>
<manifest xmlns:android="http://schemas.android.com/apk/res/android"
    package="cn.book.test"
    android:versionCode="1"
    android:versionName="1.0"
    android:installLocation="preferExternal">

    <uses-sdk
        android:minSdkVersion="10"
        android:targetSdkVersion="17" />
    <uses-permission android:name="android.permission.WRITE_EXTERNAL_STORAGE"/>

    <application
        android:allowBackup="true"
        android:icon="@drawable/ic_launcher"
        android:label="@string/app_name"
        android:theme="@style/AppTheme" >
        <activity
            android:name="cn.book.test.MainActivity"
            android:label="@string/app_name" >
            <intent-filter>
                <action android:name="android.intent.action.MAIN" />

                <category android:name="android.intent.category.LAUNCHER" />
            </intent-filter>
        </activity>
    </application>

</manifest>
```

(2) 要在原来的代码中添加一些创建文件的代码，如下所示：

```
package cn.book.test;

import java.io.File;
```

```java
import java.io.IOException;

import android.support.v7.app.ActionBarActivity;
import android.support.v7.app.ActionBar;
import android.support.v4.app.Fragment;
import android.os.Bundle;
import android.view.LayoutInflater;
import android.view.Menu;
import android.view.MenuItem;
import android.view.View;
import android.view.ViewGroup;
import android.os.Build;

public class MainActivity extends ActionBarActivity {

    @Override
    protected void onCreate(Bundle savedInstanceState) {
        super.onCreate(savedInstanceState);
        setContentView(R.layout.activity_main);

        if (savedInstanceState == null) {
            getSupportFragmentManager().beginTransaction()
                .add(R.id.container, new PlaceholderFragment()).commit();
        }

        File SDCardPath =
            android.os.Environment.getExternalStorageDirectory();
        File Dir = new File(SDCardPath.getAbsolutePath());
        File myFile = new File(Dir + File.separator + "abc.txt");
        try {
            myFile.createNewFile();
        } catch (IOException e) {
            e.printStackTrace();
        }

    }
    @Override
    public boolean onCreateOptionsMenu(Menu menu) {
        getMenuInflater().inflate(R.menu.main, menu);
        return true;
    }

    @Override
    public boolean onOptionsItemSelected(MenuItem item) {
        int id = item.getItemId();
        if (id == R.id.action_settings) {
            return true;
        }
        return super.onOptionsItemSelected(item);
    }

    public static class PlaceholderFragment extends Fragment {

        public PlaceholderFragment() {
```

```
        }

        @Override
        public View onCreateView(LayoutInflater inflater, ViewGroup container,
            Bundle savedInstanceState) {
            View rootView = inflater.inflate(R.layout.fragment_main,container,false);
            return rootView;
        }
    }
}
```

(3) 启动程序，这时在sdcard所链接的目录下，我们会发现已经建立的abc.txt文件，如图3-23所示。

图3-23　创建结果

最后来做一个实验，将AndroidManifest.xml文件中的<uses-permission>节点删除，看看运行结果。其结果是，在相同的目录下并没有发现所创建的文件，如图3-24所示。

图3-24　无权限下的创建结果

这样操作之后，我们就能在日志里面发现一些异常信息，如图3-25所示。

```
cn.book.test    System.err    java.io.IOException: open failed: EACCES (Permission denied)
cn.book.test    System.err    at java.io.File.createNewFile(File.java:948)
cn.book.test    System.err    at cn.book.test.MainActivity.onCreate(MainActivity.java:34)
cn.book.test    System.err    at android.app.Activity.performCreate(Activity.java:5104)
cn.book.test    System.err    at android.app.Instrumentation.callActivityOnCreate(Instrumentation.java:1080)
cn.book.test    System.err    at android.app.ActivityThread.performLaunchActivity(ActivityThread.java:2144)
cn.book.test    System.err    at android.app.ActivityThread.handleLaunchActivity(ActivityThread.java:2230)
cn.book.test    System.err    at android.app.ActivityThread.access$600(ActivityThread.java:141)
cn.book.test    System.err    at android.app.ActivityThread$H.handleMessage(ActivityThread.java:1234)
cn.book.test    System.err    at android.os.Handler.dispatchMessage(Handler.java:99)
cn.book.test    System.err    at android.os.Looper.loop(Looper.java:137)
cn.book.test    System.err    at android.app.ActivityThread.main(ActivityThread.java:5041)
cn.book.test    System.err    at java.lang.reflect.Method.invokeNative(Native Method)
cn.book.test    System.err    at java.lang.reflect.Method.invoke(Method.java:511)
cn.book.test    System.err    at com.android.internal.os.ZygoteInit$MethodAndArgsCaller.run(ZygoteInit.java:793)
cn.book.test    System.err    at com.android.internal.os.ZygoteInit.main(ZygoteInit.java:560)
cn.book.test    System.err    at dalvik.system.NativeStart.main(Native Method)
cn.book.test    System.err    Caused by: libcore.io.ErrnoException: open failed: EACCES (Permission denied)
cn.book.test    System.err    at libcore.io.Posix.open(Native Method)
cn.book.test    System.err    at libcore.io.BlockGuardOs.open(BlockGuardOs.java:110)
cn.book.test    System.err    at java.io.File.createNewFile(File.java:941)
cn.book.test    System.err    ... 15 more
```

图3-25 无权限下运行日志的效果

在图3-25中可以发现，程序抛出了`java.io.IOException`异常，并且提示"Permission denied"，而它发生的地方（MainActivity.java:34）正好就是创建文件的地方。因此，我们可以得出一个结论，在试图读写外部存储设备的时候，必须先要申请`android.permission.WRITE_EXTERNAL_STORAGE`这个权限，否则程序将抛出警告性的异常，相关的操作就无法进行。

Android提供了丰富的软硬件功能模块，它能让应用程序变得更强大，开发过程也更便捷。但在使用前，必须要为应用程序申请必要的权限。这点非常重要，否则应用程序就会出现莫名其妙的错误。

正如前面实例中看到的结果，如果没有相应的权限，就无法创建文件，而程序并没有显示一个异常提示（比如一个对话框等），这时我们就可能要花费大量的时间去找问题的根源。

因此，建议大家在开发之前仔细分析需求，分析应用程序需要什么功能，而这些功能是否需要权限才可以访问。

3.3.2 <permission>节点——自定义应用程序的访问权限

前面我们学习了如何使用权限。其实，应用程序除了可以使用权限之外，还可以定义自己的权限，用来限制对本应用程序或其他应用程序的特殊组件或功能的访问。在这一节中，我们就来学习<permission>节点的作用——如何声明自己的权限。

声明自己的权限（<permission>）与声明使用权限（<uses-permission>）一样，也有两种方法可以完成，分别是编程方式和使用ADT，下面我们一一介绍这两种方法。

1. 编程方式

手动向 AndroidManifest.xml 文件中添加一个 `<permission>` 节点，它只能包含在 `<manifest>` 节点下，其语法如下所示：

```
<permission android:description="string resource"
    android:icon="drawable resource"
    android:logo="drawable resource"
    android:label="string resource"
    android:name="string"
    android:permissionGroup="string"
    android:protectionLevel=["normal" | "dangerous" |"signature"
        "signatureOrSystem"] />
```

在以上代码中，需要说明的有以下3个属性。

- `android:name`：声明权限的名称。这个名称必须是唯一的，因此，应该使用Java风格的命名，比如com.test.permission.TEST。
- `android:permissionGroup`：声明权限从属于哪一个权限组，这个权限组可以是Android预编译的，也可以是自定义的。表3-3列出了Android系统预编译的系统权限组。

表3-3 系统权限组列表

权限组名称	描述
android.permission-group.ACCOUNTS	用于直接访问由账户管理器管理的账户
android.permission-group.COST_MONEY	用于使用户不需要直接参与就可花钱的权限
android.permission-group.DEVELOPMENT_TOOLS	与开发特征相关的权限群
android.permission-group.HARDWARE_CONTROLS	用于提供直接访问设备硬件的权限
android.permission-group.LOCATION	用于允许访问用户当前位置的权限
android.permission-group.MESSAGES	用于允许应用程序以用户的名义发送信息或者拦截用户收到的信息的权限
android.permission-group.NETWORK	适用于提供网络服务的访问权限
android.permission-group.PERSONAL_INFO	适用于提供访问到用户私人数据的权限，如联系人、日历事件和电子邮件信息
android.permission-group.PHONE_CALLS	适用于关联访问和修改电话状态的权限，比如拦截去电、读取和修改电话状态
android.permission-group.STORAGE	与SD卡访问有关的权限组
android.permission-group.SYSTEM_TOOLS	与系统API有关的权限组

- `android:protectionLevel`：描述了隐含在权限中的潜在风险，该属性的值可以是表3-4中的一个字符串。

表3-4 `android:protectionLevel`属性的值及其含义

值	意义
normal	默认值。低风险的权限，它可以使请求的应用程序访问孤立的应用程序级的功能，给其他应用程序、系统或者用户带来最小的风险。系统在安装时会自动授予这种类型的权限给请求的应用程序，无须用户明确声明

（续）

值	意义

Dangerous	高风险权限，它将使请求的应用程序能访问用户的私有数据或者控制那些会对用户产生负面影响的设备。由于这种类型的权限存在潜在风险，系统可能不会自动被赋予请求的应用程序。例如，任何一个由应用程序请求的危险权限可能会显示给用户，并且在处理之前被要求确认。例如，以下权限就属于此类权限：
	 `<permission android:name="android.permission.RECEIVE_SMS"`
	　　`android:permissionGroup="android.permission-group.MESSAGES"`
	　　　`android:protectionLevel="dangerous"`
	　　　`android:label="@string/permlab_receiveSms"`
	`android:description="@string/permdesc_receive Sms" />`
	 如果应用程序使用了这个权限，就有可能导致其他应用程序无法收到短信通知，此时我们认为使用这个权限是危险的

signature	签名级别。系统只在请求的应用程序用同样的签名作为声明权限时才授予该权限。如果认证匹配，则系统不通知用户或者无须用户明确批准就可自动授权
signatureOrSystem	签名或系统级别。系统仅仅将它授给Android系统镜像文件（*.img文件）中的应用程序，或者是和系统镜像中的那些用同样认证签名的应用程序。一般情况下，尽量避免使用该选项，这是由于signature保护层级应满足大多数需求和工程，而不管应用程序被确切地安装在何处。signatureOrSystem权限适用于特定的特殊环境，在这样的环境里，多个厂商已经将应用程序构建到系统镜像中，并且需要明确共享特定特征

在`<penmission>`节点中，除了上面介绍的3个属性外，还有其他一些属性（例如android:description等）只是为了便于阅读而存在，这里我们不再详细介绍。

在Android系统提供的应用中，有一些应用定义了自己的权限，比如Launcher。下面的代码片段用Launcher的AndroidManifest.xml片段来说明如何手动声明自己的权限：

```
<permission
    android:name="com.android.launcher.permission.INSTALL_SHORT-CUT"
    android:permissionGroup="android.permission-group.SYSTEM_TOOLS"
    android:protectionLevel="normal"
    android:label="@string/permlab_install_shortcut"
    android:description="@string/perdesc_install_shortcut"/>
```

2. 使用ADT

除了可以使用代码声明权限外，还可以通过ADT方式来声明代码，具体步骤如下所示。

(1) 打开AndroidManifest.xml文件，选择"Permissions"标签，如图3-20所示。

(2) 单击"Add..."按钮，在弹出的对话框中选择"Permission"选项，并单击"OK"按钮确认添加，如图3-21所示。

(3) 设置权限属性，如图3-26所示。

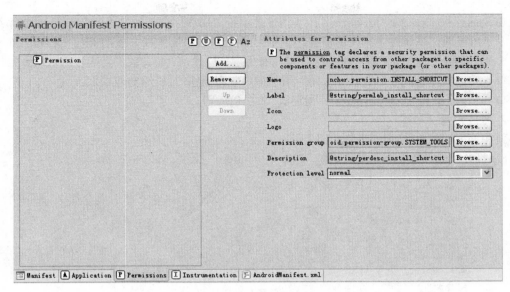

图3-26 权限设置

这里建议还是尽量使用ADT方式来添加权限,因为声明权限这一功能使用频率比较低,因此读者在开发应用程序的时候需要思考是否有必要声明自定义权限。

3.3.3 `<uses-sdk>`节点——SDK版本限定

大家知道,软件对于平台版本是有一定要求的。如果平台版本能达到软件运行的要求,那就能保证软件的稳定性。比如,大家知道NFC功能是不能在Android 1.5中运行的,如果正在开发带类似功能的应用程序,那就必须对所在平台有所要求,而`<uses-sdk>`节点正是用来满足这种需求的。

`<uses-sdk>`节点使用一个整型值来表达应用程序与一个或多个Android平台版本的兼容性。值得注意的是,这些整型值代表的是API级别。应用程序给定的API级别将和一个给定Android系统的API级别做比较。当然,对于不同的Android设备,这可能会有所不同。需要说明的是,这个节点用于指定API级别,而不是用于指定SDK的版本号或Android平台的。

与其他属性一样,`<uses-sdk>`同样也有两种添加方式,分别是编程方式和ADT方式,下面我们将逐一介绍它们。

1. 编程方式

使用此方法添加节点的代码如下所示:

```
<uses-sdk android:minSdkVersion="integer"
    android:targetSdkVersion="integer"
    android:maxSdkVersion="integer " />
```

此处有必要对清单中的几个属性作出如下解释。

- `android:minSdkVersion`：用于指定要运行应用程序所需的最小API级别。如果系统的API级别比该属性中指定的值要小，则Android系统会阻止用户安装此应用程序。在大多数情况下，应指定这个属性值。如果没有指定该属性值，那么系统会认为此属性值为"1"。
- `android:targetSdkVersion`：用于指定应用程序的目标API级别。
- `android:maxSdkVersion`：指定最大的API级别。

2. ADT方式

使用该方法的具体添加步骤如下所示。

(1) 打开AndroidManifest.xml文件，选择"Manifest"标签，如图3-27所示。

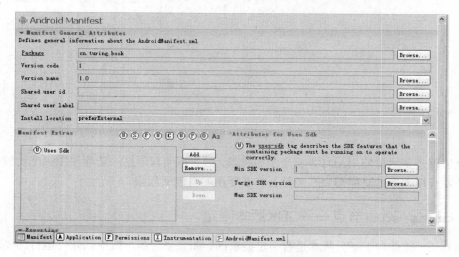

图3-27 选择"Manifest"标签

(2) 单击"Add..."按钮，在弹出的对话框中选择"Uses Sdk"选项，并单击"OK"按钮确认添加，如图3-28所示。

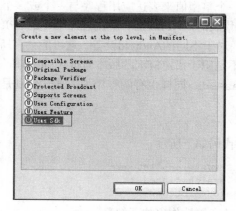

图3-28 选择"Uses Sdk"选项

(3) 设置权限属性,如图3-29所示。

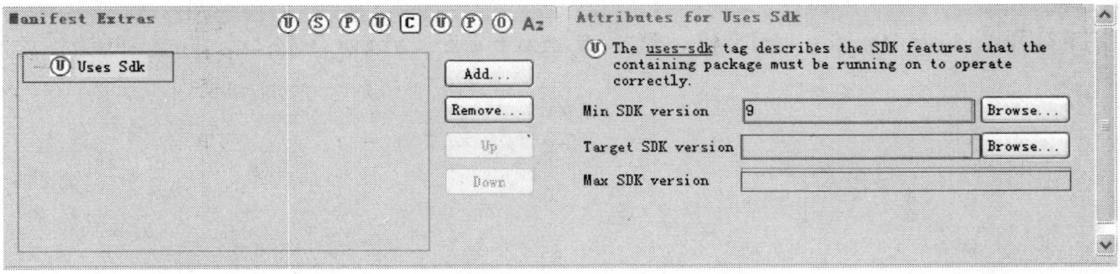

图3-29 设置权限属性

这样,我们就完成了<uses-sdk>节点的设置。要注意,<uses-sdk>节点只能包含在<manifest>节点中。因此,在程序设计之初,就要考虑到应用程序的功能所能兼容的Android平台版本的范围。

3.3.4 <instrumentation>节点——应用的监控器

<instrumentation>节点用于监控应用程序与系统交互,它会在应用程序组件实例化之前被实例化。这个节点在多数情况下用于单元测试,本节将介绍这个节点的用法。

与<uses-sdk>和<permission>等节点一样,添加<instrumentation>节点同样也存在编程和ADT配置两种方式。首先还是介绍用编程的方式来添加。下面先来看看它的语法,如以下代码所示:

```
<instrumentation android:functionalTest=["true" | "false"]
    android:handleProfiling=["true" | "false"]
    android:icon="drawable resource"
    android:label="string resource"
    android:name="string"
    android:targetPackage="string" />
```

下面对上述代码中的几个属性作出如下说明。

- `android:functionalTest`:标识这个`Instrumentation`类是否作为一个功能测试运行,它的默认值是`false`。
- `android:handleProfiling`:标识这个`Instrumentation`对象是否打开和关闭性能分析,它的默认值是`false`。
- `android:icon`:该属性代表这个`Instrumentation`类的图标。
- `android:label`:该属性是`Instrumentation`类的标题。
- `android:name`:该属性是`Instrumentation`子类的名称,是一个类的Java风格的名称(比如`cn.test.myInstrumentation`)。
- `android:targetPackage`:该属性是需要监控的目标应用程序名称,这个名称来自于目标应用程序AndroidManifest.xml中<manifest>节点的`package`属性值。

接下来,再来看看如何用ADT方式来添加<instrumentation>节点,具体如下面的步骤所示。

(1) 打开AndroidManifest.xml文件,选择"Instrumentation"标签,如图3-30所示。

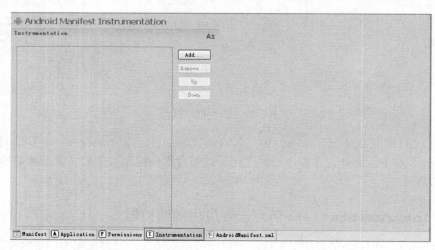

图3-30 选择"Instrumentation"标签

(2) 单击"Add..."按钮,在弹出的对话框中选择"Instrumentation"选项,并单击"OK"按钮确认添加,如图3-31所示。

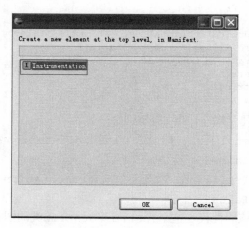

图3-31 选择"Instrumention"选项

(3) 设置Instrumention属性,如图3-32所示。

注意 在图3-32中,必须在"Label"输入框内输入内容。

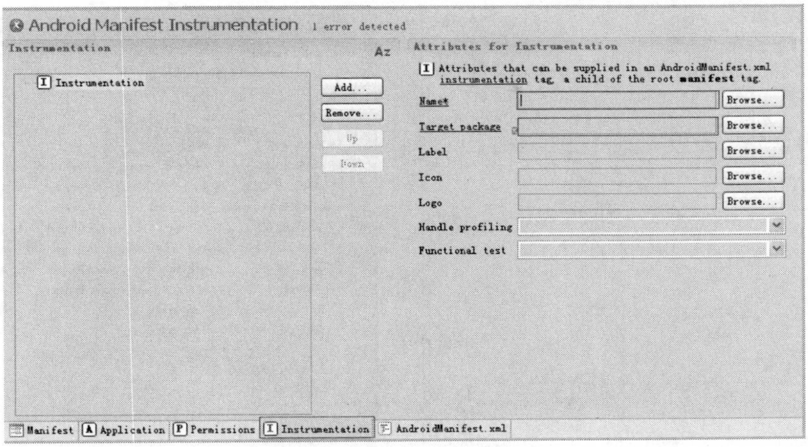

图3-32 设置权限属性

3.3.5 动动手，验证知识

如本节一开始所说，`<instrumentation>`节点可以用于单元测试，现在我们就来看看如何使用这个节点的功能。

首先，创建一个用作测试的Android应用程序，其中包含几个简单的控件（一个文本框、一个输入框和一个按钮），接着要完成一个简单的功能（单击按钮后，文本框将显示编辑框编辑的内容）。与此同时，还要生成一个单元测试代码。

在第一篇中，我们已经学习了如何创建一个Android项目，本节将创建用于测试的Android项目，具体步骤如图3-33到图3-36所示。

图3-33 生成单元测试项目

图3-34 设置项目属性

第 3 章 应用的五脏六腑——AndroidManifest.xml

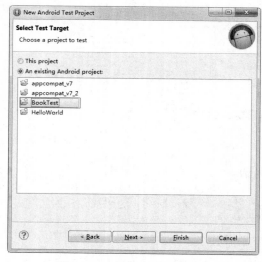

图3-35 选择需要测试的项目

图3-36 选择测试项目的Android版本

在测试项目的AndroidManifest.xml文件中，ADT已经自动添加了一个<instrumentation>节点，如图3-37所示。

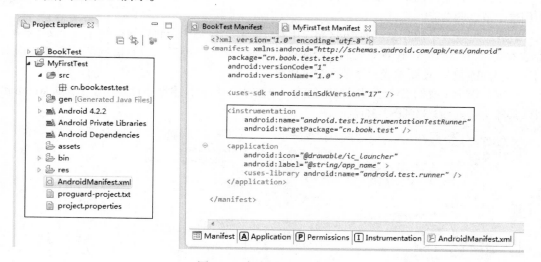

图3-37 完成后的项目目录

但此时测试项目还是一个空项目，其中没有任何代码，接下来我们就要在此基础上添加代码来实现软件功能以及测试功能，具体操作如下所述。

（1）右击cn.book.test.test包，在打开的快捷菜单中选择"New"→"Class"菜单项，此时将打开"New Java Class"对话框，在"Name"和"Superclass"编辑框中分别填写测试类名和测试类的超类类名，如图3-38所示。

3.3 应用程序权限的声明

图3-38　添加测试类及其相关信息

(2) 单击"Finish"按钮完成添加。此时得到的就是测试代码的雏形，如下面的代码所示：

```
package cn.book.test.test;
import android.test.ActivityInstrumentationTestCase2;
public class MyFirstTest
    extends ActivityInstrumentationTestCase2<T> {

}
```

在这段代码中，`ActivityInstrumentationTestCase2<T>`中的`<T>`需要修改成要测试的类（这里要测试的是`MyFirstTest`类）。此外，还要添加必要的构造函数，修改后的代码如下所示：

```
package cn.book.test.test;

import cn.book.test.MainActivity;
import android.test.ActivityInstrumentationTestCase2;

public class MyFirstTest
    extends ActivityInstrumentationTestCase2<MainActivity> {
    public MyFirstTest(){
        super MainActivity.class);
    }
}
```

注意　由于现在还没有涉及具体Android代码的编写，因此，这里读者只需要按照我们提供的代码中的注解理解即可。

接下来，还要添加软件的具体功能以及一个测试用例。
添加软件的具体功能的代码如下所示：

```java
package cn.book.test;

import android.support.v7.app.ActionBarActivity;
import android.support.v4.app.Fragment;
import android.os.Bundle;
import android.view.LayoutInflater;
import android.view.Menu;
import android.view.MenuItem;
import android.view.View;
import android.view.View.OnClickListener;
import android.view.ViewGroup;
import android.widget.Button;
import android.widget.EditText;
import android.widget.TextView;

public class MainActivity extends ActionBarActivity {

    private PlaceholderFragment mPlaceholderFragment;

    @Override
    protected void onCreate(Bundle savedInstanceState) {
        super.onCreate(savedInstanceState);
        setContentView(R.layout.activity_main);

        if (savedInstanceState == null) {
            mPlaceholderFragment = new PlaceholderFragment();
            getSupportFragmentManager().beginTransaction()
                .add(R.id.container, mPlaceholderFragment).commit();
        }

    }

    @Override
    public boolean onCreateOptionsMenu(Menu menu) {

        //Inflate the menu; this adds items to the action bar if it is present
        getMenuInflater().inflate(R.menu.main, menu);
        return true;
    }

    @Override
    public boolean onOptionsItemSelected(MenuItem item) {
        int id = item.getItemId();
        if (id == R.id.action_settings) {
            return true;
        }
        return super.onOptionsItemSelected(item);
    }

    public PlaceholderFragment getFragment(){
```

```java
        return mPlaceholderFragment;
    }

    public static class PlaceholderFragment extends Fragment implements
        OnClickListener{

        private TextView mTextView;
        private EditText mEditText;
        private Button mButton;
        private View mRootView;

        public PlaceholderFragment() {
        }

        @Override
        public View onCreateView(LayoutInflater inflater, ViewGroup container,
            Bundle savedInstanceState) {
            View rootView = inflater.inflate(R.layout.fragment_main, container,
                false);
            //实例化文本框
            mTextView = (TextView)rootView.findViewById(R.id.message_text);
            //实例化编辑框
            mEditText = (EditText)rootView.findViewById(R.id.message_edit);
            //实例化按钮
            mButton = (Button)rootView.findViewById(R.id.message_button);
            mButton.setOnClickListener(this);
            mRootView = rootView;
            return rootView;
        }

        @Override
        public void onClick(View v) {
            int id = v.getId();
            switch (id) {
            case R.id.message_button:
                //单击的时候根据编辑框的内容设置文本框的内容
                mTextView.setText(mEditText.getText().toString());
                break;
            default:
                break;
            }
        }

        public View getRootView(){
            return mRootView;
        }
    }
}
```

添加测试用例的代码如下:

```java
package cn.book.test.test;
```

```java
import cn.book.test.MainActivity;
import android.os.SystemClock;
import android.test.ActivityInstrumentationTestCase2;
import android.view.KeyEvent;
import android.widget.Button;
import android.widget.EditText;
import android.widget.TextView;
public class MyFirstTest extends ActivityInstrumentationTestCase2<MainActivity> {

    private TextView mTextView;
    private EditText mEditText;
    private Button mButton;
    private MainActivity mMyFirstActivity;

    public MyFirstTest() {
        super(MainActivity.class);
        //TODO Auto-generated constructor stub
    }

    @Override
    protected void setUp() throws Exception {
        //TODO Auto-generated method stub
        super.setUp();
        mMyFirstActivity = (MainActivity)getActivity();
        mTextView = (TextView)mMyFirstActivity.getFragment().getRootView().
            findViewById(cn.book.test.R.id.message_text);
        mEditText = (EditText)mMyFirstActivity.getFragment().getRootView().
            findViewById(cn.book.test.R.id.message_edit);
        mButton = (Button)mMyFirstActivity.getFragment().getRootView().
            findViewById(cn.book.test.R.id.message_button);
    }

    /**
     * 测试用例1
     * 首先我们模拟键盘事件输入hello,然后模拟按钮单击事件。
     * 测试文本框的内容和编辑框的内容是否相等
     *
     */
    public void testButtonClick(){
        //模拟键盘事件,输入hello
        getInstrumentation().sendCharacterSync(KeyEvent.KEYCODE_H);
        getInstrumentation().sendCharacterSync(KeyEvent.KEYCODE_E);
        getInstrumentation().sendCharacterSync(KeyEvent.KEYCODE_L);
        getInstrumentation().sendCharacterSync(KeyEvent.KEYCODE_L);
        getInstrumentation().sendCharacterSync(KeyEvent.KEYCODE_O);
        getInstrumentation().waitForIdleSync();

        getInstrumentation().runOnMainSync(new Runnable() {
            //模拟按钮单击事件
            public void run() {
                mButton.performClick();
            }
        });
```

```
            getInstrumentation().waitForIdleSync();
            SystemClock.sleep(1000);
            //判断文本框的内容与编辑框的内容是否一致
            assertEquals(mTextView.getText().toString(),
                mEditText.getText().toString());
        }
    }
```

注意

- 在MyFirstTest类的构造方法中,由于指定了被测试项目的Activity的详细信息(包括包名和类名),就使得MyFirstTest与Activity关联上。
- setUp()方法是一个重写的方法,它的作用是在测试前做必要的设置,比如实例化一些对象、打开网络等,它与tearDown()方法成对出现。这里我们没有实现tearDown()方法,当测试完成以后,框架会自动回调基类(也就是ActivityInstrumentationTestCase2的tearDown()方法)。

最后,在完成代码以后运行test工程,具体过程如图3-39所示。

图3-39 执行单元测试

当系统完成测试以后,就可以在Eclipse集成开发环境中得到如图3-40所示的结果。

图3-40 测试结果

在图3-40中可以看到，编写的 `testButtonClick()` 方法前有一个"√"，这就证明测试达到了预期的目标。

3.3.6 `<instrumentation>`节点的另一种使用方法

在3.3.4节中，大家学习了`<instrumentation>`的用法，本节将介绍在Android提供的开发工具的基础上它的另一种用法，同时还将介绍单元测试类中的另一个基类——Instrumentation。

这里我们还是使用图3-38中的方法来添加一个名为`MyFirstTest1`的测试类，它继承自`android.app.Instrumentation`。这样就得到了另一个测试框架的雏形，在添加了必要的方法以后，就得到了如下所示的代码：

```java
package cn.turing.book.test;

import cn.turing.book.MyFirstActivity;
import android.app.Instrumentation;
import android.content.Intent;
import android.os.Bundle;
import android.os.SystemClock;
import android.view.KeyEvent;
import android.widget.Button;

public class MyFirstTest1 extends Instrumentation {
    private MyFirstActivity mActivity;
    private Button mButton;
    @Override
    public void onCreate(Bundle arguments) {
        super.onCreate(arguments);

        start();
    }
    @Override
    public void onStart() {
        super.onStart();
        Intent intent = new Intent(Intent.ACTION_MAIN);
        intent.addFlags(Intent.FLAG_ACTIVITY_NEW_TASK);
        intent.setClassName("cn.turing.book",
            "cn.turing.book.MyFirstActivity");
        mActivity = (MyFirstActivity)startActivitySync(intent);
        waitForIdleSync();//等待动作处理完成
        mButton =
(Button)mActivity.findViewById(cn.turing.book.R.id.message_button);
        waitForIdleSync();
```

```
            //模拟键盘事件,输入hello
            sendCharacterSync(KeyEvent.KEYCODE_H);
            sendCharacterSync(KeyEvent.KEYCODE_E);
            sendCharacterSync(KeyEvent.KEYCODE_L);
            sendCharacterSync(KeyEvent.KEYCODE_L);
            sendCharacterSync(KeyEvent.KEYCODE_O);
            waitForIdleSync();

            runOnMainSync(new Runnable() {//模拟按钮单击事件
                public void run() {
                    mButton.performClick();
                }
            });
            waitForIdleSync();
            SystemClock.sleep(4000);
            mActivity.finish();//关闭Activity
        }
    }
```

> **注意**
> - onCreate()方法在这个Instrumentation启动时调用。在这个方法中,我们调用了一个start()方法,它的作用是通知框架回调MyFirstTest1的onStart()方法。
> - onStart()方法在这个Instrumentation正在启动的过程中调用。我们在这个方法中执行测试用例。
>
> 接下来,就需要在AndroidManifest.xml中配置一个<instrumentation>节点。根据上文中的描述,我们做了如下所示的配置:
>
> ```
> <instrumentation
>     android:name="MyFirstTest1"
>     android:targetPackage="cn.book.test"
>     android:label="MyFirstTest instrumentation"/>
> ```

注意,此处指定了被测试的目标包名。

最后,运行此用例。完成后,就可以在设备上找到该测试用例,如图3-41所示。

图3-41 测试用例列表

通过图3-42所示的一系列路径，我们就可以清楚地了解到出现图3-41所示界面之前的整个过程。

单击"MyFirstTest instrumentation"项，就可以看到定义的过程了。

注意，图3-42中使用的是虚拟机，它上面已经提供了开发工具，但有些设备并没有提供这些工具。

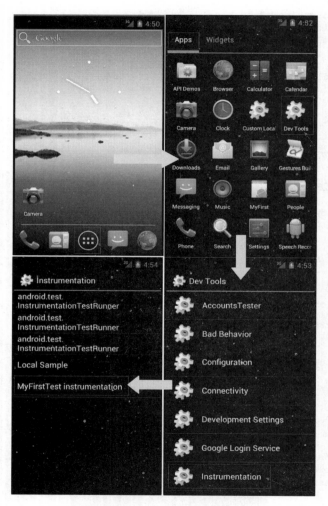

图3-42　界面路径

此时，我们就完成了编写以及运行一个单元测试这两件事情。在软件开发过程中，单元测试是必不可少的环节。有了良好的单元测试用例，才能有效地提高开发效率以及软件质量。因此，对于开发者而言，在编写软件的过程中还需要充分思考所需的单元测试用例。

3.4　应用程序的根节点——`<application>`

前面介绍了`<manifest>`及其包含的一些重要节点，它们描述了应用程序包的基本信息，包含包名、命名空间以及版本信息等。在这一节中，我们将开始介绍用于描述应用程序的另一个非常重要的节点——`<application>`节点。

`<application>`节点是AndroidManifest.xml文件中必须持有的一个节点，它包含在`<manifest>`节点下。通过`<application>`节点的相关属性，我们可以声明Android应用程序的相关特征。这个节点包含所有应用程序组件的节点（包括Activity、服务、广播接收器和内容提供者），并且包含一些可以影响所有组件的属性。这些属性中的其中一些又会作为默认值而被设置到应用程序组件的相同属性上，比如`icon`、`label`、`permission`、`process`、`taskAffinity`和`allowTaskReparenting`等，而其他的一些值则作为应用程序的整体被设置，并且不能被应用程序组件的属性覆盖，比如`debuggable`、`enabled`、`description`和`allowClearUserData`等。

3.4.1　`<application>`节点配置

一般来说，在生成Android应用程序的时候，默认的AndroidManifest.xml文件中就已经包含了一个默认的`<application>`节点，其中包含应用程序的基本属性。现在我们就来看看`<application>`节点信息的全集，代码如下所示：

```
<application android:allowTaskReparenting=["true" | "false"]
    android:backupAgent="string"
    android:debuggable=["true" | "false"]
    android:description="string resource"
    android:enabled=["true" | "false"]
    android:hasCode=["true" | "false"]
    android:hardwareAccelerated=["true" | "false"]
    android:icon="drawable resource"
    android:killAfterRestore=["true" | "false"]
    android:label="string resource"
    android:logo="drawable resource"
    android:manageSpaceActivity="string"
    android:name="string"
    android:permission="string"
    android:persistent=["true" | "false"]
    android:process="string"
    android:restoreAnyVersion=["true" | "false"]
    android:taskAffinity="string"
    android:theme="resource or theme" >
</application>
```

当然，如果使用ADT插件来开发Android应用程序的话，`<application>`节点的属性值就可以通过ADT提供的可视化界面（如图3-43所示）进行配置，其效果与手动加载效果是一样的。在实际开发中，我们推荐使用ADT方式。

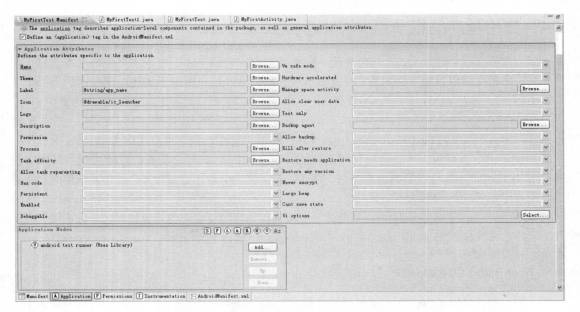

图3-43 <application>节点的属性配置界面

如图3-43所示，当我们想要配置AndroidManifest.xml中<application>节点的属性时，就需要选择"Application"标签，这时呈现在读者眼前的就是配置<application>节点属性的可视化界面，这个界面被分为"Application Attributes"和"Application Nodes"两个部分。

- "**Application Attributes**"部分：用于配置<application>节点的属性，这些属性与代码中的各个属性值是一一对应的。比如，当配置"Vm safe mode"（虚拟机安全模式）为true时，可以看到<application>节点的属性增加了一条android:vmSafeMode="true"的代码，其他的依次类推。
- "**Application Nodes**"部分：用于配置包含在<application>节点内的节点（Activity、服务、广播接收器和内容提供者等）以及这些节点的子节点（筛选和数据等）。这里每增加一个配置，就会在<application>和</application>之间增加一个相应的节点。举个实例，假设想要增加一个Activity，那么就只需要在这个区域添加一个"Activity"配置。

值得注意的是，<application>节点中所包含的属性表示的是对于整个应用程序的属性，它限定了整个Android应用程序的特征。在这些属性中，会包含一些与其他应用程序组件（比如Activity等）属性重复的属性。如果在这些组件中没有配置这些属性，则会使用<application>节点中同名的属性作为默认配置，例如android:theme等。

3.4.2 音乐播放器的<application>节点

通过前面的学习，我们了解到<application>节点支持的大部分属性。而本书中所要解析的音乐播放器也同样拥有一个<application>节点，其配置如下所示：

```xml
<application android:icon="@drawable/app_music"
    android:label="@string/musicbrowserlabel"
    android:taskAffinity="android.task.music"
    android:allowTaskReparenting="true">
</application>
```

虽然在这个清单中<application>节点的信息只有非常简单的几行，但是如果对这几行代码"打破砂锅问到底"的话，大家会发现它们包含了很多重要信息。下面我们详细解析<application>节点的属性。

3.4.3 如何实现Application类

首先要介绍的是android:name属性，它指定的是Application类的子类，当应用程序进程被启动的时候，由android:name属性指定的类将会在所有应用程序组件（Activity、服务、广播接收器和内容提供者）被实例化之前实例化。

一般情况下，应用程序无需指定这个属性，Android会实例化Android框架下的Application类。比如，在音乐播放器的AndroidManifest.xml文件中，并没有指定android:name属性，这时如果启动音乐播放器应用，Android就会实例化Application类。

然而，在一些特殊的情况下，比如希望在应用程序组件启动之前就完成一个初始化工作，或者在系统低内存的时候做一些特别处理，就要考虑实现自己的Application类的一个子类。

在Android系统提供的系统应用中，就有一个实现了自己的Application类的实例，这个应用程序就是Launcher。我们可以仿照它来实现一个自己的Application类，具体步骤如下。

(1) 创建一个叫做ApplicationTest的项目，并且在默认生成的ApplicationTestActivity里的onCreate()方法中添加一行代码来输出一条日志。这样就可以看到Application创建的时间，具体代码如下所示：

```java
package cn.turing.test;

import android.support.v7.app.ActionBarActivity;
import android.support.v4.app.Fragment;
import android.os.Bundle;
import android.util.Log;
import android.view.LayoutInflater;
import android.view.Menu;
import android.view.MenuItem;
import android.view.View;
import android.view.ViewGroup;

public class ApplicationTestActivity extends ActionBarActivity {

    private static final String TAG = "TuringTag";

    @Override
    protected void onCreate(Bundle savedInstanceState) {
        super.onCreate(savedInstanceState);
```

```java
        setContentView(R.layout.activity_application_test);

        if (savedInstanceState == null) {
            getSupportFragmentManager().beginTransaction()
                .add(R.id.container, new PlaceholderFragment()).commit();
        }
        Log.e(TAG, "ApplicationTestActivity is created");
    }

    @Override
    public boolean onCreateOptionsMenu(Menu menu) {
        getMenuInflater().inflate(R.menu.application_test, menu);
        return true;
    }

    @Override
    public boolean onOptionsItemSelected(MenuItem item) {
        int id = item.getItemId();
        if (id == R.id.action_settings) {
            return true;
        }
        return super.onOptionsItemSelected(item);
    }

    public static class PlaceholderFragment extends Fragment {

        public PlaceholderFragment() {
        }

        @Override
        public View onCreateView(LayoutInflater inflater, ViewGroup container,
            Bundle savedInstanceState) {
            View rootView = inflater.inflate(
                R.layout.fragment_application_test, container, false);
            return rootView;
        }
    }
}
```

(2) 添加cn.turing.test包，并创建MyApplication类，该类继承自android.app.Application类，重写了Application类的onCreate()方法，并在里面增加一条日志。生成MyApplication类的过程如图3-44所示。

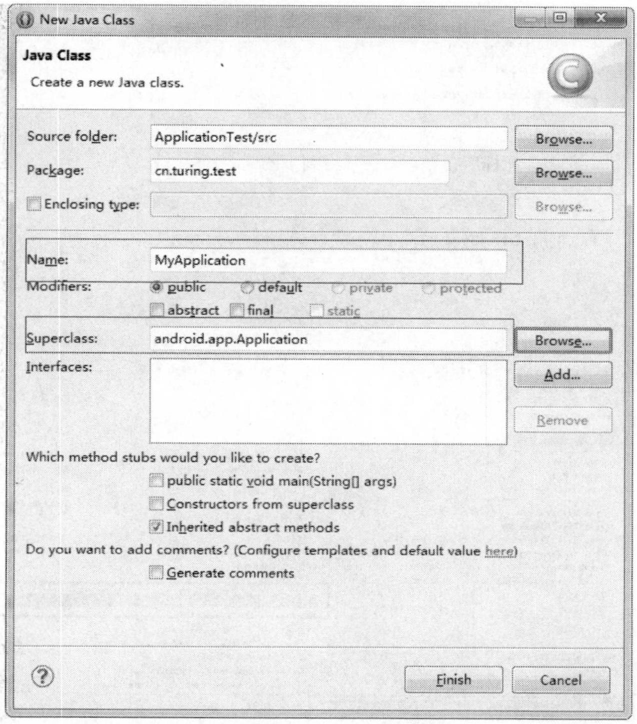

图3-44 生成MyApplication类

MyApplication类的代码如下所示：

```java
package cn.turing.test;

import android.app.Application;
import android.util.Log;

public class MyApplication extends Application {
    private static final String TAG = "TuringApplication Tag";
    @Override
    public void onCreate() {
    //TODO Auto-generated method stub
        super.onCreate();
        Log.e(TAG, "MyApplication is created");
    }
}
```

单击图3-44中的"Finish"按钮后，ADT就生成了MyApplication.java文件以及代码框架。这样还不够，还需要在里面添加需要重写的方法onCreate()，图3-45展示了这一过程。值得注意的是，这里提及的方法在以后的开发过程中用得比较多，建议在添加需要重写基类的方法时都使用这种方法。

图3-45 添加并重写基类的onCreate()方法

(3) 将"MyApplication"配置到"AndroidManifest.xml中",如图3-46所示。

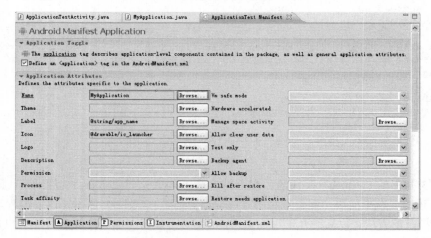

图3-46 配置AndroidManifest.xml

(4) 运行应用程序,得到的效果如图3-47所示。

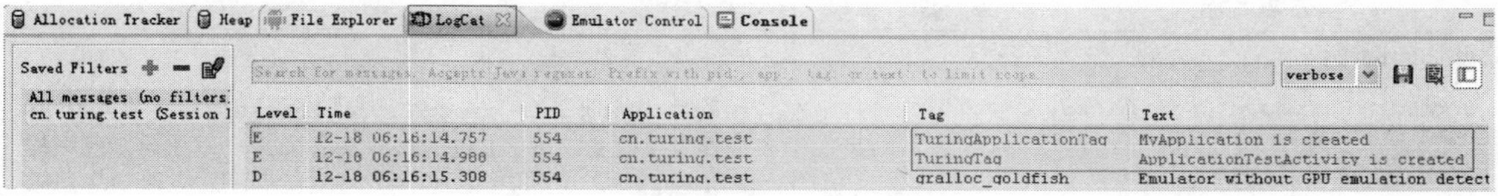

图3-47 运行效果

从图3-47中可以看到,Android先创建了 `MyApplication`,最后才创建了 `Application TestActivity`。

3.4.4 Application提供的函数及其用法

`android.app.Application`类提供了许多类似`onCreate()`的方法,它们会在不同的场景下被Android框架回调。与此同时,`Application`类还提供了一些监控函数,用于监视本应用中组件的生命周期,如表3-5所示。

表3-5 `android.app.Application`类的函数

方法名称	返 回 值	注 解
onConfigurationChanged(Configuration newConfig)	void	如果组件正在运行时设备配置(包括语种、方向、网络等)发生改变,则由系统调用此方法通知应用程序
onCreate()	void	当应用程序正在启动时,并且在创建任何其他应用程序对象之前,调用此方法。由于花费在此功能上的时间直接影响了启动一个进程中首个Activity服务或接收器的速度,所以应尽可能快地执行(例如使用缓慢的初始化状态)。如果你重写了这个方法,需要确保调用`super.onCreate()` 需要注意的是,在实际应用中,如果你的应用程序中的某些组件指定了一个process属性(进程),并且此进程并不存在,那么Application的onCreate()回调方法就会被调用,换句话说,此方法可能会被多次调用
onLowMemory()	void	当整个系统正在低内存下运行时,并且希望应用程序缩减使用内存的时候,系统调用此方法通知应用程序。当调用此方法的准确点没有定义时,通常它将在所有后台进程已经终止的时间附近发生 应用程序可执行此方法来释放任何缓冲或其拥有的不必要资源。系统在从此方法中返回后运行垃圾回收操作
onTerminate()	void	此方法在仿真进程环境中使用,不在生产Android设备上调用;在生产Android设备上,可以通过简单地终止进程来移除进程。进行移除工作时,则不执行任何用户代码(包括此回调)
onTrimMemory	void	回收内存的时候被调用。例如,当它进入后台并且没有足够内存保持许多后台进程运行时

（续）

方法名称	返回值	注解
监控回调接口		
registerComponentCall-backs	void	在应用程序中注册一个ComponentCallbacks接口。在Activity生命周期发生改变之前，通过此接口的各个接口方法通知应用程序。使用这个接口，我们可以在Activity生命周期发生改变之前做一些必要的处理
		需要大家注意的是，必须确保在未来恰当的时候使用unregisterComponentCallbacks(ComponentCallbacks)
unregisterComponentCallbacks	void	移除ComponentCallbacks对象，它是我们之前用register-ComponentCallbacks(ComponentCallbacks)注册的

接下来，我们通过一些实例来说明如何使用这些方法和接口。

1. 使用onConfigurationChanged()方法监视系统配置更新

onConfigurationChanged()方法的函数原型如下：

```
public void onConfigurationChanged(Configuration newConfig) { }
```

其中newConfig参数表示新的设备配置。

onConfigurationChanged()方法是一个回调接口，在设备配置发生改变时由Android系统调用。与此同时，Android系统会通过参数（newConfig）传给应用程序，由应用程序处理这个变化。注意，不同于Activity，其他组件在一个配置改变时从不重新启动，它们必须自己处理改变的结果。这里所述的"配置"如表3-6所示。

表3-6 设备配置列表

配置项	注解
fontScale	表示当前系统的字体缩放比例，它是基于像素密度缩放的。
	注意，在使用用户模式编译出来的系统固件中，不包含修改此项配置的界面，只能通过编程的方式去改变。在虚拟设备中，可以通过"Dev Tools"→"Configuration"中找到这些信息，如下图所示：

	数据类型：浮点型

（续）

配 置 项	注 解
hardKeyboardHidden	指示硬键盘是否被隐藏起来，此配置项有3个取值，具体如下所示。 □ 0：HARDKEYBOARDHIDDEN_UNDEFINED（Android无法识别的键盘状态）。 □ 1：HARDKEYBOARDHIDDEN_NO（硬键盘可用）。 □ 2：HARDKEYBOARDHIDDEN_YES（硬键盘被隐藏）。 在虚拟设备中，可以通过"Dev Tools"→"Configuration"中找到这些信息。 数据类型：整型
keyboard	指示添加到设备上的是哪个种类的键盘，此配置项有以下4个取值。 □ 0：KEYBOARD_UNDEFINED（Android无法识别的键盘）。 □ 1：KEYBOARD_NOKEYS（无按键键盘）。 □ 2：KEYBOARD_QWERTY（打字机键盘）。 □ 3：KEYBOARD_12KEY（12键盘）。 在虚拟设备中，可以通过"Dev Tools"→"Configuration"中找到这些信息。 数据类型：整型
keyboardHidden	指示当前是否有键盘可用。如果在有硬键盘的Android设备中，硬键盘被收起，而仍有软键盘，则认为键盘是可用的。这个字段有如下3个取值。 □ 0：KEYBOARDHIDDEN_UNDEFINED（Android无法识别的键盘状态）。 □ 1：KEYBOARDHIDDEN_NO（仍有软键盘可见）。 □ 2：KEYBOARDHIDDEN_YES（所有的软键盘都被隐藏）。 数据类型：整型
locale	定义了设备的语言环境。它包含了国家以及语言信息，这些信息被包含在一个java.util.Local类型的对象中
mcc	IMSI的移动国家码，如果是0，表示未定义。 注意：IMSI是指国际移动用户识别码（International Mobile Subscriber Identification Number），它存储在我们的SIM卡中，其总长度不超过15位。 在虚拟设备中，可以通过"Dev Tools"→"Configuration"中找到这些信息。 数据类型：整型
mnc	IMSI的移动网络号，如果是0表示未定义。 在虚拟设备中，可以通过"Dev Tools"→"Configuration"中找到这些信息。 数据类型：整型
navigation	指示当前设备可用的导航方式，它有如下5个取值。 □ 0：NAVIGATION_UNDEFINED（未定义的导航方式）。 □ 1：NAVIGATION_NONAV（无导航）。 □ 2：NAVIGATION_DPAD（面板导航方式）。 □ 3：NAVIGATION_TRACKBALL（轨迹球导航）。 □ 4：NAVIGATION_WHEEL（滚轮方式导航）。 在虚拟设备中，可以通过"Dev Tools"→"Configuration"中找到这些信息。 数据类型：整型

（续）

配 置 项	注 解
navigationHidden	用于指示导航是否可用，有如下3个取值。 ❑ 0：NAVIGATIONHIDDEN_UNDEFINED。 ❑ 1：NAVIGATIONHIDDEN_NO。 ❑ 2：NAVIGATIONHIDDEN_YES。 数据类型：整型
orientation	指示屏幕方向的标志，有如下4个取值。 ❑ 0：ORIENTATION_UNDEFINED（未定义的方向）。 ❑ 1：ORIENTATION_PORTRAIT（竖屏方向，屏幕宽度小于高度）。 ❑ 2：ORIENTATION_LANDSCAPE（横屏方向，屏幕宽度大于高度）。 ❑ 3：ORIENTATION_SQUARE（正方形屏幕，认为屏幕宽度等于高度）。 注意：在窗口管理服务（WindowManagerService）中计算新配置时，orientation的默认配置是ORIENTATION_SQUARE。 数据类型：整型
screenHeightDp	屏幕可用部分的高度
screenLayout	指示屏幕的整体属性，它包括两个部分。 ❑ SCREENLAYOUT_SIZE_MASK：标志屏幕大小的属性（比如大屏幕、小屏幕等），它有以下5个取值。 　■ SCREENLAYOUT_SIZE_UNDEFINED：未定义（值：0）。 　■ SCREENLAYOUT_SIZE_SMALL：小屏幕（值：1，屏幕分辨率至少为320×426）。 　■ SCREENLAYOUT_SIZE_NORMAL：普通屏幕（值：2，屏幕分辨率至少为320×470）。 　■ SCREENLAYOUT_SIZE_LARGE：大屏幕（值：3，屏幕分辨率至少为480×640）。 　■ SCREENLAYOUT_SIZE_XLARGE：加大屏幕（值：4，屏幕分辨率至少为720×960）。 ❑ SCREENLAYOUT_LONG_MASK：指示屏幕是否比通常情况下更高或者更宽，它有以下3个取值。 　■ SCREENLAYOUT_LONG_UNDEFINED：未定义（十六进制值为0）。 　■ SCREENLAYOUT_LONG_YES：是（十六进制值为20）。 　■ SCREENLAYOUT_LONG_NO：否（十六进制值为10）。 在虚拟设备中，可以通过"Dev Tools"→"Configuration"中找到这些信息，如下图所示：  这里的取值是0x22，其含义是它比通常情况下的屏幕更高、更宽。此时，屏幕的参数是：

3.4 应用程序的根节点——<application>

（续）

配 置 项	注 解
screenWidthDp	屏幕可用部分的宽度
smallestScreenWidthDp	在正常操作中，应用程序将会看到最小的屏幕尺寸。这是在竖屏和横屏中screenWidthDp和screenHeightDp的最小值
touchscreen	设备上触摸屏的种类，它支持如下取值。 ❑ 0：TOUCHSCREEN_UNDEFINED（未定义模式）。 ❑ 1：TOUCHSCREEN_NOTOUCH（无触屏模式）。 ❑ 2：TOUCHSCREEN_STYLUS（手写笔模式）。 ❑ 3：TOUCHSCREEN_FINGER（手指触屏模式）。 我们的虚拟机支持的方式如下图所示： touchscreen=3
uiMode	UI模式的位掩码，目前有两个字段。 ❑ UI_MODE_TYPE_MASK：定义了设备的整个UI模式，它支持如下取值。 ■ UI_MODE_TYPE_UNDEFINED：未知模式。 ■ UI_MODE_TYPE_NORMAL：通常模式。 ■ UI_MODE_TYPE_DESK：带底座模式。 ■ UI_MODE_TYPE_CAR：车载模式。 ❑ UI_MODE_NIGHT_MASK：定义了屏幕是否在一个特殊模式中。它支持如下取值。 ■ UI_MODE_NIGHT_UNDEFINED：未定义模式。 ■ UI_MODE_NIGHT_NO：非夜晚模式。 ■ UI_MODE_NIGHT_YES：夜晚模式。

下面我们通过一个实例来说明当设备配置发生变化的时候，系统如何通过onConfigurationChanged回调接口来通知应用程序。

（1）创建一个名为"ConfigTest"的应用程序，并设置应用程序的包名称为cn.turing.configtest，目标名称（Target Name）则选择最新的平台包。完成创建后，就可以得到如图3-48所示的AndroidManifest.xml文件。

图3-48　创建应用程序

(2) 其次,为应用程序添加一个名叫 ConfigApplication 的 Application 的子类,并实现 onCreate()方法及 onConfigurationChanged()方法。在 onCreate()方法中,我们会获取应用程序在创建之初所拥有的配置信息。而在 onConfigurationChanged()方法中,则可以添加一些代码以便用日志的方式来实时体现配置更新。相关代码如下所示:

```java
package cn.turing.configtest;

import android.app.Application;
import android.content.res.Configuration;
import android.util.Log;

public class ConfigApplication extends Application {

    private static final String TAG = "ConfigApplication";
    private Configuration mConfiguration;

    @Override
    public void onCreate() {
        super.onCreate();
        mConfiguration = getResources().getConfiguration();//获取配置信息
        Log.e(TAG, "onCreate::infomation:orientation= "+ mConfiguration.
            orientation);
    }

    @Override
    public void onConfigurationChanged(Configuration newConfig) {
        super.onConfigurationChanged(newConfig);
        //打印更新后的配置信息
        Log.e(TAG, "onConfigurationChanged:infomation:orientation= "+
            newConfig.orientation);
    }
}
```

(3) 按前文所述的方法,将 ConfigApplication 配置到 AndroidManifest.xml 文件中,配置结果如图3-49所示。

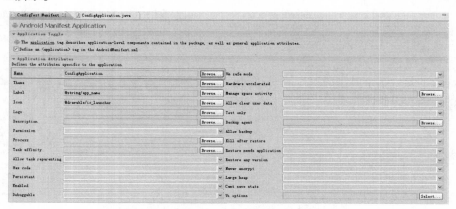

图3-49 配置 ConfigApplication

(4) 通过虚拟机运行应用程序，用"Ctrl+F11"组合键将竖屏切换为横屏，这时就可以看到如图3-50所示的日志信息了。

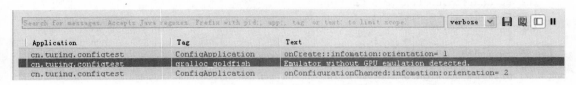

图3-50　运行日志截图

对于图3-50中的日志，说明如下。

- 日志信息的第一行是初始状态下的方向配置，通过图3-50我们知道最初的方向值为1。而根据表3-6的说明，可知当前是竖屏方向（ORIENTATION_PORTRAIT）。
- 日志信息的第三行在尝试使用"Ctrl+F11"组合键切换屏幕方向后，Android系统回调了我们实现的onConfigurationChanged()方法，这时系统配置已经发生了改变，因此这里的日志打印了当前屏幕方向是2，也就是横屏（ORIENTATION_LANDSCAPE）。

知识扩展　这个实例通过横竖屏切换来触发配置发生改变，从而回到我们自己实现的onConfigurationChanged()方法。同理，在表3-6所提及的所有配置项发生改变时，都会触发此方法。

建　议　由于在基类的onConfigurationChanged()方法中实现了对一些回调接口的调用，所以如果我们重写了这个方法，那么为了维持原Application类的行为，建议在重写的方法入口调用super.onConfigurationChanged(newConfig)。

2. 使用onCreate()完成应用程序初始化

onCreate()方法的原型为：

```
public void onCreate() {
```

如表3-5所示，onCreate()方法是一个回调接口。Android系统会在应用程序启动的时候，在任何应用程序组件（Activity、服务、广播接收器和内容提供者）被创建之前调用这个接口。

需要注意的是，这个方法的执行效率会直接影响到启动Activity、服务、广播接收器或者内容提供者的性能，因此该方法应尽可能快地完成。

最后，如果实现了这个回调接口，请千万不要忘记调用super.onCreate()，否则应用程序将会报错。

前面我们实现了Application类的子类——ConfigApplication，并且也已经实现了自身的onCreate()方法。这里来做个小实验巩固一下所学的知识。

现在，在原代码的onCreate()方法中加入一个大约20秒的等待，以此来模拟在onCreate()方法中做了过于繁重的工作而导致该方法长时间无法完成的情况，修改后的代码如下所示：

```java
package cn.turing.configtest;

import android.app.Application;
import android.content.res.Configuration;
import android.os.SystemClock;
import android.util.Log;

public class ConfigApplication extends Application {
    private static final String TAG = "ConfigApplication";
    private Configuration mConfiguration;

    @Override
    public void onCreate() {
        super.onCreate();
        mConfiguration = getResources().getConfiguration();//获取配置信息
        Log.e(TAG, "onCreate::infomation:orientation= "+ mConfiguration.orientation);
        SystemClock.sleep(20000);//沉睡20秒
    }

    @Override
    public void onConfigurationChanged(Configuration newConfig) {
        super.onConfigurationChanged(newConfig);
        //打印更新后的配置信息
        Log.e(TAG, "onConfigurationChanged:infomation:orientation= "+ newConfig.
            orientation);
    }
}
```

此时运行程序,得到的结果如图3-51所示。

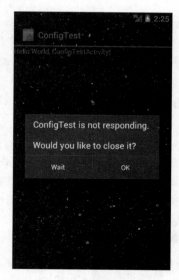

图3-51 修改代码后的运行结果

在图3-51中可以看到,由于等待时间过长,导致应用程序无响应,但在等待20秒以后,应用程序就恢复正常了。对于一个成熟的商业应用来说,这种情况是坚决要杜绝的。所以在开发过程中，要充分考虑到这些容易出错的情况。

3. 使用 `onLowMemory()` 回调方法监视低内存

该方法的原型为：

```
public void onLowMemory() { }
```

当整个系统在低内存运行时，将调用该方法。

好的应用程序会实现该方法来释放任何缓存或者其他不需要的资源。系统从该方法返回之后，将执行一个垃圾回收操作。

4. 使用 `registerActivityLifecycleCallbacks()` 注册可以监视 Activity 生命周期的接口

`registerActivityLifecycleCallbacks()` 方法的原型为：

```
public void registerActivityLifecycleCallbacks(Application.ActivityLifecycle-
    Callbacks callback){ }
```

在该方法中，参数 `callback` 表示 Activity 生命周期的回调接口。

从 Android 4.0 以后，Android SDK 为应用程序提供了一套完整的接口以便监视与本 Application 相关的 Activity 的生命周期（创建、启动以及暂停等），它的名字叫做 ActivityLifecycle-Callbacks。只要在 Application 中通过 registerActivity-LifecycleCallbacks() 方法将接口注册上，它就会通过 ActivityLifecycleCallbacks 提供应用程序中相关的 Activity 的生命周期信息（关于 Activity 生命周期信息的更多信息，可参见第 4 章）。表 3-7 罗列出了这些接口以及用途。

表 3-7　ActivityLifecycleCallbacks 接口

方法原型	参数说明	用　　途
`abstract void onActivityCreated(Activity activity, Bundle savedInstanceState)`	activity：创建的 Activity 实例 savedInstanceState：创建该 Activity 时所带的信息（一个 Bundle 实例）	在应用程序创建 Activity 之前调用，用于通知接口实现者 Activity 将要被创建
`abstract void onActivityDestroyed(Activity activity)`	activity：销毁的 Activity 实例	在应用程序销毁 Activity 之前调用，用于通知接口实现者 Activity 将要被销毁
`abstract void onActivityPaused(Activity activity)`	activity：暂停的 Activity 实例	在应用程序暂停 Activity 之前调用，用于通知接口实现者 Activity 将要被暂停
`abstract void onActivityResumed(Activity activity)`	activity：恢复的 Activity 实例	在应用程序正在恢复 Activity 之前调用，用于通知接口实现者 Activity 将要被恢复
`abstract void onActivitySaveInstanceState(Activity activity, Bundle outState)`	activity：正在执行状态保存的 Activity 实例 outState：需要保存的 Activity 状态	指示当前 Activity 正在保存自己的状态，这些状态包含在 outState 中
`abstract void onActivityStared(Activity activity)`	activity：启动的 Activity 实例	在应用程序启动 Activity 之前调用，用于通知接口实现者 Activity 将要被启动
`abstract void onActivityStopped(Activity activity)`	activity：停止的 Activity 实例	在应用程序停止 Activity 之前调用，用于通知接口实现者 Activity 将要被停止

> **注意** 从接口的定义中，我们可以知道如下信息。
> - 这些接口都是抽象的，因此当我们实现ActivityLifecycleCallbacks接口时，就必须实现这些方法，哪怕只是空实现。
> - 这些接口的返回值都是void，这说明它们只用于通知，别无它用。

另外我们在必要时要调用unregisterActivityLifecycleCallbacks()方法来注销掉原先注册的接口以免造成不必要的资源浪费。

下面我们通过一个实例来说明设备配置发生变化的时候，系统如何通过onConfigurationChanged回调接口来通知应用程序，具体的步骤如下所示。

(1) 还是先按照前文所提到的方法，创建一个名叫"ActivityLifecycleCallbacksTest"的应用程序，并设置应用程序的包名称为"cn.turing.alctest"，设置目标名称（Target Name）为最新的平台包。

(2) 实现自己的Application子类（名叫ALCApplication）。我们将在应用程序创建（onCreate()方法中）时注册自己的Activity生命周期回调接口，在程序终止（onTerminate()方法中）时注销这个接口。当完成这些工作以后，将得到如下所示的代码：

```java
package cn.turing.alctest;

import android.app.Activity;
import android.app.Application;
import android.os.Bundle;
import android.util.Log;

public class ALCApplication extends Application {
    private final static String TAG = "ALCApplication";
    private ActivityLifecycleCallbacks mActivityLifecycleCallbacks =
        new ActivityLifecycleCallbacks() {
        public void onActivityStopped(Activity activity) {
            Log.e(TAG, "onActivityStopped");
        }
        public void onActivityStarted(Activity activity) {
            Log.e(TAG, "onActivityStarted");
        }
        public void onActivityResumed(Activity activity) {
            Log.e(TAG, "onActivityResumed");
        }
        public void onActivityPaused(Activity activity) {
            Log.e(TAG, "onActivityPaused");
        }
        public void onActivitySaveInstanceState(Activity activity,Bundle outState) {}
        public void onActivityDestroyed(Activity activity) {}
        public void onActivityCreated(Activity activity, Bundle savedInstanceState) {}
    };
    @Override
    public void onCreate() {
        super.onCreate();
        //注册回调
        registerActivityLifecycleCallbacks(mActivityLifecycleCallbacks);
```

```
    }
    @Override
    public void onTerminate() {
        super.onTerminate();
        //注销回调
        unregisterActivityLifecycleCallbacks(mActivityLifecycleCallbacks);
    }
}
```

(3) 将ALCApplication配置到AndroidManifest.xml中。当配置完成时,最后的结果看起来与图3-49类似,只是"Name"区域换成了本实例中的"ALCApplication"。执行该应用程序,运行结果如图3-52所示。

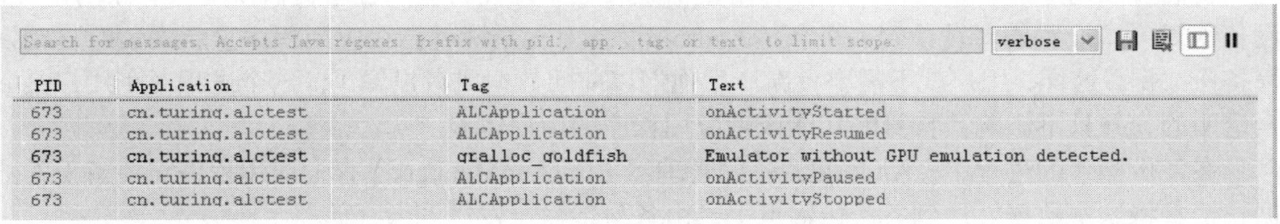

图3-52　ActivityLifecycleCallbacksTest运行结果

这里我们通过接口监视到Activity从启动到退出的生命周期。

> **知识扩展**　在这个实例中,我们在onTerminate()方法中做了注销接口的工作。但值得注意的是,onTerminate()方法只会在虚拟机进程中被调用,永远不会在真实的Android设备中被调用。

5. 使用`registerComponentCallbacks()`注册一个可以用来监视Activity生命周期的接口

该方法的原型为:

`public void registerComponentCallbacks(ComponentCallbacks callback){}`

其中参数`callback`是ComponentCallbacks接口的一个实现。当Activity的生命周期发生变化时,会通过这个接口通知应用程序。对于所有应用程序来说,它是通用的回调API集合的接口。ComponentCallbacks中只包括两个方法,它们分别是`public abstract voidonConfigurationChanged(ConfigurationnewConfig)`和`public abstract void onLowMemory()`。这两个方法的调用与Application中的同名回调方法的调用条件是一样的。

`ComponentCallbacks()`和`registerComponentCallbacks()`方法的用法与`ActivityLifecycleCallbacks()`和`registerActivityLifecycleCallbacks()`的用法是一样的,这里就不单独举例说明了。

3.5 backupAgent 的用法

在<application>节点中有一个非常重要的属性,那就是backupAgent。这里我们将它单独列出来,从基本含义、用法及其相关属性等方面来详细介绍一下。

3.5.1 backupAgent简介

android:backupAgent用来设置备份代理。对于大部分应用程序来说,都或多或少保存着一些持久性的数据(比如数据库和共享文件等)或者有自己的配置信息。为了保证这些数据和配置信息的安全性以及完整性,Android提供了这样一个备份机制。

我们可以通过这个备份机制来保存配置信息和数据以便为应用程序提供恢复点。如果用户将设备恢复出厂设置或者转换到一个新的Android设备上,系统就会在应用程序重新安装时自动恢复备份数据。这样,用户就不需要重新产生他们以前的数据或者设置了。这个进程对于用户是完全透明的,并且不影响其自身的功能或者应用程序的用户体验。

在备份操作的过程中,Android的备份管理器(BackupManager)查询应用程序需要备份的数据,接着将这些数据发送到备份传输点上,由备份传输点发送到云存储器上。

在恢复操作中,备份管理器从备份传输点中检索到备份数据并且将它返回到应用程序上,这样该程序就能将数据恢复到设备上了。恢复操作也可以由应用程序主动发起(非必须),在应用程序被安装并且存在与用户相关的备份数据时,Android能自动进行恢复操作。恢复备份数据主要发生在两个场景,一是在用户重置设备或者升级到新设备后,二是以前装过的应用程序再次被安装的时候。

另外,我们需要注意,备份服务不能用于将数据传输到另一个客户端上,不能用于保存应用程序生命周期中需要访问的数据,不能任意读写,且只能通过备份服务来访问。

备份传输点是Android备份框架的客户端组件,它是由设备制造商以及服务提供商定制的。备份传输点对于不同的设备或许不同,并且对于应用程序是透明的。备份管理器API使得应用程序独立于实际的备份传输,也就是说,应用程序通过一套固定的API与备份管理器进行通信,不管底层传输如何处理。但不是所有的设备都支持备份,不过这不会对应用程序的运行产生任何负面影响。

3.5.2 如何使用backupAgent来实现备份

在上一节中,我们了解了备份服务的一些基础知识。大家知道,为了实现应用程序数据的备份,就必须实现一个备份代理。实现的备份代理是由备份管理器调用的,它用来提供需要备份的数据。当重新安装应用程序时,它也可以被调用以便恢复备份数据。

要实现备份代理,就必须做两件事,一是实现BackupAgent或者BackupAgentHelper的子类,二是在Manifest文件内用android:backupAgent属性声明备份代理。

首先,我们来看看BackupAgent类提供的方法,具体如表3-8所示。

3.5 backupAgent的用法

表3-8 **BackupAgent**类提供的方法及其说明

方法描述	说明
`public final void fullBackupFile(File file, FullBackupDataOut put output)`	写入作为备份操作一部分的一个完整文件，该方法中的参数如下所示。 ❑ `file`：需要备份的文件。这个文件必须存在并且可以被调用者读取。 ❑ `output`：需要备份的文件中的数据将要保存的目的地
`public abstract void onBackup (ParcelFileDescriptor old State, ackupDataOutput data, ParcelFileDescrip-tornewState)`	请求应用程序写入所有上次执行备份操作后有变动的数据。之前备份的状态通过oldState文件描述，如果oldState是null，则说明没有有效的旧状态并且此时应用程序应该执行一次完全备份。该方法中的参数如下所示。 ❑ `oldState`：应用程序提供的打开的只读Parcel File-Descriptor，它指向最后备份的状态。它可能是null。 ❑ `data`：它是一个结构化封装的、打开的、可读写的文件描述，指向备份数据的目的地。 ❑ `newState`：打开的、可读写的ParcelFileDescriptor，指向一个空文件，应用程序应该在这里记录需要备份的状态。 注意：这个函数可能抛出IOException异常
`public void onCreate()`	在真正执行备份或者还原操作之前执行一次初始化操作的地方
`public void onDestroy()`	销毁此代理时被调用
`public abstract void onRestore (BackupDataInput data, int appVersionCode, ParcelFileDescriptor newState)`	应用程序正在从备份中恢复并且应该使用备份的内容替换掉所有已经存在的数据。该方法的参数如下所示。 ❑ `data`：结构化封装了一个打开的、只读的文件描述，指向应用程序数据的快照。 ❑ `appVersionCode`：由AndroidManifest.xml文件中的`android:versionCode`属性提供的应用程序版本信息。 ❑ `newState`：打开的、可读写的ParcelFileDescriptor，指向一个空文件。应用程序应该在恢复它的数据之后记录它的最终备份状态

然后，我们通过一个简单的实例来说明表3-8中一些重要方法的调用时间点（包括onBackup()、onCreate()和onRestore()）。在这个实例中，仅仅在里面添加一些日志来说明问题，具体步骤如下。

(1) 根据以往的方法，先创建一个包名为"cn.turing.backup"、应用程序名称为"BackupTest"的应用程序项目，这时就得到一个初始化的应用程序工程，而ADT已经做了必要的初始化工作。

注意 此处的实例是基于Android 4.2.2编写的，所以在创建应用程序向导的"Select build Target"页中就要选择"Android 4.2.2"。

(2) 在应用程序项目中添加一个继承自BackupAgent的类，名叫TuringBackupAgent，如图3-53所示。

136　第 3 章　应用的五脏六腑——AndroidManifest.xml

图3-53　添加TuringBackupAgent类

建议　在"Superclass"中填写内容时,应该尽量使用"Browse..."按钮。因为在单击此按钮时,ADT会弹出一个选择类对话框,这个对话框提供了搜索功能,可以提高编程效率和正确性,这样就不会因为诸如大小写的问题而引发错误。

---

(3) 添加完TuringBackupAgent类后,这个类中已经默认添加了onBackup()和onRestore()两个回调方法。这里我们还需要添加onCreate()回调方法,具体操作如下。

右击空白处,在弹出的快捷菜单中依次选择"Source"→"Override/Implement Methods"菜单,如图3-54所示,此时将弹出如图3-55所示的"Override/Implement Methods"窗口,从中选择"onCreate()"选项即可。

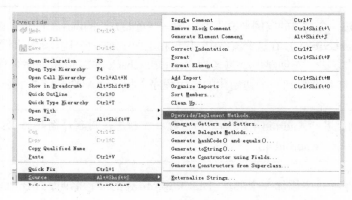

图3-54　快捷菜单

3.5 backupAgent 的用法

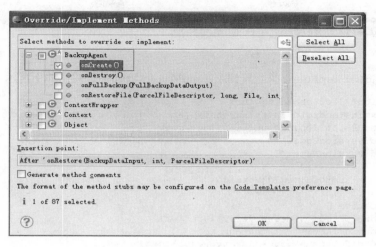

图3-55 添加onCreate()回调方法

> **建议** 当需要实现或者覆盖基类提供的接口时,希望读者使用上面所说的方法。

(4) 在各个回调方法中添加打印日志的代码,完成后的代码如下所示:

```java
package cn.turing.backup;

import java.io.IOException;

import android.app.backup.BackupAgent;
import android.app.backup.BackupDataInput;
import android.app.backup.BackupDataOutput;
import android.os.ParcelFileDescriptor;
import android.util.Log;

public class TuringBackupAgent extends BackupAgent {
    private static final String TAG = "TuringBackupAgent";

    @Override
    public void onBackup(ParcelFileDescriptor oldState, BackupDataOutput data,
        ParcelFileDescriptor newState) throws IOException {
        Log.e(TAG, "onBackup running");
    }

    @Override
    public void onRestore(BackupDataInput data, int appVersionCode,
        ParcelFileDescriptor newState) throws IOException {
        Log.e(TAG, "onRestore running");
    }

    @Override
    public void onCreate() {
```

```
        super.onCreate();
        Log.e(TAG, "onCreate running");
    }
}
```

(5) 将TuringBackupAgent类配置到AndroidManifest.xml中，代码如下所示：

```xml
<?xml version="1.0" encoding="utf-8"?>
<manifest xmlns:android="http://schemas.android.com/apk/res/android"
    package="cn.turing.backup"
    android:versionCode="1"
    android:versionName="1.0" >

    <uses-sdk android:minSdkVersion="15" />

    <application
        android:icon="@drawable/ic_launcher"
        android:label="@string/app_name"
        android:backupAgent="TuringBackupAgent">
        <activity
            android:name=".BackupTestActivity"
            android:label="@string/app_name" >
            <intent-filter>
                <action android:name="android.intent.action.MAIN" />
                <category android:name="android.intent.category.LAUNCHER" />
            </intent-filter>
        </activity>
    </application>
</manifest>
```

(6) 此时我们就已经完成基本配置。通过上面的描述可知，执行备份有两种方法，一种是通过BackupManager.dataChanged()方法执行备份，另一种则是通过bmgr工具执行备份。这里我们首先演示第一种方法。在创建项目时，默认生成的BackupTestActivity.java文件和main.xml文件使其具有备份功能。此外，还要添加一个按钮，这个按钮的作用是当你单击它后执行备份动作。修改后的代码如下所示：

```java
package cn.turing.backup;

import android.app.Activity;
import android.app.backup.BackupManager;
import android.os.Bundle;
import android.view.View;
import android.view.View.OnClickListener;
import android.widget.Button;

public class BackupTestActivity extends Activity {

    private Button mTuringbackup;
    private BackupManager mBackupManager;

    /* 首次创建该Activity时调用 */
    @Override
    public void onCreate(Bundle savedInstanceState) {
```

```
    super.onCreate(savedInstanceState);
    setContentView(R.layout.main);
    mBackupManager = new BackupManager(this);
    mTuringbackup = (Button)findViewById(R.id.turing_button);
    mTuringbackup.setOnClickListener(new OnClickListener() {
        public void onClick(View v) {
            mBackupManager.dataChanged();//此处执行备份
        }
    });
}
```

(7) 完成了这些工作以后，就可以开始执行一次备份。需要说明的是，我们的测试是基于模拟器环境的，因此，需要确保备份功能处于打开状态。执行如下命令：

```
adb shell bmgr enabled
```

如果得到的提示是"Backup Manager currently disable"，则说明备份管理器处于禁用状态，此时就需要执行步骤(8)启用备份管理器。否则，可以跳过该步骤。

(8) 使用以下命令来启用备份管理器：

```
adb shell bmgr enable true
```

(9) 单击该应用程序中的"Backup"按钮来执行一次操作，运行结果如图3-56所示。

图3-56　应用程序的运行结果

值得注意的是，单击"Backup"按钮后，代码就强制执行了 mBackupManager.dataChanged()，但此时Android系统只是简单地将这次备份请求加入了备份消息队列中，并没有执行 TuringBackupAgent 的 onBackup()方法。要执行备份与还原，还需要继续完成下面的步骤。

(10) 使用bmgr工具执行一次备份操作，相关命令如下所示：

```
adb shell bmgr run
```

此时我们会得到如下所示的执行结果：

```
 1 D/AndroidRuntime(702): Calling main entry com.android.commands.bmgr.Bmgr
 2 V/BackupManagerService(79): Scheduling immediate backup pass
 3 V/BackupManagerService(79): Running a backup pass
 4 V/BackupManagerService(79): clearing pending backups
 5 V/PerformBackupTask(79): Beginning backup of 1 targets
 6 D/PerformBackupTask(79): processOneBackup doBackup() on @pm@
 7 V/BackupServiceBinder(79): doBackup() invoked
 8 I/PerformBackupTask(79): no backup data written; not calling transport
 9 D/PerformBackupTask(79): starting agent for backup of BackupRequest{pkg=cn.turing.backup}
10 V/ActivityThread(673): handleCreateBackupAgent: CreateBackupAgentData{appInfo=ApplicationInfo{412be760 cn.turing.backup}
11                        backupAgent=cn.turing.backup.TuringBackupAgent mode=0}
12 V/ActivityThread(673): Initializing agent class cn.turing.backup.TuringBackupAgent
13 E/TuringBackupAgent(673): onCreate running
14 V/BackupManagerService(79): awaiting agent for ApplicationInfo{415e1248 cn.turing.backup}
15 D/BackupManagerService(79): agentConnected pkg=cn.turing.backup agent=android.os.BinderProxy@4137b318
16 D/PerformBackupTask(79): processOneBackup doBackup() on cn.turing.backup
17 V/BackupServiceBinder(673): doBackup() invoked
18 E/TuringBackupAgent(673): onBackup running
19 V/ActivityThread(673): handleDestroyBackupAgent: CreateBackupAgentData{appInfo=ApplicationInfo{412bf9c8 cn.turing.backup}
20                        backupAgent=cn.turing.backup.TuringBackupAgent mode=0}
21 V/LocalTransport(79): performBackup() pkg=cn.turing.backup
22 V/LocalTransport(79): Got change set key=DATA size=4 key64=REFUQQ==
23 V/LocalTransport(79):    data size 4
24 V/LocalTransport(79): finishBackup()
25 I/PerformBackupTask(79): Backup pass finished.
```

现在来解读一下这个日志。

第一，通过日志的第1行可以看到，Android运行时（AndroidRuntime）为启动com.android.commands.bmgr.Bmgr类而准备备份。

第二，通过日志的第2行到第4行可以看到，此时备份管理服务（BackupManagerService）已经做好了备份的准备。

第三，通过日志的第5行到最后一行可以看到，这时的Android正在执行一个备份任务，这个任务做了很多重要的备份工作，具体如下所示。

- 初始化实现的备份代理类，并调用类的onCreate()方法：

```
V/ActivityThread(673): handleCreateBackupAgent:
    CreateBackupAgentData{appInfo=ApplicationInfo{412be760 cn.turing.backup}
        backupAgent=cn.turing.backup.TuringBackupAgent mode=0}
        V/ActivityThread(673):
        Initializing agent class cn.turing.backup.TuringBackupAgent
E/TuringBackupAgent(673): onCreate running
```

- 执行备份并调用实现的备份代理类的onBackup()方法：

```
D/PerformBackupTask(79):
    processOneBackup doBackup() on cn.turing.backup
V/BackupServiceBinder(673): doBackup() invoked
E/TuringBackupAgent(673): onBackup running
```

- 完成以后会形成一个LocalTransport：

```
V/ActivityThread(673): handleDestroyBackupAgent:
    CreateBackupAgentData{
        appInfo=ApplicationInfo{412bf9c8 cn.turing.backup}
    backupAgent=cn.turing.backup.TuringBackupAgent mode=0}
V/LocalTransport(79): performBackup() pkg=cn.turing.backup
V/LocalTransport(79): Got change set key=DATA size=4 key64=REFUQQ==
V/LocalTransport(79): data size 4
V/LocalTransport(79): finishBackup()
```

此处值得注意的是，当执行adb shell bmgr run命令以后，它会通知ActivityThread

我们需要创建一个备份代理，然后由`ActivityThread`按照输入到`ActivityThread`中的参数找到需要初始化的备份代理`cn.turing.backup.TuringBackupAgent`，接着它会回调`cn.turing.backup.TuringBackupAgent`的`onCreate()`方法做一次初始化操作，最后备份服务会回调`cn.turing.backup.TuringBackupAgent`的`onBackup()`方法，开始执行真正的备份。

> **知识扩展**　在步骤(9)中，通过在按钮的单击事件中添加`mBackupManager.dataChanged()`方法来对备份队列进行操作。不过，bmgr工具提供了另一个手段来完成`mBackupManager.dataChanged()`所做的事情：
>
> `adb shell bmgr backup your.package.name`
>
> 对于本应用程序来说，这个命令应该是`adb shell bmgr backup cn.turing.backup`。执行此命令后，再执行`adb shell bmgr run`命令，将会有相同的效果。

3.5.3　从备份中实现恢复

对于上述知识，我们通过一个简单的实例来说明如何执行备份。大家知道，备份是为了以防万一，既然备份了，那么怎么从备份中恢复呢？接下来就对工程稍加改动，从而实现恢复功能，具体步骤如下。

(1) 修改"TuringBackupAgent.java"文件。这里写一些备份数据以便恢复时使用，修改后的代码如下所示：

```java
package cn.turing.backup;

import java.io.ByteArrayOutputStream;
import java.io.DataOutputStream;
import java.io.IOException;

import android.app.backup.BackupAgent;
import android.app.backup.BackupDataInput;
import android.app.backup.BackupDataOutput;
import android.os.ParcelFileDescriptor;
import android.util.Log;

public class TuringBackupAgent extends BackupAgent {
    private static final String TAG = "TuringBackupAgent";
    @Override
    public void onBackup(ParcelFileDescriptor oldState, BackupDataOutput data,
        ParcelFileDescriptor newState) throws IOException {
        Log.e(TAG, "onBackup running");
        //以下为写入备份数据，以便恢复的时候使用
        ByteArrayOutputStream bufStream = new ByteArrayOutputStream();
        DataOutputStream outWriter = new DataOutputStream(bufStream);
```

```java
        outWriter.writeInt(1);
        byte[] buffer = bufStream.toByteArray();
        int len = buffer.length;
        data.writeEntityHeader("DATA", len);
        data.writeEntityData(buffer, len);
    }

    @Override
    public void onRestore(BackupDataInput data, int appVersionCode,
        ParcelFileDescriptor newState) throws IOException {
        Log.e(TAG, "onRestore running");
    }

    @Override
    public void onCreate() {
        super.onCreate();
        Log.e(TAG, "onCreate running");
    }

}
```

(2) 修改"BackupTestActivity.java"和"main.xml"文件,添加按钮以执行恢复操作,具体代码如下所示:

```java
package cn.turing.backup;

import android.app.Activity;
import android.app.backup.BackupManager;
import android.app.backup.RestoreObserver;
import android.os.Bundle;
import android.util.Log;
import android.view.View;
import android.view.View.OnClickListener;
import android.widget.Button;

public class BackupTestActivity extends Activity {

    private static final String TAG = "TuringBackupAgent";

    private Button mTuringbackup, mTuringrestore;
    private BackupManager mBackupManager;

    /* 首次创建该Activity时调用*/
    @Override
    public void onCreate(Bundle savedInstanceState) {
        super.onCreate(savedInstanceState);
        setContentView(R.layout.main);
        mBackupManager = new BackupManager(this);
        mTuringbackup = (Button)findViewById(R.id.turing_button);
        mTuringbackup.setOnClickListener(new OnClickListener() {

            public void onClick(View v) {
                mBackupManager.dataChanged();//此处执行备份
            }
```

```
            });

            mTuringrestore = (Button)findViewById(R.id.turing_restore_button);
            mTuringrestore.setOnClickListener(new OnClickListener() {

                public void onClick(View v) {
                    mBackupManager.requestRestore(new RestoreObserver() {

                        @Override
                        public void restoreFinished(int error) {
                            super.restoreFinished(error);
                            Log.e(TAG, "restoreFinished running");
                        }
                    });
                }
            });
        }
    }
```

(3) 运行应用程序，得到的结果如图3-57所示，为恢复做好准备。

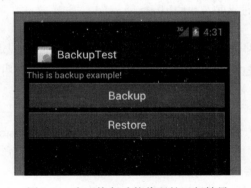

图3-57　实现恢复功能代码的运行结果

这里所说的"准备"也就是执行一次备份操作，只要按照前面所说的步骤做一遍即可。这里我们把重点转移到"恢复"上来。当完成一次备份操作后，单击"Restore"按钮可以执行恢复操作，这时可以看到如下所示的运行日志：

```
 1 D/BackupManagerService(79): initiateOneRestore packageName=@pm@
 2 V/LocalTransport(79):    getRestoreData() found 9 key files
 3 V/LocalTransport(79):       ... key=cn.turing.backup size=797
 4 V/LocalTransport(79):       ... key=@meta@ size=12
 5 V/LocalTransport(79):       ... key=android size=1208
 6 V/LocalTransport(79):       ... key=com.android.browser size=1208
 7 V/LocalTransport(79):       ... key=com.android.calendar size=1208
 8 V/LocalTransport(79):       ... key=com.android.inputmethod.latin size=1208
 9 V/LocalTransport(79):       ... key=com.android.providers.settings size=1208
10 V/LocalTransport(79):       ... key=com.android.providers.userdictionary size=1208
11 V/LocalTransport(79):       ... key=com.android.sharedstoragebackup size=1208
12 V/BackupServiceBinder(79): doRestore() invoked
13 D/dalvikvm(79): GC_CONCURRENT freed 402K, 15% free 11276K/13127K, paused 69ms+16ms
14 V/LocalTransport(79):    nextRestorePackage() = cn.turing.backup
15 V/BackupManagerService(79): Package cn.turing.backup restore version [1] is compatible with installed version [1]
16 V/ActivityThread(673): handleCreateBackupAgent: CreateBackupAgentData{appInfo=ApplicationInfo{412c3768 cn.turing.backup}
                            backupAgent=cn.turing.backup.TuringBackupAgent mode=0}
```

```
17 D/BackupManagerService(79): awaiting agent for ApplicationInfo{415e1248 cn.turing.backup}
18 V/ActivityThread(673): Initializing agent class cn.turing.backup.TuringBackupAgent
19 E/TuringBackupAgent(673): onCreate running
20 D/BackupManagerService(79): agentConnected pkg=cn.turing.backup agent=android.os.BinderProxy@415ffd50
21 D/BackupManagerService(79): initiateOneRestore packageName=cn.turing.backup
22 V/LocalTransport(79):    getRestoreData() found 2 key files
23 V/LocalTransport(79):       ... key=DATA size=4
24 V/LocalTransport(79):       ... key=turing_back:saved_data size=20
25 V/BackupServiceBinder(673): doRestore() invoked
26 E/TuringBackupAgent(673): onRestore running
27 V/ActivityThread(673): handleDestroyBackupAgent: CreateBackupAgentData{appInfo=ApplicationInfo{412c4738 cn.turing.backup}
                                  backupAgent=cn.turing.backup.TuringBackupAgent mode=0}
28 V/LocalTransport(79):    no more packages to restore
29 V/BackupManagerService(79): No next package, finishing restore
30 V/LocalTransport(79): finishRestore()
31 E/TuringBackupAgent(673): restoreFinished running
32 I/BackupManagerService(79): Restore complete.
```

这里，我们有必要对上述日志进行解读。

首先，在日志的第1行到第12行，我们可以看到，备份管理服务以@pm@为条件检索需要还原的备份数据，这里找到了9个符合条件的数据，如第3行至第12行的日志所示。

其次，调用nextRestorePackage()方法查询下一个需要恢复的应用程序的包名以及备份代理的类名等相关信息，如第14行至第17行的日志所示。

然后，初始化备份代理类，并调用该类的onCreate()方法，如第18行至第21行的日志所示。

再者，查询需要恢复的数据，并调用onRestore()方法执行恢复操作，如第22行到第26行的日志所示。

最后，结束恢复操作并通知应用程序，如第30行到第32行的日志所示。

和备份操作一样，bmgr工具同样提供了一个恢复操作，其命令如下所示：

adb shell bmgr restore <package>

对于该应用程序而言，这个命令应该是adb shell bmgr restore cn.turing.backup。在完成操作后，执行此命令的效果将等同于单击应用程序中的"Restore"按钮。唯一的区别是，由于"RestoreObserver"不再生效，导致应用程序无法得知恢复是否完成。

同样，当我们重新安装应用程序的时候，如果android:versionCode属性提供了一个更新的值的话，也将执行一次恢复操作。

3.5.4　如何使用bmgr工具

此时，我们已经介绍完了备份功能、还原功能及其使用方法。在这个过程中不难发现，bmgr工具起到了至关重要的作用。接下来，我们就将结合bmgr的源代码进一步讲解如何使用这个重要工具。

bmgr是Android提供的一个shell工具，它使我们能方便地与备份管理器进行交互。但需要注意的是，备份与还原的相关功能只在Android 2.2或者更高版本中才可以使用。

bmgr还提供了一些命令来触发备份和还原操作，因此，我们不需要反复去擦除数据以测试应用程序的备份代理。这里提供的操作主要有强制备份操作、强制还原操作、擦除备份数据以及启用与禁用备份。

1. 强制备份操作

通常，应用程序必须通过dataChanged()方法来通知备份管理器我们的数据发生了变化，然后备份管理器会在将来的某一个时刻调用实现备份代理的onBackup()方法。此外，还可以使用命令行的形式来取代调用dataChanged()方法，其语法如下所示：

```
adb shell bmgr backup <package-name>
```

我们先来看看下面的代码片段：

```java
private void doBackup() {
    boolean isFull = false;
    String pkg = nextArg();
    ......
    try {
        mBmgr.dataChanged(pkg);
    } catch (RemoteException e) {
        System.err.println(e.toString());
        System.err.println(BMGR_NOT_RUNNING_ERR);
    }
}
```

可以看到，备份操作实际上也是执行了一次dataChanged()操作。

当完成以上命令后，备份队列里面就增加了一个备份请求，它会在将来的某一个时刻执行备份，而我们执行以下命令时：

```
adb shell bmgr run
```

Android系统的行为将会是怎样的呢？再来看看下面的代码：

```java
private void doRun() {
    try {
        mBmgr.backupNow();
    } catch (RemoteException e) {
        System.err.println(e.toString());
        System.err.println(BMGR_NOT_RUNNING_ERR);
    }
}
```

上面的代码表明当我们执行run命令后，系统会强制执行备份队列的备份请求，因为它执行了备份管理器的backupNow()方法。

2. 强制还原操作

和备份操作不一样的是，还原操作会立即执行。目前，Android系统提供了两种类型的还原操作：第一种是使用已有的备份数据去还原整个设备的数据，第二种则是使用某个特定的应用程序将已经备份的数据还原。它们的命令格式如下所示：

```
1: adb shell bmgr restore <token>
2: adb shell bmgr restore <package>
```

当执行命令1的时候，它会按照token的输入值找到适合的备份数据去还原整个系统。

当执行命令2的时候，与代码中执行备份管理器的requestRestore()方法一样，它会直接调用备份代理类的onRestore()方法。

现在来看看还原操作的源代码,大家一起来找找这两种操作的秘密:

```java
private void doRestore() {
    String arg = nextArg();
    ......
    if (arg.indexOf('.') >= 0) {
        // 包名
        doRestorePackage(arg);
    } else {
        try {
            long token = Long.parseLong(arg, 16);
            doRestoreAll(token);
        } catch (NumberFormatException e) {
            ......
        }
    }
    ......
}
```

从上面的代码可以看到,当输入的是包名时,将执行一个名叫doRestorePackage()的方法,这个方法主要调用了还原接口的restorePackage()方法,用来还原一个应用程序的备份数据。而当输入的是token的时候,则执行了一个名叫doRestoreAll()方法,这个方法调用了还原接口的restoreAll()方法,将查询到的所有应用程序的备份数据还原到对应的应用程序上去。

3. 擦除备份数据

该操作用于单一应用程序的数据,它在开发备份代理的时候非常有用。使用bmgr工具的wipe命令,可以擦除应用程序的数据:

```
adb shell bmgr wipe <package>
```

其中<package>是应用程序正式的包名称,该应用程序的数据是希望被擦除的。

Android执行该命令的过程如下所示:

```java
private void doWipe() {
    String pkg = nextArg();
    ......
    try {
        mBmgr.clearBackupData(pkg);
        System.out.println("Wiped backup data for " + pkg);
    } catch (RemoteException e) {
        System.err.println(e.toString());
        System.err.println(BMGR_NOT_RUNNING_ERR);
    }
}
```

如上面第5行代码所示,此命令执行了备份管理器上的clearBackupData()方法,用于擦除对应应用程序备份的数据。

4. 启用与禁用备份

使用以下命令，可以查看备份管理器是否是可操作的：

```
adb shell bmgr enabled
```

也可以用如下命令来直接禁用或启用备份管理器：

```
adb shell bmgr enable <boolean>
```

其中`<boolean>`或者为`true`，或者为`false`，这与在设备的设置里禁用或启用备份是一致的。

作为对知识的扩展，这里我们简要介绍一下备份管理器，方法如表3-9所示。

表3-9 备份管理器的方法

方法原型	说明	使用方法示例

`public Backup Manager(Context context)`	通过此方法，可通过上下文构造一个备份管理器实例。通过这个实例，我们可以与Android备份系统交互	`BackupManager mBackupManager;`
		`mBackupManager =`
		`    new BackupManager(Context);`

`public void dataChanged ()`	调用此方法的目的是通知Android备份系统，应用程序希望备份新的修改到它的备份数据上	`mBackupManager.dataChanged();`
`public static void dataChanged (String packageName)`	调用此方法的目的是指明packageName所对应的应用程序需要一次备份。 注意：当调用者与参数描述的应用程序包没有运行在相同的uid下时，使用这个方法则需要在应用程序的AndroidManifest.xml文件中声明android.permission.BACKUP权限	`BackupManager.dataChanged` `    ("cn.turing.test");`

`public int requestRestore (RestoreObserver observer)`	调用此方法的目的是强制从备份数据集中恢复应用程序的数据。
	observer是一个恢复执行的观察者用于通知应用程序恢复的执行状态，包括如下的方法。
	❏ `onUpdate()`：通知调用者应用程序当前的恢复操作正在执行。
	❏ `restoreStarting()`：通知调用者应用程序当前的恢复操作已经启动。
	❏ `restoreFinished()`：通知调用者应用程序当前的恢复操作已经完成
		`mBackupManager.requestRestore`
		`    (newRestoreObserver() {`
		`    @Override`
		`    public void restoreFinished`
		`        (int error)`
		`    {super.restoreFinished(error)`
		`    ;} });`

知识扩展 大家已经学习了如何使用backupAgent类和bmgr工具实现备份与恢复。在使用backupAgent类的过程中，我们发现直接使用这个类来实现备份时，需要管理的细节有很多，这导致使用时不太方便。比如，需要管理备份数据的新老状态以及备份数据的关键字等细节问题。在某些特定的场景下，比如在我们打算备份一个完整的文件(这些文件可以是保存在内部存储器中的文件或者共享文件等)时，Android SDK就提供了一个帮助类用以简化代码复杂度，它的名字叫`BackupAgentHelper`。

Android框架提供了两种不同的帮助类,它们是`SharedPreferencesBackupHelper`和`FileBackupHelper`,前者用于备份`SharedPreferences`文件,后者用于备份来自内部存储器的文件。

值得注意的是,对于每一个需要加到`BackupAgentHelper`中的帮助类,我们都必须在`BackupAgentHelper`的`onCreate()`方法中做两件事:实例化所需要的帮助类,调用`addHelper()`方法将帮助类添加到`BackupAgentHelper`中。

下面来尝试修改前面创建的BackupTest项目。在这个过程中,我们还将使用`BackupAgentHelper`类来实现对一个文件的备份,具体操作步骤如下。

(1) 修改"BackupTestActivity.java"文件,在"Backup"按钮的单击事件中写一个文件,并将其存储在内部存储器中。修改后的代码如下所示:

```java
package cn.turing.backup;

import java.io.File;
import java.io.IOException;
import java.io.RandomAccessFile;
import android.app.Activity;
import android.app.backup.BackupManager;
import android.app.backup.RestoreObserver;
import android.os.Bundle;
import android.util.Log;
import android.view.View;
import android.view.View.OnClickListener;
import android.widget.Button;

public class BackupTestActivity extends Activity {

    private static final String TAG = "TuringBackupAgent";
    static final String DATA_FILE_NAME = "saved_data";

    private Button mTuringbackup, mTuringrestore;
    private BackupManager mBackupManager;
    private File mDataFile;
    static final Object[] sDataLock = new Object[0];

    @Override
    public void onCreate(Bundle savedInstanceState) {
        super.onCreate(savedInstanceState);
        setContentView(R.layout.main);

        mBackupManager = new BackupManager(this);
        mDataFile = new File(getFilesDir(),BackupTestActivity.DATA_FILE_NAME);
        mTuringbackup = (Button)findViewById(R.id.turing_button);
        mTuringbackup.setOnClickListener(new OnClickListener() {

            public void onClick(View v) {
                try {
                    synchronized (BackupTestActivity.sDataLock) {
                        RandomAccessFile file = new RandomAccessFile
                            (mDataFile,"rw");
                        file.writeInt(1);
```

```
                    }
                } catch (IOException e) {
                    Log.e(TAG, "Unable to record new UI state");
                }
                mBackupManager.dataChanged();//加入备份队列,准备备份
            }
        });

        mTuringrestore = (Button)findViewById(R.id.turing_restore_button);
        mTuringrestore.setOnClickListener(new OnClickListener() {

            public void onClick(View v) {
                mBackupManager.requestRestore(new RestoreObserver() {

                    @Override
                    public void restoreFinished(int error) {
                        super.restoreFinished(error);
                        Log.e(TAG, "restoreFinished running");
                    }

                });
            }
        });
        //初始化文件
        initalFile();
    }

    private void initalFile() {
        RandomAccessFile file;
        synchronized (BackupTestActivity.sDataLock){
            boolean exists = mDataFile.exists();
            try {
                file = new RandomAccessFile(mDataFile, "rw");
                if(exists){
                    file.writeInt(1);
                }else{
                    file.setLength(0L);
                    file.writeInt(1);
                }
            }catch(IOException e){
                e.printStackTrace();
            }
        }
    }
}
```

(2) 新建一个继承自`BackupAgentHelper`的类来替代原有的`BackupAgent`子类,用以实现备份及恢复,完成后的代码如下所示:

```
package cn.turing.backup;

import java.io.IOException;
import android.app.backup.BackupAgentHelper;
import android.app.backup.BackupDataInput;
```

```java
import android.app.backup.BackupDataOutput;
import android.app.backup.FileBackupHelper;
import android.os.ParcelFileDescriptor;
import android.util.Log;

public class TuringBackupAgentHelper extends BackupAgentHelper {

    static final String FILE_HELPER_KEY = "turing_back";
    private static final String TAG = "TuringBackupAgent";

    @Override
    public void onCreate() {
        //这里我们首先实例化一个FileBackupHelper实例
        //并使用它作为参数之一调用addHelper()方法完成初始化
        FileBackupHelper file_helper = new FileBackupHelper(this,
            BackupTestActivity.DATA_FILE_NAME);
        addHelper(FILE_HELPER_KEY, file_helper);
    }
    @Override
    public void onBackup(ParcelFileDescriptor oldState, BackupDataOutput data,
        ParcelFileDescriptor newState) throws IOException {
        //这里我们无需做任何事情,只需把它交给框架即可
        synchronized (BackupTestActivity.sDataLock){
            super.onBackup(oldState, data, newState);
        }
        Log.e(TAG, "onBackup is running");
    }

    @Override
    public void onRestore(BackupDataInput data, int appVersionCode,
        ParcelFileDescriptor newState) throws IOException {
        //这里我们无需做任何事情,只需把它交给框架即可
        synchronized (BackupTestActivity.sDataLock){
            super.onRestore(data, appVersionCode, newState);
        }
        Log.e(TAG, "onRestore is running");
    }
}
```

(3) 修改AndroidManifest.xml文件中的android:backupAgent,将TuringBackupAgentHelper作为其属性值。

(4) 编译并运行应用程序。此时,当单击应用程序的"Backup"按钮并运行adb shell bmgr run命令之后,Android就开始备份文件了。而当单击应用程序的"Restore"按钮时,Android将恢复这个文件。

到这里,我们就介绍完android:backupAgent属性的作用及其用法了。接下来,我们将介绍几个与备份相关的属性。

3.6 <application>的属性详解

前面详细介绍了什么是backupAgent,如何使用它,如何从备份中恢复,以及如何使用bmgr这

3.6 <application>的属性详解

个重要的工具。接下来,我们将继续3.4节的内容,详细介绍<application>节点的一些关键属性。

3.6.1 android:allowBackup

它表示是否允许应用程序参与备份。如果将该属性设置为false,则即使备份整个系统,也不会执行这个应用程序的备份操作,而整个系统备份能导致所有应用程序数据通过ADB来保存。该属性必须是一个布尔值,或为true,或为false,其默认值为true。

现在,我们就对前面的BackupTest实例进行修改。在工程的AndroidManifest.xml文件中添加allowBackup属性,并将其设置为false。该属性属于<application>节点,如图3-58所示。

```xml
<?xml version="1.0" encoding="utf-8"?>
<manifest xmlns:android="http://schemas.android.com/apk/res/android"
    package="cn.turing.backup"
    android:versionCode="1"
    android:versionName="1.0" >

    <uses-sdk android:minSdkVersion="15" />

    <application
        android:icon="@drawable/ic_launcher"
        android:label="@string/app_name"
        android:backupAgent="TuringBackupAgentHelper"
        android:allowBackup="false">
        <activity
            android:name=".BackupTestActivity"
            android:label="@string/app_name" >
            <intent-filter>
                <action android:name="android.intent.action.MAIN" />
                <category android:name="android.intent.category.LAUNCHER" />
            </intent-filter>
        </activity>
    </application>
</manifest>
```

图3-58 添加allowBackup属性

编译并安装应用程序,完成后运行该应用程序。

单击"Backup"按钮并执行adb shell bmgr run命令来执行一次备份操作,这样操作后看到的日志如图3-59所示。

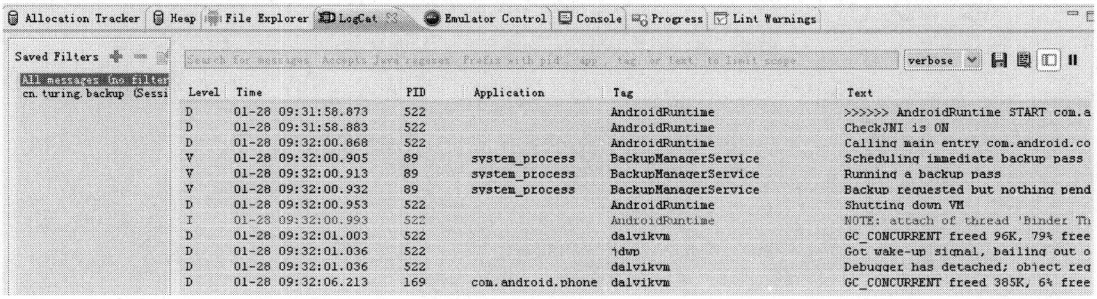

图3-59 备份执行结果

如图3-59所示，我们没有看到任何执行应用程序备份的日志输出，这说明android:allowBackup限制了备份的执行。

3.6.2 allowTaskReparenting

android:allowTaskReparenting是任务调整属性，它表明当这个任务重新被送到前台的时候，该应用程序所定义的Activity是否可以从被启动的任务中转移到有相同亲和力的任务中。

这个属性的数据类型是布尔型，它的取值只有true和false两种。它不是必须指定的属性，如果我们没有显式指定这个属性，那么它将被指定为默认值false。

<application>和<activity>节点上都有这个属性可以配置。如果将该属性配置在<application>节点上，并且没有在<activity>节点上配置的情况下，<application>节点上的值将会应用到每一个<activity>节点上。反之，如果<activity>节点上配置了这个属性，则以<activity>节点上的值为准。

3.6.3 android:killAfterRestore

这个属性是指在一个完整的系统恢复操作之后应用程序是否会被终止。单个应用程序的恢复操作不会引起应用程序终止。完整的系统恢复操作一般仅在手机首次安装时才会发生一次。第三方应用程序通常都不需要使用该属性。

该属性的默认值为true，意为在完整的系统恢复期间，应用程序在结束处理其数据之后将被终止。

该属性必须是布尔值，或为true，或为false，其配置方法如图3-60所示。

图3-60 配置android:killAfterRestore属性

3.6.4 android:restoreAnyVersion

它指是否允许恢复任意版本的备份数据来恢复应用程序的数据，即使备份明显来自于当前安装在设备上的应用程序的更新版本。将该属性设置为true，则将允许备份管理器尝试恢复操作，有的时候版本不匹配表明数据是不兼容的，这个时候如果可以恢复到不同版本的数据，那么应用程序将承受很大的风险，所以请谨慎使用此属性！

它必须是布尔值，或为true，或为false，默认值是false。

关于这个属性的作用，我们将通过修改BackupTest项目来说明，具体步骤如下。

(1) 假设当前项目的版本号为"2"（即AndroidManifest.xml文件中的android:versionCode属性设置为2），并且确保android:restoreAnyVersion为false（或者不配置该属性），修改后的代码如下所示：

```xml
<?xml version="1.0" encoding="utf-8"?>
<manifest xmlns:android="http://schemas.android.com/apk/res/android"
    package="cn.turing.backup"
    android:versionCode="2"
    android:versionName="1.0" >

    <uses-sdk android:minSdkVersion="15" />

    <application
        android:icon="@drawable/ic_launcher"
        android:label="@string/app_name"
        android:backupAgent="TuringBackupAgent">
        <activity
            android:name=".BackupTestActivity"
            android:label="@string/app_name" >
            <intent-filter>
                <action android:name="android.intent.action.MAIN" />
                <category android:name="android.intent.category.LAUNCHER" />
            </intent-filter>
        </activity>
    </application>
</manifest>
```

(2) 编译并运行应用程序，并执行一次备份操作。如此之后，我们将在日志输出窗口中观察到如图3-61所示的日志。

```
ActivityThread          Initializing agent class cn.turing.backup.TuringBackupAgent
TuringBackupAgent       onCreate running
BackupManagerService    agentConnected pkg=cn.turing.backup agent=android.os.BinderProxy@
PerformBackupTask       processOneBackup doBackup() on cn.turing.backup
BackupServiceBinder     doBackup() invoked
TuringBackupAgent       onBackup running
ActivityThread          handleDestroyBackupAgent: CreateBackupAgentData(appInfo=Applicati
LocalTransport          performBackup() pkg=cn.turing.backup
LocalTransport          Got change set key=DATA size=4 key64=PEFUQQ==
LocalTransport                  data size 4
LocalTransport          finishBackup()
PerformBackupTask       Backup pass finished.
BackupManagerService    couldn't find params for token 0
```

图3-61 编译并进行备份之后的日志输出

如果日志中出现"Got change..."的字样，就说明Android备份系统已经成功地对应用程序完成了一次备份。

(3) 在完成一次备份操作后,就可以卸载应用程序(执行adb uninstall命令,或者可以直接在设置中删除),并将应用程序的版本号降低(设置为"1"),之后再重新编译并安装应用程序。由于版本号的降低会影响到恢复功能的执行,因此,之后我们就会看到如图3-62所示的输出结果。

由于应用程序版本降低,并且没有设置android:restoreAnyVersion标志(采用的是默认值false),备份管理服务又检查到备份版本高于当前安装的版本,此时Android备份系统就跳过这个应用程序的恢复过程,在日志中提示"no more packages to restore"。

```
LocalTransport              start restore 1
LocalTransport              nextRestorePackage() = @pm@
BackupManagerService        initiateOneRestore packageName=@pm@
LocalTransport              getRestoreData() found 9 key files
LocalTransport              ... key=@meta@ size=12
LocalTransport              ... key=android size=1208
LocalTransport              ... key=com.android.browser size=1208
LocalTransport              ... key=com.android.calendar size=1208
LocalTransport              ... key=com.android.inputmethod.latin size=1208
LocalTransport              ... key=com.android.providers.settings size=1208
LocalTransport              ... key=com.android.providers.userdictionary size=1208
LocalTransport              ... key=com.android.sharedstoragebackup size=1208
LocalTransport              ... key=cn.turing.backup size=797
BackupServiceBinder         doRestore() invoked
LocalTransport              nextRestorePackage() = cn.turing.backup
BackupManagerService        Package cn.turing.backup: Version 2 > installed version 1
LocalTransport              no more packages to restore
BackupManagerService        No next package, finishing restore
LocalTransport              finishRestore()
BackupManagerService        Restore complete.
```

图3-62 修改版本号之后的输出结果

(4) 现在卸载当前的应用程序,并且在步骤(3)的基础上加上android:restoreAnyVersion="true"的配置,如下面的代码所示:

```xml
<?xml version="1.0" encoding="utf-8"?>
<manifest xmlns:android="http://schemas.android.com/apk/res/android"
    package="cn.turing.backup"
    android:versionCode="1"
    android:versionName="1.0" >

    <uses-sdk android:minSdkVersion="15" />

    <application
        android:icon="@drawable/ic_launcher"
        android:label="@string/app_name"
        android:backupAgent="TuringBackupAgent"
        android:restoreAnyVersion="true">
        <activity
            android:name=".BackupTestActivity"
            android:label="@string/app_name" >
            <intent-filter>
                <action android:name="android.intent.action.MAIN" />
                <category android:name="android.intent.category.LAUNCHER" />
            </intent-filter>
        </activity>
    </application>
</manifest>
```

再来重新编译并安装应用程序,此时会看到如图3-63所示的输出结果。

3.6 \<application\>的属性详解

```
LocalTransport          start restore 1
LocalTransport            nextRestorePackage() = @pm@
BackupManagerService    initiateOneRestore packageName=@pm@
LocalTransport            getRestoreData() found 9 key files
LocalTransport            ... key=@meta@ size=12
dalvikvm                GC_CONCURRENT freed 464K, 15% free 11206K/13063K, paused 11ms+13ms
LocalTransport            ... key=android size=1208
LocalTransport            ... key=com.android.browser size=1208
LocalTransport            ... key=com.android.calendar size=1208
LocalTransport            ... key=com.android.inputmethod.latin size=1208
LocalTransport            ... key=com.android.providers.settings size=1208
LocalTransport            ... key=com.android.providers.userdictionary size=1208
LocalTransport            ... key=com.android.sharedstoragebackup size=1208
LocalTransport            ... key=cn.turing.backup size=797
BackupServiceBinder     doRestore() invoked
BackupManagerService      nextRestorePackage() = cn.turing.backup
BackupManagerService    Version 2 > installed 1 but restoreAnyVersion
BackupManagerService    Package cn.turing.backup restore version [2] is compatible with installed
ActivityManager         Start proc cn.turing.backup for backup cn.turing.backup/.TuringBackupAgent
BackupManagerService    awaiting agent for ApplicationInfo{415be488 cn.turing.backup}
dalvikvm                Not late-enabling CheckJNI (already on)
ActivityThread          handleCreateBackupAgent: CreateBackupAgentData{appInfo=ApplicationInfo{412
ActivityThread          Initializing agent class cn.turing.backup.TuringBackupAgent
TuringBackupAgent       onCreate running
BackupManagerService    agentConnected pkg=cn.turing.backup agent=android.os.BinderProxy@413b4440
BackupManagerService    initiateOneRestore packageName=cn.turing.backup
LocalTransport            getRestoreData() found 1 key files
LocalTransport            ... key=DATA size=4
BackupServiceBinder     doRestore() invoked
TuringBackupAgent       onRestore running
```

图3-63 日志输出结果

在图3-63中，Android备份系统发现了原来备份的数据（版本为2），但是安装的应用程序版本是1，这时备份系统会去检查是否设置了android:restoreAnyVersion="true"，如果已经进行了这样的设置，那么Android备份系统就依然执行一次恢复操作。

步骤(1)到步骤(4)的过程是一个逆向过程。一般而言，对应用程序版本的维护都是升序的（即android:versionCode的值不断升高）。如果按照这个顺序进行备份与恢复，也就是先对版本1执行备份，然后升级到版本2后重新安装应用程序，那么这种情况下得到的最终结果如图3-64所示。

```
New package installed in /data/app/cn.turing.backup-1.apk
restoreAtInstall pkg=cn.turing.backup token=5
MSG_RUN_RESTORE observer=null
GC_CONCURRENT freed 647K, 15% free 11208K/13063K, paused 18ms+34ms
start restore 1
  nextRestorePackage() = @pm@
initiateOneRestore packageName=@pm@
  getRestoreData() found 9 key files
    ... key=cn.turing.backup size=797
    ... key=@meta@ size=12
    ... key=android size=1208
    ... key=com.android.browser size=1208
    ... key=com.android.calendar size=1208
    ... key=com.android.inputmethod.latin size=1208
    ... key=com.android.providers.settings size=1208
    ... key=com.android.providers.userdictionary size=1208
    ... key=com.android.sharedstoragebackup size=1208
doRestore() invoked
  nextRestorePackage() = cn.turing.backup
Package cn.turing.backup restore version [1] is compatible with installed version [2]
Not late-enabling CheckJNI (already on)
Start proc cn.turing.backup for backup cn.turing.backup/.TuringBackupAgent: pid=2264 ...
awaiting agent for ApplicationInfo{415c1ff8 cn.turing.backup}
handleCreateBackupAgent: CreateBackupAgentData{appInfo=ApplicationInfo{412a3380 cn.tu...
Initializing agent class cn.turing.backup.TuringBackupAgent
onCreate running
agentConnected pkg=cn.turing.backup agent=android.os.BinderProxy@414039f8
initiateOneRestore packageName=cn.turing.backup
  getRestoreData() found 1 key files
    ... key=DATA size=4
doRestore() invoked
onRestore running
```

图3-64 按步骤(1)至步骤(4)进行备份与恢复并重新安装应用程序的日志输出结果

此时，我们并没有设置android:restoreAnyVersion="true"，而是采用默认值false。由于应用程序的版本号不断增加（Package cn.turing.backup restore version [1] is compatible with installed version [2]），因此，Android备份系统执行了一次恢复操作，这时使用的备份数据来自版本1的备份数据。

这个过程告诉我们，在设置android:restoreAnyVersion="true"的时候，备份系统将不理会应用程序的版本变化而强制性执行数据恢复操作，所以，当使用这个标志的时候就需要非常小心，避免发生不必要的错误。

3.6.5 **android:debuggable**

这是一个布尔型标志，它的取值是true或false，这个标志指示应用程序在用户模式的设备上是否可以被调试。如果为true，则表示应用程序可以被调试；如果为false，则表示应用程序不可以被调试。它的默认值是false。使用这个标志唯一需要注意的是，它只在用户模式的机器上生效（通常购买的机器都是用户模式，而我们使用的虚拟机一般都是工程模式的）。一般情况下，可以按图3-65所示的设置使用这个标志。

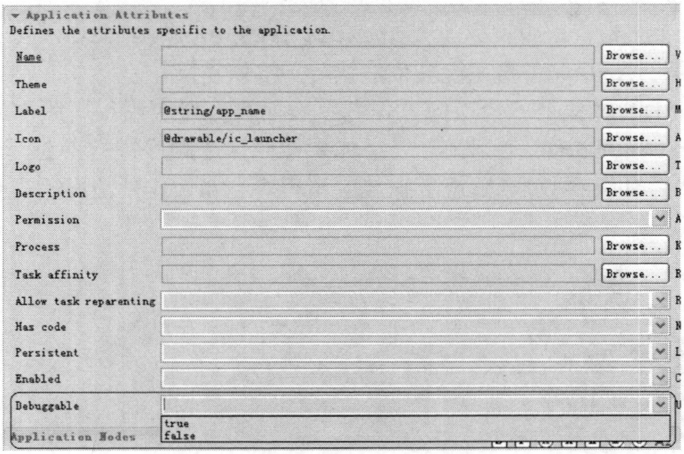

图3-65　使用android:debuggable属性

图3-65中的"Debuggable"配置项在默认情况下是空的，这意味着使用的是android:debuggable属性的默认值false。"Debuggable"下拉列表中提供了android:debuggable的可选值，只需要从中选择一个选项并保存，那么AndroidManifest.xml文件的<application>节点就会增加一个android:debuggable属性，如下面的代码所示：

```
<application
    android:icon="@drawable/ic_launcher"
    android:label="@string/app_name" android:debuggable="true">
    ......
</application>
```

下面我们就来介绍这个标志是如何生效的。

首先,在安装一个应用程序的APK到设备中时,包管理服务(PackageManagerService)会调用自己的解析器(PackageParser)去解析应用程序的"AndroidManifest.xml"文件,从而形成包信息。它的解析入口函数位于"/frameworks/base/core/java/android/content/pm/PackageParser.java"的parsePackage()方法中,该方法的关键代码如下所示:

```
public Package parsePackage(File sourceFile, String destCodePath,
    DisplayMetrics metrics, int flags) {
    ......
    //打开AndroidManifest.xml文件
    parser = assmgr.openXmlResourceParser(cookie, ANDROID_MANIFEST_FILENAME);
    ......
    try {
        //开始解析AndroidManifest.xml文件
        pkg = parsePackage(res, parser, flags, errorText);
    } catch (Exception e) {
        ......
    }
    //返回包信息
    return pkg;
}
```

这里pkg = parsePackage(res, parser, flags, errorText);负责解析整个AndroidManifest.xml文件。由于android:debuggable是<application>节点的属性之一,这里将通过parseApplication()方法解析整个<application>节点,其中包括自身属性、<service>节点、<activity>节点等的处理。对于android:debuggable属性,它是这样处理的:

```
private boolean parseApplication(Package owner, Resources res,
    XmlPullParser parser, AttributeSet attrs, int flags,String[] outError)
    throws XmlPullParserException, IOException {
    final ApplicationInfo ai = owner.applicationInfo;
    final String pkgName = owner.applicationInfo.packageName;
    ......
    if (sa.getBoolean(
        com.android.internal.R.styleable.AndroidManifestApplication_debuggable,
        false)) {
        ai.flags |= ApplicationInfo.FLAG_DEBUGGABLE;
    }
    ......
    return true;
}
```

如果将android:debuggable设置为true,就将应用程序信息标志序列的第2位设置为1,这个标志对于应用程序的进程特征起了关键的作用(详情请参阅第4章)。

最后,当我们试图启动这个应用程序时,这个标志序列中的一些位将转换为参数信息来帮助孵化出应用程序的进程(后面将详述应用程序启动的具体流程),关键代码如下所示:

```
        /dalvik/vm/native/dalvik_system_Zygote.cpp:: enableDebugFeatures(u4
            debugFlags)
        static void enableDebugFeatures(u4 debugFlags)
{
            ......
#ifdef HAVE_ANDROID_OS
    if ((debugFlags & DEBUG_ENABLE_DEBUGGER) != 0) {
        if (prctl(PR_SET_DUMPABLE, 1, 0, 0, 0) < 0) {
            ......
        } else {
            ......
        }
    }
#endif
    ......
}
```

其中prctl(PR_SET_DUMPABLE, 1, 0, 0, 0)设定了进程的可转储属性为1。这样设置之后，这个应用程序的进程就变为"可调试"状态了。

当将android:debuggable设置为false并以如图3-66所示的方式开始调试应用程序时，并不能在断点处停止。

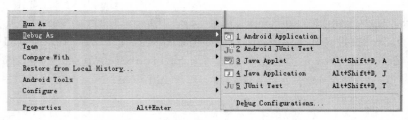

图3-66　在菜单中打开调试应用程序

3.6.6　android:description

这个属性是描述应用程序的，它是一个用户只读的文本，比应用程序标签（android:label）的描述更长、更详细。但需要注意的是，这里必须配置为一个字符串资源的引用，不能像应用程序标签那样设置为一个字符串。它没有默认值。

首先，我们要知道为什么Android要给这个限制（这里必须配置为一个字符串资源的引用），下面对比一下Android对android:label和android:description属性的差异：

```
<attr name="label" format="reference|string" />
<attr name="description" format="reference" />
```

上面的两行代码是对这两个属性的定义，其中label的format为reference|string，这表示它支持资源引用和字符串两种格式，而description的format仅为reference，这表示当配置android:description属性时，它只能是一个引用。

然后，我们创建一个应用程序来展示如何配置这个属性，具体步骤如下（创建工程的过程不再赘述，可参考前文）。

(1) 由于该属性的限制，所以需要首先定义一个字符串资源。在该实例中，我们在工程目录的/res/values/strings.xml中配置了一个名为"app_description"的字符串资源，它的值为"this is the application that test debugger flag"，如图3-67所示。

图3-67　配置字符串资源

(2) 将这个字符串属性应用到AndroidManifest.xml中。完成配置后，将会如图3-68所示。

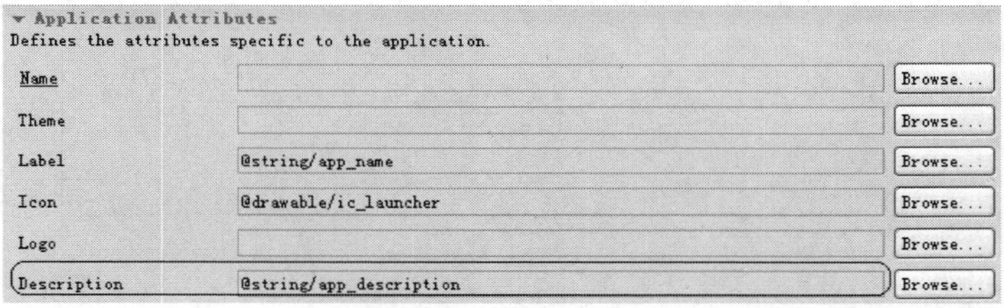

图3-68　应用字符串并完成配置

3.6.7　`android:enabled`

默认情况下，Android系统会自行实例化每一个应用程序的组件（包括Activity、广播接收器和内容提供者等），但如果我们需要自己完成这些事情的话，就需要使用`android:enabled`属性来限制Android系统的行为。这个属性表明Android系统是否可以实例化应用程序组件，如果其值为`true`，则说明应用程序组件可以被Android系统自动实例化；如果为`false`，则说明实例化组件的工作需要手工完成。该属性的默认值是`true`。每一个组件都可以单独定义自己的`enabled`属性。如果这个属性定义在<application>节点中，那么它会默认将每一个组件的`enabled`属性设置为相同的值。如果每一个组件单独定义了这个属性，那么<application>节点上定义的属性对此组件不再生效，就由自己的`enabled`属性决定。

在下面的实例中，我们将应用程序AndroidManifest.xml中<application>节点中的`android:enabled`属性设置为`false`，如图3-69所示。

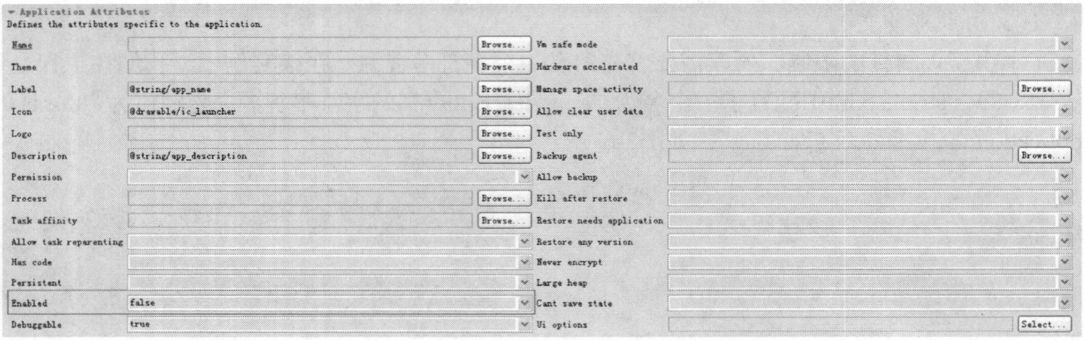

图3-69　设置`android:enabled`属性为`false`

运行这个应用程序，输出结果如图3-70所示。

```
------------------------------
Android Launch!
adb is running normally.
Performing cn.slash.debugger.DebuggableTestActivity activity launch
Automatic Target Mode: using existing emulator 'emulator-5554' running compatible AVD 'BookAVD403'
Uploading DebuggableTest.apk onto device 'emulator-5554'
Installing DebuggableTest.apk...
Success!
Starting activity cn.slash.debugger.DebuggableTestActivity on device emulator-5554
ActivityManager: Starting: Intent { act=android.intent.action.MAIN cat=[android.intent.category.LAUNCHER] cmp=cn.slash.debugger/.DebuggableTestActivity }
New package not yet registered with the system. Waiting 3 seconds before next attempt.
ActivityManager: Error: Activity class {cn.slash.debugger/cn.slash.debugger.DebuggableTestActivity} does not exist.
Starting activity cn.slash.debugger.DebuggableTestActivity on device emulator-5554
ActivityManager: Starting: Intent { act=android.intent.action.MAIN cat=[android.intent.category.LAUNCHER] cmp=cn.slash.debugger/.DebuggableTestActivity }
New package not yet registered with the system. Waiting 3 seconds before next attempt.
ActivityManager: Error: Activity class {cn.slash.debugger/cn.slash.debugger.DebuggableTestActivity} does not exist.
Starting activity cn.slash.debugger.DebuggableTestActivity on device emulator-5554
ActivityManager: Starting: Intent { act=android.intent.action.MAIN cat=[android.intent.category.LAUNCHER] cmp=cn.slash.debugger/.DebuggableTestActivity }
New package not yet registered with the system. Waiting 3 seconds before next attempt.
ActivityManager: Error: Activity class {cn.slash.debugger/cn.slash.debugger.DebuggableTestActivity} does not exist.
Starting activity cn.slash.debugger.DebuggableTestActivity on device emulator-5554
ActivityManager: Starting: Intent { act=android.intent.action.MAIN cat=[android.intent.category.LAUNCHER] cmp=cn.slash.debugger/.DebuggableTestActivity }
New package not yet registered with the system. Waiting 3 seconds before next attempt.
ActivityManager: Error: Activity class {cn.slash.debugger/cn.slash.debugger.DebuggableTestActivity} does not exist.
Starting activity cn.slash.debugger.DebuggableTestActivity on device emulator-5554
ActivityManager: Starting: Intent { act=android.intent.action.MAIN cat=[android.intent.category.LAUNCHER] cmp=cn.slash.debugger/.DebuggableTestActivity }
ActivityManager: Error type 3
ActivityManager: Error: Activity class {cn.slash.debugger/cn.slash.debugger.DebuggableTestActivity} does not exist.
```

图3-70　日志输出结果

从图3-70中可以看到，由于`cn.slash.debugger.DebuggableTestActivity`类没有被实例化，所以当这个应用程序视图启动的时候，就出现了错误：

```
ActivityManager:
Error: Activity class
{cn.slash.debugger/cn.slash.debugger.DebuggableTestActivity}
does not exist.
```

3.6.8　android:hasCode

该属性表明应用程序是否含有代码，若其值为`true`，表示应用程序含有代码，`false`则表示其中没有代码。该属性的默认值是`true`。当其值是`false`时，加载组件时系统不会尝试加载任何应用程序的代码。应用程序一般没有它自己的任何代码，除非它仅是由组件类构建而成的，比如Activity使用`AliasActivity`类，但这很少发生。

hasCode作为一个标志，被集成到包信息的flags标志中，以此来作为操作应用程序的参数，示例代码如下所示：

```
if (sa.getBoolean( com.android.internal.R.styleable.AndroidManifest
    Application_hasCode, true)) {
    ai.flags |= ApplicationInfo.FLAG_HAS_CODE;
}
```

从以上代码片段可以看出，这个标志被合到ai.flags的第3位上。

3.6.9 `android:hardwareAccelerated`

android:hardwareAccelerated标志指示硬件加速渲染功能是否对应用程序中的所有Activity和View启用，如果启用，则为true，否则为false，其默认值是false。

从Android 3.0开始，硬件加速的OpenGL渲染器对所有应用程序都有效，这样做的目的是改善大多数2D图形操作的性能。当硬件加速渲染器被启用时，大多数操作（包括Canvas、Paint、Xfermode、ColorFilter、Shader和Camera）都会被加速，这样产生的结果是更顺滑的动画效果、更顺滑的滚动以及整体响应的改进。即使对于那些不能明确使用OpenGL库的应用程序，其结果也一样。

需要注意的是，不是所有的OpenGL操作都是被加速的。如果启用硬件加速渲染器，就要先测试应用程序以便确保它可以无误地使用渲染器。

对于Android框架来说，这个标志是这样被打包成包信息的：

```
boolean hardwareAccelerated = sa.getBoolean(com.android.internal.R.styleable.
    AndroidManifestApplication_hardwareAccelerated,
    owner.applicationInfo.targetSdkVersion >= Build.VERSION_CODES.ICE_CREAM_SANDWICH);
......
if (!receiver) {
    if (sa.getBoolean(com.android.internal.R.styleable.AndroidManifest
        Activity_hardwareAccelerated, hardwareAccelerated)) {
        a.info.flags |= ActivityInfo.FLAG_HARDWARE_ACCELERATED;
    }
    ......
} else {
    ......
}
```

当没有设置这个标志的时候，它的默认值取决于是否配置了android:targetSdkVersion。如果没有配置，则Android默认会将android:targetSdkVersion作为当前设备系统的SDK版本。当android:targetSkdVersion属性的值大于或者等于当前系统的版本时，则启用硬件加速，反之则禁用硬件加速。

图3-71展示了如何使用这个标志。

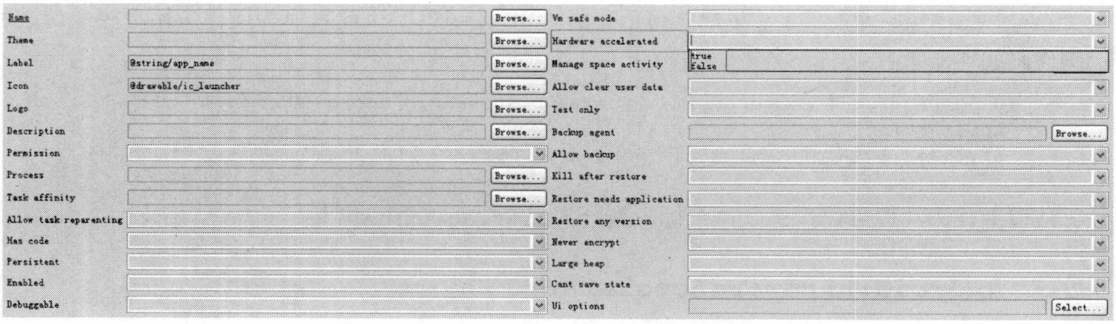

图3-71 使用android:hardwareAccelerated

下面我们结合源代码路径/frameworks/base/core/java/android/app/Acti-vity.java，再来看看在Activity附加到窗口之前是如何使用这个标志的，代码如下所示：

```
final void attach(Context context, ActivityThread aThread,
    Instrumentation instr, IBinder token, int ident,
    Application application, Intent intent, ActivityInfo info,
    CharSequence title, Activity parent, String id,
    NonConfigurationInstances lastNonConfigurationInstances,
    Configuration config) {
    ......
        mWindow.setWindowManager(null,
            mToken, mComponent.flattenToString(),
            (info.flags & ActivityInfo.FLAG_HARDWARE_ACCELERATED) != 0);
    ......
    }
```

> **建议** 如果不打算设置hardwareAccelerated标志，则尽量配置<uses-sdk>节点，代码如下所示：
>
> ```
> <uses-sdk android:targetSdkVersion="15"/>
> ```

3.6.10 android: label / android:icon

android: label和 android:icon这两个属性分别是有关标签和图标的。先来看看android: label，它是Android的标签属性，是应用程序全局的一个用户可读标签，也是该应用程序所有组件的默认标签。在项目生成的时候，ADT就已经定义了该属性，它可以是一个字符串资源的引用（@string/app_name），也可以是一个字符串（"Hello"）。能这么做的原因是该标签是这样定义的：

```
<attr name="label" format="reference|string" />
```

此处，建议尽可能使用字符串资源的引用形式，因为这样可以更好地支持国际化特性。在应用程序标签被定义之后,它就会在诸如应用程序菜单、设置的应用程序信息等位置被使用,如图3-72所示。

在图3-72中,我们看到划上框线的部分分别表示在应用程序菜单、设置的应用程序信息这两个位置上的android:label应用。

图3-72　android:label的应用之处

除此之外,它还应用于应用程序界面的标题处,如图3-73所示。

图3-73　android:label应用在标题处

接下来,我们再来看看另一个属性android:icon,它是应用程序全局的一个图标,也是该应用程序所有组件的默认图标。这个属性在Android框架中是这样定义的:

```
<attr name="icon" format="reference" />
```

可以看到，这里能配置的是一个图片资源的引用，例如@drawable/icon。当我们配置了这个属性之后，它就会在应用程序菜单、设置的应用程序列表以及设置的应用程序详情界面中显示出来。

配置android:label和android:icon属性的操作如图3-74所示。

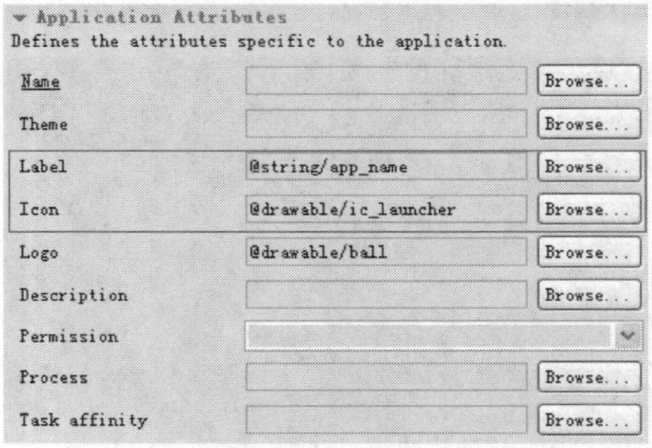

图3-74 配置android:label和android:icon属性

3.6.11 `android:logo`

android:logo属性用于配置应用程序的商标。自Android 3.0以后，应用程序窗口多了一个标题栏，而应用程序的logo将会出现在那里。对于Android框架而言，它是这样定义这个属性的：

```
<attr name="logo" format="reference" />
```

这说明它能接受的只是一个图片资源的引用。因此，可以按照图3-75所示配置这个属性。

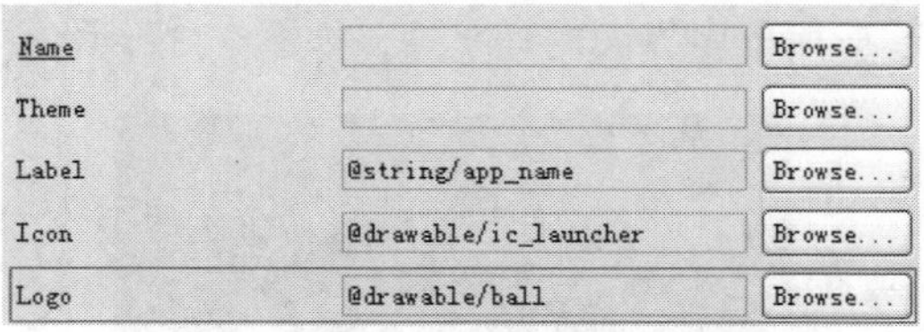

图3-75 配置android:logo属性

配置这个属性之后运行应用程序，会发现在启动的每一个界面上都会看到这个图标，如图3-76所示。

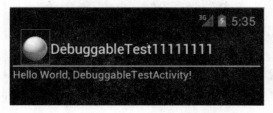

图3-76 配置android:logo之后启动应用程序的界面效果

3.6.12 `android:manageSpaceActivity`

该属性是一个Activity子类的全名,用户使用它可以管理设备上该应用程序占有的内存。Activity也应该用<activity>元素声明。可以按照图3-77所示的那样配置这个属性。

图3-77 配置android:manageSpaceActivity

3.6.13 `android:permission`

该属性是客户端与应用程序交互所必须拥有的许可名,它是给应用程序的所有组件设置许可的便捷方式,可以被组件各自的许可属性值所覆盖。例如,在需要使用蓝牙功能时,可以这样操作来获取蓝牙的权限,如图3-78所示。

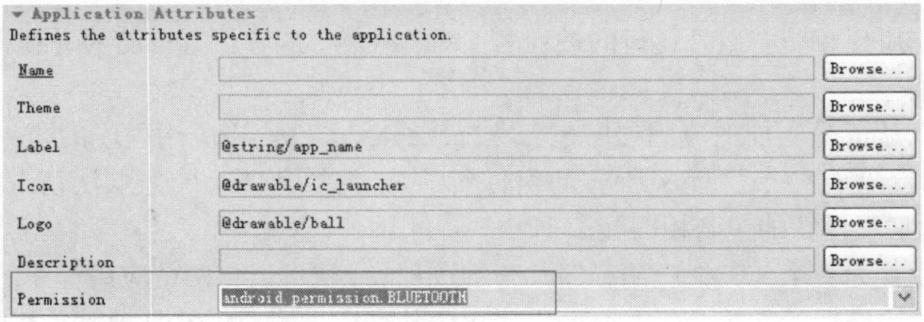

图3-78 配置蓝牙权限

3.6.14 `android:persistent`

该属性用来表明应用程序是否应该在任何时候都保持运行状态,若为true,则表示应该,false则表示不应该,其默认值是false。通常,应用程序不应设置本属性,而持续模式仅仅对于某些系统应用程序才有意义。图3-79演示了如何配置这个属性。

从图3-79中可以看到,该属性的下拉列表中有true和false两个选项,可根据需要进行选择。

在实际应用中就存在这样的例子,例如电话模块,它在系统启动的时候就处于运行状态,这样电话状态发生改变时就会在系统产生相应的变化,如下面的代码所示:

```
<application android:name="PhoneApp"
    android:persistent="true"
    android:label="@string/phoneAppLabel"
    android:icon="@drawable/ic_launcher_phone">
    ......
</application>
```

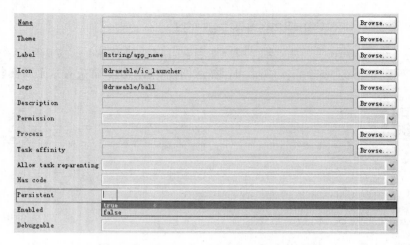

图3-79 配置android:persistent属性

3.6.15 `android:process`

该属性是应用程序所有组件运行的进程名。每个组件都能够设置自己的进程属性,以此来覆盖原来的默认值。

该属性的默认值是当前的应用程序包名(PackageName)。当应用程序的第一个组件需要运行时,Android就生成一个进程,所有的组件都将在该进程里运行。默认情况下,进程名与`<manifest>`元素里设置的包名相匹配。

将该属性设置为一个与其他应用程序共享的进程名,就可以将两个应用程序的组件运行在相同的进程里。能这样做的前提是仅在两个应用程序共享一个用户ID并且被赋予相同证书时。

如果该属性里设置的名字以冒号开头(:),那么在需要的时候它将生成该应用程序的一个私有新进程。如果进程名以小写字母开头,则生成以该进程名命名的一个全局进程。全局进程可以用来与其他应用程序分享,以便降低资源消耗。图3-80演示了如何配置这个属性。

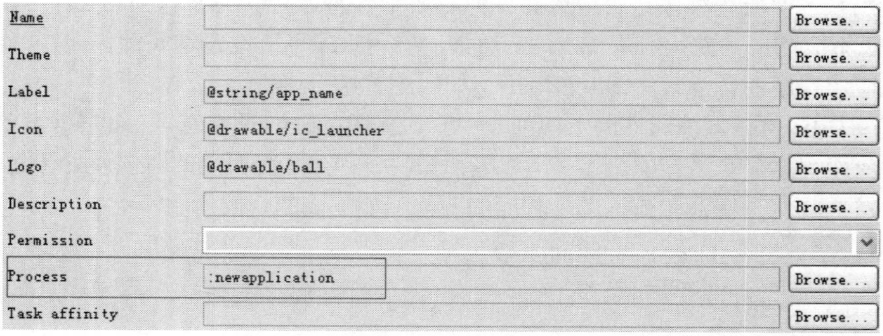

图3-80 配置android:process属性

经过这样配置之后，在应用程序启动时，再来观察一下设备上所启动的进程信息，将会得到如图3-81所示的结果。

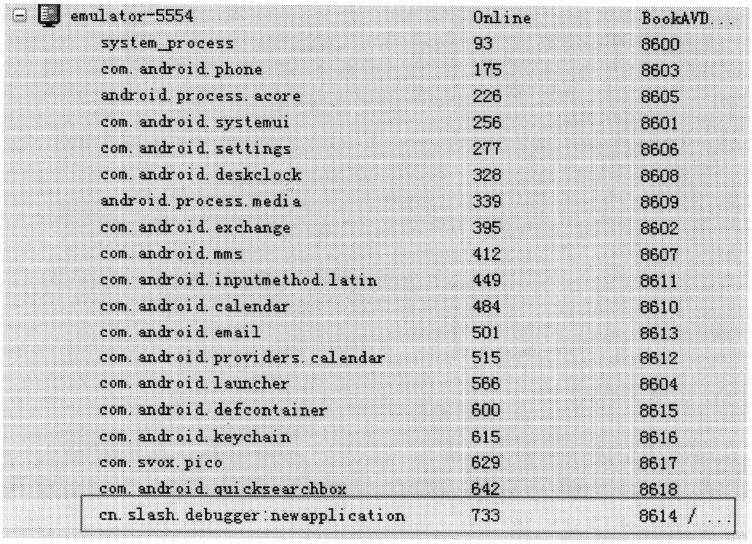

emulator-5554	Online	BookAVD...
system_process	93	8600
com.android.phone	175	8603
android.process.acore	226	8605
com.android.systemui	256	8601
com.android.settings	277	8606
com.android.deskclock	328	8608
android.process.media	339	8609
com.android.exchange	395	8602
com.android.mms	412	8607
com.android.inputmethod.latin	449	8611
com.android.calendar	484	8610
com.android.email	501	8613
com.android.providers.calendar	515	8612
com.android.launcher	566	8604
com.android.defcontainer	600	8615
com.android.keychain	615	8616
com.svox.pico	629	8617
com.android.quicksearchbox	642	8618
cn.slash.debugger:newapplication	733	8614 /...

图3-81　配置后启动应用程序的结果

这里应用程序的进程信息将变为cn.slash.debugger:newapplication。

3.6.16　**android:taskAffinity**

它是应用程序里所有Activity都适用的任务亲和力，除了那些将不同任务亲和力设置在自身taskAffinity属性里的Activity。我们可以这样理解这个属性：该Activity更喜欢待在哪个任务中。图3-82演示了如何配置这个属性。

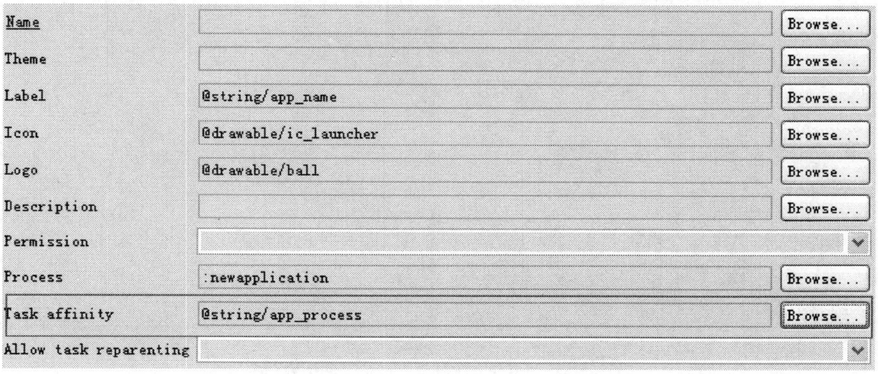

Name		Browse...
Theme		Browse...
Label	@string/app_name	Browse...
Icon	@drawable/ic_launcher	Browse...
Logo	@drawable/ball	Browse...
Description		Browse...
Permission		▼
Process	:newapplication	Browse...
Task affinity	@string/app_process	Browse...
Allow task reparenting		▼

图3-82　配置android:taskAffinity属性

对于不同版本的Android SDK来说，框架对该属性的处理是不一样的。下面的代码说明了不同处理中出现的一些问题：

```
if (owner.applicationInfo.targetSdkVersion >= Build.VERSION_CODES.FROYO) {
    str = sa.getNonConfigurationString(
        com.android.internal.R.styleable.AndroidManifestApplication_ taskAffinity, 0);
} else {
    str = sa.getNonResourceString(
        com.android.internal.R.styleable.AndroidManifestApplication_
            taskAffinity);
}
ai.taskAffinity = buildTaskAffinityName(ai.packageName, ai.packageName,str,
    outError);
```

对于Android 2.2（Froyo）以后的版本，如果没有设置这个属性，则会采用默认值0，而之前的版本则不会提供默认值。

3.6.17 `android:theme`

`android:theme`属性为应用程序定义了一个整体风格。当开发一个商业应用程序时，风格是要考虑的重要因素之一。因此，为了保证应用程序的所有界面都能保持一定的风格标准，要尽量使用这个属性为应用程序定义风格。

`android:theme`属性是一个可以覆盖的属性。当我们需要对某个界面做一些特殊处理时，只需要在对应的节点配置此属性，就可以覆盖掉应用程序配置的整体风格了。

对于Android框架而言，该属性是一个资源引用值，图3-83演示了如何配置该属性。

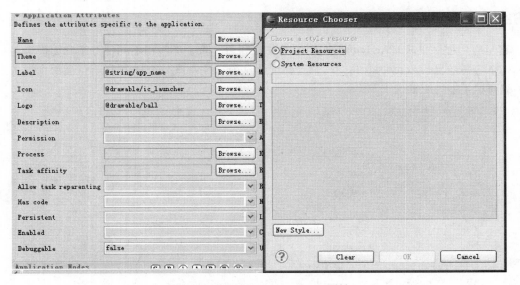

图3-83　配置android:theme属性

Android-SDK预先定义了很多可以使用的风格。在"Resource Chooser"对话框中选择"System Resources"选项，ADT就会罗列出这些已经预置到SDK中的资源，如图3-84所示。

图3-84　系统资源选项

选好当前的资源后，单击"OK"按钮即可完成配置。

对于框架而言，该属性不是必须配置的。如果没有配置，Android则会认为它的值为0，即无资源，如下列代码所示：

```
ai.theme = sa.getResourceId(
    com.android.internal.R.styleable.AndroidManifestApplication_theme, 0);
```

如果在<application>的某个子节点上配置了这个属性，那么框架将会覆盖掉整体风格而使用子节点上配置的风格：

```
a.info.theme = sa.getResourceId(
    com.android.internal.R.styleable.AndroidManifestActivity_theme, 0);
```

现在，我们举例说明如何使用这个属性。例如，给<application>节点增加android:theme属性，它的值为指向Animation.Dialog的风格，相关配置如图3-85所示。

图3-85　为<application>节点增加android:theme属性

需要注意的是，这里的@android:style表示此资源位于"android"的空间中，也就是SDK预定义的那些资源。

刚刚说到增加的theme属性指向Animation.Dialog风格，其中这个风格是这样定义的：

```
<!-- Standard animations for a non-full-screen window or activity. -->
<style name="Animation.Dialog">
    <item name="windowEnterAnimation">@anim/dialog_enter</item>
    <item name="windowExitAnimation">@anim/dialog_exit</item>
</style>
```

这里规定了进入和退出时窗口的动画效果。

除了使用SDK提供的风格资源以外，我们还可以使用自定义的风格资源，那么如何配置自定义风格呢？大家可以按照下面的操作步骤自己动手做一做。

(1) 定义自己的风格资源。在工程的"res/values/"目录下新建一个名为"application_style.xml"的文件。

首先，右击工程，在弹出的快捷菜单中选择"New"→"Other…"菜单项，此时将打开"New"对话框，从中做如图3-86所示的选择，然后单击"Next"按钮。

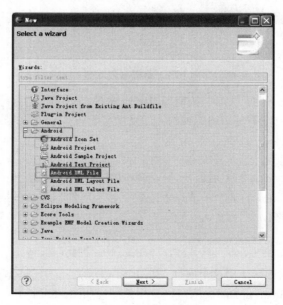

图3-86　新建XML文件

接着，在打开的"New Android XML File"窗口中做如图3-87所示的选择，然后单击"Finish"按钮结束创建流程。

最后，定义一个名为"myTheme"的风格，代码如下所示：

```
<style name="myTheme">
</style>
```

图3-87 "New Android XML File"窗口

注意 在完成配置并保存好以后,ADT会自动重新编译资源,从而生成相应的资源引用。

(2) 将此风格应用到android:theme中,具体过程如图3-88所示。

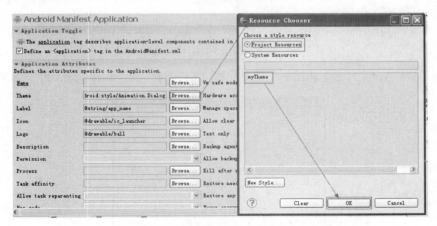

图3-88 将此风格应用到android:theme上

3.6.18 `android:uiOptions`

该属性用于开启Activity UI附加的扩展导航栏。在配置这个属性时,可供选择的值必须是表3-10所示的两个值中的一个。

表3-10 **android:uiOptions**属性的值及其描述

值	描述
none	关闭扩展选项栏。如果没有配置android:uiOptions属性，此为默认值
splitActionBar WhenNarrow	当在横向空间受到限制时（比如当手机处于纵向模式时），在屏幕底部添加一个状态栏来显示ActionBar中的动作项。只有少数的Action项会出现在顶部动作栏中。操作栏将被分成顶部导航部分和用于动作项的底部栏。这就保证了有一个合理数量的空间可用

需要注意的是，`android:uiOption`属性是自Android 4.0以后才提供的。因此，在需要使用该属性的时候，必须保证使用Android 4.0以后的SDK（也就是API 14以后的SDK版本）。

下面举例说明如何使用这个属性，具体操作步骤如下。

(1) 新建一个工程UIOption，包名为`cn.turing.uioption`。同时，将`android:uiOptions`属性设置为`splitActionBarWhenNarrow`，如图3-89所示。

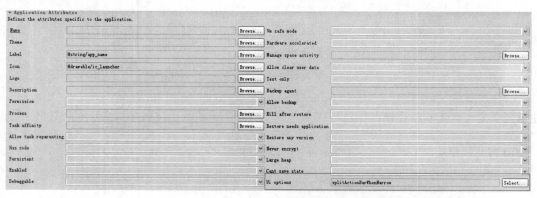

图3-89 设置android:uiOptions属性

(2) 在工程的"/res/"目录下新增一个菜单配置，文件名是"my_menu_cfg.xml"，如图3-90所示。

图3-90 新增菜单配置

(3) 此时"/res"目录下就生成了一个名为"menu"的目录,而"my_menu_cfg.xml"文件就放在这个目录下。此外,在该文件中配置item1、item2和item3这3个菜单项,配置过程如图3-91中的代码所示。

```xml
<?xml version="1.0" encoding="utf-8"?>
<menu xmlns:android="http://schemas.android.com/apk/res/android" >
    <item android:id="@+id/item1" android:title="show_item1"
        android:showAsAction="always|withText" android:icon="@drawable/ic_menu_search_holo_dark"></item>
    <item android:id="@+id/item2" android:title="show_item2"></item>
    <item android:id="@+id/item3" android:title="show_item3"
        android:icon="@drawable/ic_menu_msg_compose_holo_dark" android:showAsAction="always|withText"></item>
</menu>
```

图3-91　配置3个菜单项

需要注意的是,我们要把要显示为Action项的菜单项的android:showAsAction设置为always。

(4) 修改ADT,为默认生成的代码文件"UIOptionActivity.java"实现onCreateOptionsMenu()方法来加载"my_menu_cfg.xml"菜单布局,具体代码如下所示:

```java
package cn.turing.uioption;

import android.app.Activity;
import android.os.Bundle;
import android.view.Menu;

public class UIOptionActivity extends Activity {
    /* 首次创建该Activity时调用 */
    @Override
    public void onCreate(Bundle savedInstanceState) {
        super.onCreate(savedInstanceState);
        setContentView(R.layout.main);
    }

    @Override
    public boolean onCreateOptionsMenu(Menu menu) {
        //加载菜单
        getMenuInflater().inflate(R.menu.my_menu_cfg, menu);
        return super.onCreateOptionsMenu(menu);
    }
}
```

(5) 编译并运行项目,运行结果如图3-92所示。

可以发现,屏幕底部出现了状态栏。

这样,刚刚配置的android:showAsAction的项目就显示出来了,剩余部分包含在框中的超出菜单里,单击它时才会显示出来。大家可以自行尝试一下去掉这个属性的效果。

在不需要操作栏的时候,只需要把android:uiOptions设置为none或者onCreateOptionsMenu()空实现即可。

图3-92 运行项目后的结果

3.6.19 `android:vmSafeMode`

此属性用于指示虚拟机是否在安全模式下进行,它是一个布尔值,当没有配置它的时候,其默认值为false,示例代码如下所示:

```
if (sa.getBoolean( com.android.internal.R.styleable.AndroidManifestApplication_
    vmSafeMode,false)) {
    ai.flags |= ApplicationInfo.FLAG_VM_SAFE_MODE;
}
```

图3-93演示了如何配置该属性。

图3-93 配置android:vmSafeMode属性

3.6.20 `android:largeHeap`

此属性用于指示应用程序是否使用一个比较大的堆(heap)创建,它是一个布尔值,在没有配置的情况下,它的默认值是false,示例代码如下所示:

```
if (sa.getBoolean(com.android.internal.R.
    styleable.AndroidManifestApplication_largeHeap,false)) {
    ai.flags |= ApplicationInfo.FLAG_LARGE_HEAP;
}
```

图3-94演示了如何配置该属性。

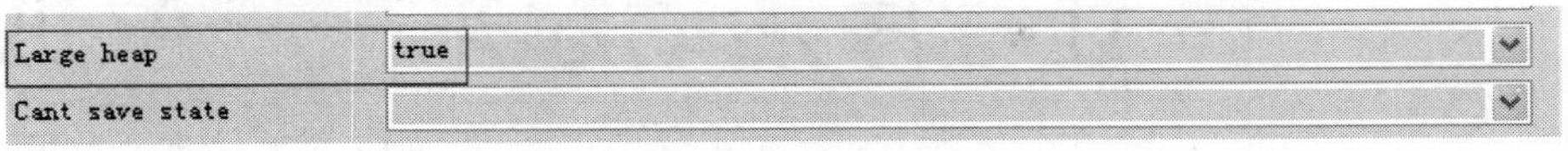

图3-94 配置android:largeHeap属性

至此，我们就介绍完了<application>节点支持的属性的用法、代码实现以及属性含义。在开发应用程序的时候，开发者应该根据具体需求有选择地使用这些属性，以使应用程序更高效地运行。

要注意的是，作为应用程序的根节点，<application>节点必须包含在<manifest>节点中。而<application>节点本身还可以包含<activity>、<activity-alias>、<service>、<receiver>、<provider>和<uses-library>这几个节点。

现在，来看看音乐播放器中<application>节点的配置，具体如下列代码所示：

```
<application android:icon="@drawable/app_music"
    android:label="@string/musicbrowserlabel"
    android:taskAffinity="android.task.music"
    android:allowTaskReparenting="true">
</application>
```

从这些代码中可以看到，音乐播放器在<application>层只定义了应用程序的图标（android:icon）和标签（android:label），并且规定了它对于android.task.music的任务亲和力。此外，音乐播放器任务中的任务项是可以被移除的（android:allowTaskReparenting="true"）。

在下一章中，我们将介绍Android应用程序四大组件中Activiy的用法和配置。

第4章 让程序活动起来——Activity

在第3章中,我们介绍了<application>节点及其一些重要的属性,而<application>节点包含所有应用程序组件的节点(包括Activity、服务、广播接收器和内容提供者等)以及一些可以影响所有组件的属性。

现在,我们就来详细介绍Android四大组件之一的Activity。什么是Activity?怎么创建Activity?如何管理Activity的生命周期?如何实现它的生命周期……这么重要的组件,涉及相当多的内容,下面我们一一道来。

4.1 什么是Activity

Activity是Android应用程序的重要组件之一,通常被认为是一个应用程序界面。几乎每一个应用程序都有一个或者若干个Activity。

4.1.1 简介

Activity组件提供可以与用户交互的界面来完成特定的任务,例如拨号、照相机、发送电子邮件或者浏览器和地图等。每一个Activity都需要一个窗口,用来绘制用户界面。一般来说,这个窗口是全屏的。有时这个窗口比屏幕小(比如对话框风格的Activity),但它需要位于其他窗口之上。

通常,一个应用程序包括多个Activity,而Android使用相对比较松散的方式管理这些Activity。通常,一个应用程序中总有一个Activity被指定为"main" Activity(主Activity或者叫入口Activity)。在音乐播放器中,也遵守这样的规定,相关代码如下所示:

```xml
<activity android:name="com.android.music.MusicBrowserActivity"
    android:theme="@android:style/Theme.NoTitleBar"
    android:exported="true">
    <intent-filter>
        <action android:name="android.intent.action.MAIN"/>
        <action android:name="android.intent.action.MUSIC_PLAYER" />
        <category android:name="android.intent.category.DEFAULT" />
        <category android:name="android.intent.category.LAUNCHER" />
        <category android:name="android.intent.category.APP_MUSIC" />
    </intent-filter>
</activity>
```

当应用程序运行时,这个Activity最先显示出来。每一个Activity可以根据不同的动作或者以指定包名和类名的方式启动其他Activity。启动一个新Activity时,前一个Activity会暂停或者停止,但系统会把这个暂停或者停止的Activity保存在一个返回栈(back stack)中,同时那个新Activity将获得屏幕焦点,开始与用户交互。由于这个栈是"后进先出"的,因此,当用户控制当前Activity并且按下BACK键时,该Activity就被弹出栈(并有可能被销毁)并且重新显示前一个停止的Activity。

当一个Activity因为另一个Activity的启动而被停止时,这个Activity就会处在不同的生命周期中(例如,当一个Activity从显示状态变成被其他Activity完全覆盖时,它会经历从resumed到stopped的生命周期变化)。此时,Android会通过Activity生命周期的回调方法来通知其状态发生了改变。这是一系列回调方法,体现了Activity的生命周期。它们的调用发生在系统创建、停止、恢复或者销毁一个Activity时,并且每一个回调允许在Activity状态发生改变时完成特殊的工作。例如,在停止Activity的时候,就应该释放所有较大的对象,比如网络或数据库连接。当Activity继续开始的时候,我们会重新获得一些必要的资源。

4.1.2 解读音乐播放器中的Activity

音乐播放器同样由许多Activity构成。撇开一些细节的东西,我们先来看看这些包含在音乐播放器中的Activity,如下列代码所示:

```
......
<activity android:name="com.android.music.MusicBrowserActivity"
......
<activity android:name="com.android.music.MediaPlaybackActivity"
......
<activity android:name="AudioPreview"
......
<activity android:name="com.android.music.ArtistAlbumBrowserActivity"
......
<activity android:name="com.android.music.AlbumBrowserActivity"
......
<activity android:name="com.android.music.NowPlayingActivity"
......
<activity android:name="com.android.music.TrackBrowserActivity"
......
<activity android:name="com.android.music.QueryBrowserActivity"
......
<activity android:name="com.android.music.PlaylistBrowserActivity"
......
<activity android:name="com.android.music.VideoBrowserActivity"
......
<activity android:name="com.android.music.MediaPickerActivity"
......
<activity android:name="com.android.music.MusicPicker"
......
<activity android:name="com.android.music.CreatePlaylist"
......
```

```xml
<activity android:name="com.android.music.RenamePlaylist"
......
<activity android:name="com.android.music.WeekSelector"
......
<activity android:name="com.android.music.DeleteItems"
......
<activity android:name="com.android.music.ScanningProgress"
```

以上这段代码表明，音乐播放器中包含17个Activity，这些Activity分别用于完成不同的任务，而它们一起构成整个音乐播放器的用户界面。

前面我们曾经提到一个细节，那就是"通常，一个应用程序中总有一个Activity被指定为"'main'Activity"，音乐播放器也遵循这个规定，具体如下列代码所示：

```xml
<activity android:name="com.android.music.MusicBrowserActivity"
    android:theme="@android:style/Theme.NoTitleBar"
    android:exported="true">
    <intent-filter>
        <action android:name="android.intent.action.MAIN"/>
        <action android:name="android.intent.action.MUSIC_PLAYER"/>
        <category android:name="android.intent.category.DEFAULT"/>
        <category android:name="android.intent.category.LAUNCHER"/>
    </intent-filter>
</activity>
```

在上述代码中，我们可以看到整个音乐播放器的入口就是这个名为"MusicBrowserActivity"的Activity。

为什么要有这个规定呢？其中一个理由是，用户可以直接启动应用程序的地方是一个名叫"Launcher"的应用程序，该应用程序也就是在设备启动完成后展现给用户的桌面。Launcher中的所有应用程序界面展现了所有包含行为为android.intent.action.MAIN并且类别（category）是android.intent.category.LAUNCHER筛选器（inten-filter）的Activity。下面的代码片段充分解释了这一点：

```java
private void loadAllAppsByBatch() {
    ......
    //ACTION_MAIN的值为android.intent.action.MAIN
    final Intent mainIntent = new Intent(Intent.ACTION_MAIN, null);
    mainIntent.addCategory(Intent.CATEGORY_LAUNCHER);
    ......
    //CATEGORKLACINCHER的值为android.intent.category.LAUNCHER
    final PackageManager packageManager = mContext.getPackageManager();
    List<ResolveInfo> apps = null;
    ......
    apps = packageManager.queryIntentActivities(mainIntent, 0);
    ......
}
```

上述代码为Launcher的所有应用程序界面筛选出符合条件的Activity，而这里使用的条件便是Action为android.intent.action.MAIN并且类别为android.intent.category.LAUNCHER。而当我们从Launcher的所有应用程序界面中启动一个Activity时，这些筛选出来的信息就会变成必要的intent交给框架处理。这样就完成了应用程序的启动。说到这里，读者也许要问怎样才能找到"所有应用程序界面"呢？其实很简单，单击图4-1所示的图标，就能进入所有应用程序界面。

图4-1　进入所有应用程序界面单击的图标

4.2　定义 Activity

上一节初步介绍了什么是Activity以及音乐播放器中的Activity，要想正确使用它，首先要学会如何定义它，这一节我们就来简要介绍一下Activity的两个回调方法以及如何在AndroidManifest.xml中声明它。

4.2.1　定义Activity的回调方法

为了创建Activity，就必须先创建Activity的子类（或者Activity已经存在的子类的子类）。在这个子类中，我们需要实现那些在Activity生命周期中各种状态转变时系统调用的回调方法，比如在Activity创建、停止、恢复或者销毁时的回调方法。这里有两个非常重要的回调方法，分别是onCreate()和onPause()。首先，我们来谈谈什么是onCreate()以及怎么使用它。

当一个Activity被创建的时候，系统会调用该方法。一般说来，我们应该在这个回调方法中初始化Activity的必要组件，比如加载布局、获取控件的实例等，其中最重要的是调用setContentView()方法来定义Activity界面的布局。

下面的代码（代码位置：/packages/apps/Music/src/com/android/music/MusicBrowserActivity.java）演示了音乐播放器的入口Activity的onCreate()方法：

```
@Override
public void onCreate(Bundle icicle) {
    super.onCreate(icicle);
    int activeTab =
        MusicUtils.getIntPref(this, "activetab", R.id.artisttab);
    if (activeTab != R.id.artisttab
            && activeTab != R.id.albumtab
            && activeTab != R.id.songtab
            && activeTab != R.id.playlisttab) {
        activeTab = R.id.artisttab;
    }
    MusicUtils.activateTab(this, activeTab);

    String shuf = getIntent().getStringExtra("autoshuffle");
    if ("true".equals(shuf)) {
        mToken = MusicUtils.bindToService(this, autoshuffle);
    }
}
```

上面的代码可以这样理解，音乐播放器的入口Activity实际上是做了一个Activity的条件跳转，根据条件跳转到不同的Activity中。

建议 一般情况下，我们不建议在onCreate()方法中处理过于耗时的操作（比如加载数据库的内容等），因为这样会影响Activity的启动效率。

需要注意的是，我们必须确保调用了基类的onCreate()方法（super.onCreate(icicle)），否则应用程序会报错。

接着，我们再来谈谈onPause()这个方法。

当用户离开Activity时，系统将调用（来到这里，并不意味着该Activity已经被注销）这个方法。这里我们应该提交所有的变动，因为用户可能不再回来。

下面我们先来看看首次启动音乐播放器应用程序时所跳转到的那个Activity（ArtistAlbumBrowserActivity）的onPause()方法，如下列代码所示（代码位置：/packages/apps/Music/src/com/android/music/ArtistAlbumBrowserActivity.java）：

```
@Override
public void onPause() {
    unregisterReceiver(mTrackListListener);
    mReScanHandler.removeCallbacksAndMessages(null);
    super.onPause();
}
```

这段代码说明当这个Activity被暂停时，需要注销掉一些广播接收器并且移除消息队列中的所有任务。

除了前面提到的onCreate()和onPause()回调方法以外，Android还为Activity的不同生命周期提供了其他回调方法，这是为了在Activity被停止到销毁的过程中提供更流畅的用户体验，并处理异常中断。

4.2.2 在AndroidManifest.xml中声明Activity

前面曾经提到，如果想让Activity正常启动，就必须在Android的清单文件（AndroidManifest.xml）中声明这个Activity，否则这个Activity将不会被发布到Android系统中。而当我们试图启动这个未被声明的Activity时，还会得到一个异常。既然声明是必要且非常重要的步骤，那么本节我们就来谈谈如何在AndroidManifest.xml中声明Activity。

声明Activity，从本质上说就是往AndroidManifest.xml文件中添加一个<activity>节点，这个过程的语法如下列代码所示：

```
<activity
    android:allowTaskReparenting=["true" | "false"]
    android:alwaysRetainTaskState=["true" | "false"]
    android:clearTaskOnLaunch=["true" | "false"]
    android:configChanges=["mcc", "mnc", "locale",
        "touchscreen", "keyboard", "keyboardHidden",
        "navigation", "screenLayout", "fontScale",
        "uiMode","orientation", "screenSize", "smallestScreenSize"]
    android:enabled=["true" | "false"]
    android:excludeFromRecents=["true" | "false"]
    android:exported=["true" | "false"]
    android:finishOnTaskLaunch=["true" | "false"]
    android:hardwareAccelerated=["true" | "false"]
    android:icon="drawable resource"
    android:label="string resource"
    android:launchMode=["standard" | "singleTop" |
        "singleTask" | "singleInstance"]
    android:multiprocess=["true" | "false"]
    android:name="string"
    android:noHistory=["true" | "false"]
    android:permission="string"
    android:process="string"
    android:screenOrientation=["unspecified" | "user" | "behind" |
        "landscape" | "portrait" |
        "reverseLandscape" | "reversePortrait" |
        "sensorLandscape" | "sensorPortrait" |
        "sensor" | "fullSensor" | "nosensor"]
    android:stateNotNeeded=["true" | "false"]
    android:taskAffinity="string"
    android:theme="resource or theme"
    android:uiOptions=["none" | "splitActionBarWhenNarrow"]
    android:windowSoftInputMode=["stateUnspecified",
        "stateUnchanged", "stateHidden",
        "stateAlwaysHidden", "stateVisible",
        "stateAlwaysVisible", "adjustUnspecified",
        "adjustResize", "adjustPan"] >
    ......
</activity>
```

对于以上这些代码，我们要做出如下说明。

❑ Android为每一个Activity提供了非常多的属性来设定Activity的行为，但在这些属性中，除了android:name以外，其他都是可选的。

- 这些属性中有相当一部分与<application>节点中的属性是一致的。如果在<activity>节点中设置了与<application>节点相同的属性，则还是以在<activity>中设置的属性为准。
- 对于那些<activity>特有的属性（比如android:windowSoftInputMode和android:excludeFromRecents等），可以选择性地进行配置，这完全取决于开发者的实际需要。如果没有配置这些属性，那么Android框架就会正确处理这些未配置的属性（取一个默认值或者直接忽略这个属性），从而保证应用程序的健壮性。

4.3 管理Activity的生命周期

无论是正在运行的Activity还是没有在运行的Activity，它们都接受Android的框架管理，这使得Activity处于不同的生命周期。

4.3.1 Activity的3种状态

通过回调方法来管理Activity的生命周期对于开发一个健壮并且灵活的应用程序是非常关键的。Activity的生命周期直接影响到它与其他Activity、任务以及栈的关系。

Activity存在3种状态，分别是resumed、paused和stopped。

- resumed：指Activity在屏幕前台并且拥有用户焦点的状态（这个状态有时也称为"正在运行"）。
- paused：指另一个Activity在屏幕前台并且拥有用户焦点的状态，但这个Activity仍然可见，即另一个Activity在前一个Activity之上，而前一个Activity又是可见的并且部分透明或者没有覆盖整个屏幕。一个处于paused状态的Activity是完全存活的（Activity对象在内存中被保留，它维护所有状态和成员信息，并依然依附窗口管理器（Window Manager）），但是在内存极低时将被系统杀掉。
- stopped：指前一个Activity被另一个Activity完全遮蔽（前一个Activity当前在"后台"中）。一个处于stopped状态的Activity仍然是存活的（这个Activity对象在内存中被保留，它维护所有状态和成员信息，但没有依附窗口管理器）。然而，它却不再显示给用户，并且在内存极低时会被系统杀掉。

如果一个Activity处于paused或stopped状态，那么系统会从内存中丢掉它，这可以通过调用它的finish()方法来实现，或者简单一点，通过杀掉它的进程来实现。当Activity重新打开（在它结束或者被杀掉之后）时，它就必须被重新创建。

4.3.2 实现Activity的生命周期回调

当Activity发生状态转变时，它会通过回调方法来得到通知，我们可以重写所有这些回调方法来完成适当的工作。当Activity状态发生改变时，Activity的框架包含每一个基本的生命周期方法，如下列代码所示：

```
public class ExampleActivity extends Activity {
```

```java
@Override
public void onCreate(Bundle savedInstanceState) {
    //指示这个Activity正在被创建
    super.onCreate(savedInstanceState);
    //完成一些任务
}

@Override
protected void onStart() {
    //这个Activity正在变为可见
    super.onStart();
    //完成一些任务
}

@Override
protected void onResume() {
    // 这个Activity已经变为可见
    //(现在是resumed状态)
    super.onResume();
    //完成一些任务
}

@Override
protected void onPause() {
    //另一个Activity获得焦点而且当前的Activity失去焦点。
    //也就是当前Activity被另一个Activity部分或者全部覆盖
    //当前Activity失去焦点的时候调用
    // (这个Activity现在处于paused状态)
    super.onPause();
    //完成一些任务
}

@Override
protected void onStop() {
    //这个Activity不再可见的时候调用
    //(当前的Activity处于stopped状态)
    super.onStop();
    //完成一些任务
}

@Override
protected void onDestroy() {
    //这个Activity已经被销毁
    super.onDestroy();
    //完成一些任务
}
}
```

建议 通常，在实现这些生命周期方法时，必须先调用超类的实现（也就是调用super.XXX）。综上所述，以上这些方法定义了Activity的整个生命周期。通过实现这些方法，我们就能监视Activity生命周期中的3个嵌套循环，具体如下所示。

- Activity 的整个生命周期发生在调用 onCreate()和调用 onDestroy()之间。在 onCreate()中，Activity 应该设置"全局"状态（比如定义布局），并且在 onDestroy() 中释放其余资源。例如，如果 Activity 有一个后台运行的线程从网络上下载数据，那么它应该在 onCreate()中创建这个线程，并且在 onDestory()中停止该线程。
- Activity 的可见生命周期发生在调用 onStart()和调用 onStop()之间。在这个过程中，用户可以看到这个 Activity 在屏幕中并且可以与之交互。例如，当一个新 Activity 启动并且前一个 Activity 不再可见的时候，onStop()就被调用了。在这两个方法之间，可以维护需要显示给用户的 Activity 资源。例如，可以在 onStart()方法中注册一个广播接收器去监视影响 UI 的变化，当用户看不到显示的东西时，则在 onStop()中注销它。在 Activity 的整个生命周期中，当 Activity 在可见和隐藏之间切换时，系统就会多次调用 onStart()和 onStop()方法。
- Activity 的前台生命周期发生在调用 onResume()和调用 onPause()之间。需要说明的是，在这期间，Activity 在屏幕中所有其他 Activity 的前面并且拥有用户焦点。一般情况下，Activity 可以被频繁转换。例如，当设备休眠或者显示一个对话框时，onPause()就被调用。

对于以上的知识，为了方便读者理解并理顺它们之间的内在关系，我们用一张图来直观地描述，如图4-2所示。

表4-1描述了在Activity的整个生命周期里定位的每一个回调方法及其细节，以及回调方法完成后系统是否可以停止这个Activity等。

表4-1 Activity生命周期的行为

方法	描述	调用后是否可以被杀掉	下一步操作
onCreate()	当Activity第一次被创建时调用。此处可以做所有的一般静态设置，比如创建视图、绑定列表数据等。 如果状态被捕获，并且此状态存在的话，这个方法传递一个包含这个Activity的前状态的Bundle对象	否	onStart()
onRestart()	Activity被停止以后、再次启动之前调用	否	onStart()
onStart()	在Activity对用户可见之前被调用。 如果这个Activity来到前台，那么下一步操作是调用OnResume()。 如果被隐藏，则下一步操作是调用onStop()	否	onResume() 或者onStop()
onResume()	在Activity开始与用户交互之前被调用。在这里，该Activity位于Activity栈顶，开始与用户交互。 需要注意的是，此时当前的Activity处于resumed状态，这个状态下Activity是可见的	否	onPause()
onPause()	当系统正在恢复另一个Activity的时候被调用。这个方法通常用于提交未保存的数据、停止动画以及可能消耗CPU的事情等。这些应高效地完成，因为下一个Activity在这个方法没有返回之前不会被运行。 如果Activity回到前台，则下一步操作为调用onResume()。如果Activity变得不可见，则调用onStop()	是	onResume() 或者 onStop()

（续）

方法	描述	调用后是否可以被杀掉	下一步操作
onStop()	当Activity对用户不再可见的时候调用。这会发生，是因为它正在被销毁或者另一个Activity（可以是已经存在的或者新的）被运行并且覆盖了它。 如果Activity恢复与用户交互，则下一步操作是调用onRestart()。如果这个Activity消失，则调用onDestroy()	是	onRestart() 或者 onDestroy()
onDestroy()	该Activity被销毁之前调用。这是Activity收到的最终调用。它可以是因为Activity正在结束（调用finish()），或者是因为系统为保护空间而临时销毁这个Activity的实例而调用。可以通过isFinishing()方法区分这两种情况	是	无

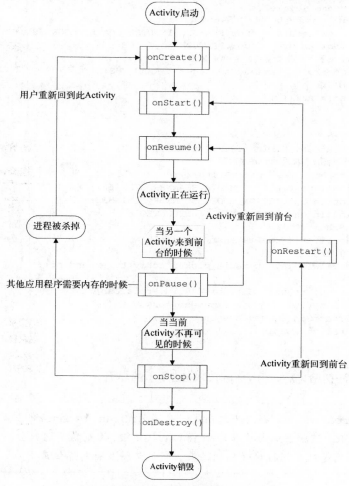

图4-2　Activity生命周期的演化过程

4.3.3 回调方法在音乐播放器中的应用

对于音乐播放器,它同样实现了这些生命周期回调接口。音乐播放器的第一个界面实现了onCreate()、onResume()、onPause()和onDestroy()(代码位置:/packages/apps/Music/src/com/android/music/ArtistAlbumBrowserActivity.java),下面简要介绍这4种方法。

1. 创建Activity的回调接口——`onCreate()`

根据前面的介绍,我们知道在onCreate()回调接口中应该做一些静态设置,比如这里设置了窗口细节和声音类型等,如下列代码所示:

```
@Override
public void onCreate(Bundle icicle) {
    //首先调用基类的onCreate()方法,这是惯例
    super.onCreate(icicle);
    //设置窗口细节:指示进度并且设置界面没有标题栏
    requestWindowFeature(Window.FEATURE_INDETERMINATE_PROGRESS);
    requestWindowFeature(Window.FEATURE_NO_TITLE);
    //将声音类型设置为媒体音量(STREAM_MUSIC)
    setVolumeControlStream(AudioManager.STREAM_MUSIC);
    //处理前面的状态
    if (icicle != null) {
        ......
    }
    //绑定播放服务
    mToken = MusicUtils.bindToService(this, this);
    //注册用于监听SD卡状态的广播接收器
    IntentFilter f = new IntentFilter();
    f.addAction(Intent.ACTION_MEDIA_SCANNER_STARTED);
    f.addAction(Intent.ACTION_MEDIA_SCANNER_FINISHED);
    f.addAction(Intent.ACTION_MEDIA_UNMOUNTED);
    f.addDataScheme("file");
    registerReceiver(mScanListener, f);
    //设置界面布局
    setContentView(R.layout.media_picker_activity_expanding);
    //初始化控件
    MusicUtils.updateButtonBar(this, R.id.artisttab);
    ExpandableListView lv = getExpandableListView();
    lv.setOnCreateContextMenuListener(this);
    lv.setTextFilterEnabled(true);
    ......
}
```

经过如此的方法初始化后,就会得到如图4-3所示的界面。

> **注意** 我们在onCreate()回调接口中注册了一个名为mScanListener的接收器,用于监听SD卡的状态变化。这就意味着除非这个Activity被销毁,否则监听器就会一直处于侦听状态。这样做的作用是从应用程序开始到结束,我们都将及时与媒体库同步。

4.3 管理 Activity 的生命周期

图4-3 音乐播放器正在调整当前的声音类型

2. Activity进入resumed状态的回调接口——**onResume()**

首先,来看一下相关的代码,具体如下所示:

```
@Override
public void onResume() {
    //首先,需要调用超类的onResume()方法,这是惯例
    super.onResume();
    //注册用于监听META_CHANGED、QUEUE_CHANGED广播的接收器,它们与当前播放相关
    IntentFilter f = new IntentFilter();
    f.addAction(MediaPlaybackService.META_CHANGED);
    f.addAction(MediaPlaybackService.QUEUE_CHANGED);
    registerReceiver(mTrackListListener, f);
    mTrackListListener.onReceive(null, null);

    MusicUtils.setSpinnerState(this);
}
```

此处,音乐播放器的Activity在与用户交互之前做了一些初始化工作,其中包括两个重要工作:一个是注册用于监听META_CHANGED、QUEUE_CHANGED广播的接收器,它们与当前播放相关;而另一个则是根据SD卡的状态来显示不同的界面形态,如果正在扫描SD卡,则显示一个进度条,否则就停止显示进度条。

3. Activity失去用户焦点（被其他界面完全或者部分覆盖时）的回调接口——onPause()

这个回调接口的代码如下所示：

```
@Override
public void onPause() {
    unregisterReceiver(mTrackListListener);
    mReScanHandler.removeCallbacksAndMessages(null);
    super.onPause();
}
```

这里出现了一个比较特殊的情况，即super.onPause()滞后调用，这样做的目的是要确保一些事件被正确执行。要保证mTrackListListener监听器正确注销，所有消息均要被正确移除。

一般来说，我们在onPause()中所做的事情应该与onResume()中做的事情相对应。比如，在onResume()中注册了一个广播接收器（registerReceiver(mTrackListListener, f);），那么之后就应该在onPause()中注销掉这个广播接收器（unregisterReceiver(mTrackListListener);）。

4. Activity被销毁时的回调接口——onDestroy()

最后介绍的是被销毁时的回调接口，具体如下列代码所示：

```
@Override
public void onDestroy() {
    ExpandableListView lv = getExpandableListView();
    if (lv != null) {
        mLastListPosCourse = lv.getFirstVisiblePosition();
        View cv = lv.getChildAt(0);
        if (cv != null) {
            mLastListPosFine = cv.getTop();
        }
    }

    MusicUtils.unbindFromService(mToken);
    if (!mAdapterSent && mAdapter != null) {
        mAdapter.changeCursor(null);
    }
    setListAdapter(null);
    mAdapter = null;
    unregisterReceiver(mScanListener);
    setListAdapter(null);
    super.onDestroy();
}
```

一般来说，销毁（onDestroy()）的工作应当与创建（onCreate()）的工作相对应。这里也是这样完成的，主要完成与服务解绑（MusicUtils.unbindFromService(mToken)）以及注销广播接收器（unregisterReceiver(mScanListener)）等工作。

注意　并非所有的回调接口都是必须实现的，这与软件需求以及程序员的编程习惯相关，但我们还是建议尽可能多地使用这些回调接口。

4.4 保存和协调 Activity

在 Activity 切换状态的时候，可能需要保存一些中间状态，比如控件的选择状态等，以便当它重新被显示出来时仍可以恢复到之前退出时的状态。

4.4.1 保存 Activity 状态

当一个 Activity 被暂停或者停止的时候，它的状态被保留。因为当它被暂停或者停止的时候，Activity 对象仍然驻留在内存中——所有有关它的成员变量和当前状态的信息仍然存在，因此，所有用户导致的 Activity 的变化就被保留在内存中。而当这个 Activity 返回到前台时（当它被恢复时），这些变化仍然在内存中。

然而，当系统为恢复内存而销毁一个 Activity 时，这个 Activity 对象也就被销毁了，此时系统就不能简单地恢复它并持有它的完整状态。取而代之的是，如果用户再次导航到这里，系统就必须重新创建这个 Activity 对象，但是用户不知道系统已经销毁了该 Activity 而现在又重新创建了它，因此，用户可能认为这个 Activity 就是之前的那个 Activity。在这种情况下，我们可以通过实现一个附加的允许保存我们的 Activity 状态信息的回调方法，而将关于 Activity 状态的重要信息保留下来，然后当系统重新创建这个 Activity 的时候，再去重新存储它。

保存 Activity 当前状态信息的回调方法是 onSaveInstanceState()。系统在 Activity 被销毁之前调用此方法，并再传一个 Bundle 对象。这个 Bundle 对象可以存储 Activity 状态（以名称–值对的形式）信息，可以使用像 putString() 之类的方法。那么，如果系统停止掉 Activity 进程，并且用户又重新启动该 Activity，那么系统进程会将这个 Bundle 对象传给 onCreate()，这样就可以恢复 onSaveInstanceState() 中保存的 Activity 状态了。如果没有需要恢复的状态信息，那么传给 onCreate() 的 Bundle 对象则是 null。

> **注意** 因为保存应用程序状态不是必要的行为，所以不能确保 onSaveInstanceState() 在 Activity 被销毁之前调用（例如当用户因为明确关闭而使用 BACK 键离开该 Activity 时）。如果这个方法被调用，那么它将总是在 onStop() 并有可能在 onPause() 之前调用。

虽然如此，但即使你没有实现 onSaveInstanceState() 方法，也还是有一些 Activity 的状态通过 Activity 类默认实现的 onSaveInstanceState() 方法恢复。特别是，默认实现会为布局中的每一个视图调用 onSaveInstanceState()，允许每一个视图提供它们自己要保存的信息。几乎每个 Android 框架中的部件都会适当地实现这个方法。这样一来，当 Activity 被重新创建的时候，任何一个对于 UI 可见的变化都被自动保存和恢复。例如，EditText 控件保存用户输入的所有文本，CheckBox 控件保存它是否被选择。而我们需要做的只是为所有想要保存状态的控件提供一个唯一的 ID（借助 android:id 属性）。

尽管 onSaveInstanceState() 的默认实现会保存关于 Activity UI 的有用信息，但是我们可能仍然需要重写它以便保存额外的信息。例如，我们可能需要保存在整个 Activity 生命周期中变化的成员的值。由于默认实现的onSaveInstanceState()帮助保存UI的状态,所以如果重写这个方法是为了保存附加信息,那就应该在做任何工作之前先调用超类的onSaveInstanceState()方法。

> **注意** 因为我们不能保证onSaveInstanceState()会被调用,所以使用它只可以记录Activity的瞬间状态,而不能用来保存持久数据。相反,当用户离开这个Activity时,应该用onPause()去保存持久数据(例如那些应该保存到数据库中的数据)。

图4-4直观展现了Android是如何保存这些状态的。

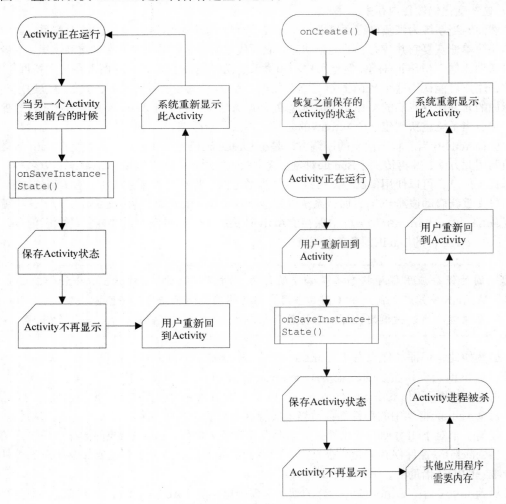

图4-4 Android保存这些状态的流程示意图

对于Activity的状态，音乐播放器也做了相应的处理。接下来，我们就来介绍音乐播放器中的ArtistAlbumBrowserActivity（用于显示音乐相关信息的界面）是如何实现这些用于保存状态的接口的，其中涉及的方法主要是onSaveInstanceState()，具体如下列代码所示：

```
@Override
public void onSaveInstanceState(Bundle outcicle) {
    outcicle.putString("selectedalbum", mCurrentAlbumId);
    outcicle.putString("selectedalbumname", mCurrentAlbumName);
    outcicle.putString("selectedartist", mCurrentArtistId);
    outcicle.putString("selectedartistname", mCurrentArtistName);
    super.onSaveInstanceState(outcicle);
}
```

在上述代码中，ArtistAlbumBrowserActivity只实现了一个onSaveInstanceState()接口，用它来保存用户当前选择的一些歌曲或者专辑信息，这样做是为了保证Activity在创建时能够回到用户之前选择的状态。对于这些已经保存的状态，ArtistAlbumBrowserActivity是怎样使用的呢？具体如下面的代码所示：

```
@Override
public void onCreate(Bundle icicle) {
    super.onCreate(icicle);
    ......
    if (icicle != null) {
        mCurrentAlbumId = icicle.getString("selectedalbum");
        mCurrentAlbumName = icicle.getString("selectedalbumname");
        mCurrentArtistId = icicle.getString("selectedartist");
        mCurrentArtistName = icicle.getString("selectedartistname");
    }
    ......
}
```

这样一来，当界面被重新创建的时候，Activity仍然能找到用户最后操作的歌曲或专辑信息。需要注意的是，由于我们不能保证是否存在保存的状态，因此需要一个判断来鉴别if (icicle != null)。

4.4.2 协调Activity

当一个Activity启动另一个Activity的时候，它们都会经历各自生命周期的改变。第一个Activity被暂停或停止（如果它仍然可见，就不会被停止）时，另一个Activity被创建，而这些Activity共享的数据被保存到磁盘或别的地方。

生命周期回调的顺序要很好地定义，尤其是当两个Activity在同一个过程中并且一个正在启动另一个的时候。下面给出了Activity A启动Activity B的顺序。

第一，Activity A 执行onPause()方法。

第二，Activity B 顺序执行onCreate()、onStart()和onResume()方法（Activity B现在获得用户焦点）。

第三，如果Activity A在屏幕中不再可见，则它的onStop()方法就会被执行。

这个生命周期回调的序列允许我们管理从一个Activity到另一个Activity转变的信息。例如，假如必须要写数据库，则当第一个Activity停止的时候，那么紧跟着的Activity就可以读取那个停止了的Activity，这样的话，我们就应该在onPause()中而不是在onStop()中写数据库。

4.5 解读关于生命周期的一个实例

在本节中，我们将通过解读一个简单的实例来说明生命周期回调接口的调用场景。

这个实例非常简单，它包含两个Activity，它们都实现了所有的生命周期回调接口，并且还实现了相关的Activity状态保存与状态恢复的回调方法。此外，我们还可以从一个Activity导航到另一个Activity上。具体的操作步骤如下所示。

(1) 创建一个名为"ActivityLifeDemo"的工程，包名为"cn.turing.lifedemo"。创建完成后，我们就在原有的基础上添加了一个新类ActivityLifeDemo2，它继承自Activity类，如图4-5所示。

图4-5 创建一个工程

此时Android工程中就拥有两个Java代码文件，它们分别是ActivityLifeDemoActivity.java和ActivityLifeDemo2.java。现在，这两个代码都实现了上面提到的各个回调方法，并在各个方法中添加日志。添加日志的方法如下所示：

```
android.util.Log.e(TAG, message);
```

(2) 将新增的类ActivityLifeDemo2声明到AndroidManifest.xml文件中去，这一步非常重要。如果没有这一步，就无法启动ActivityLifeDemo2。声明代码如下所示：

```xml
<activity android:name="ActivityLifeDemo2"></activity>
```

在AndroidManifest.xml中声明一个Activity有相当多的讲究，这里只是简单配置上去，从而使得我们的Activity可以正常启动。

再者，为了实现从ActivityLifeDemoActivity上启动ActivityLifeDemo2，我们需要在默认的布局文件（res/layout/main.xml）中添加一个按钮，并实现它的单击事件。在该事件中，启动ActivityLifeDemo2。修改后的布局代码如下所示：

```xml
<?xml version="1.0" encoding="utf-8"?>
<LinearLayout xmlns:android="http://schemas.android.com/apk/res/android"
    android:layout_width="fill_parent"
    android:layout_height="fill_parent"
    android:orientation="vertical" >
    <TextView
        android:layout_width="fill_parent"
        android:layout_height="wrap_content"
        android:text="@string/hello" />
    <Button android:id="@+id/main_button"
        android:layout_width="fill_parent"
        android:layout_height="wrap_content"
        android:text="To ActivityLifeDemo2"/>
</LinearLayout>
```

修改后的ActivityLifeDemoActivity的onCreate()方法如下所示：

```java
@Override
public void onCreate(Bundle savedInstanceState) {
    super.onCreate(savedInstanceState);
    android.util.Log.e("ActivityLifeDemoActivity",
        "ActivityLifeDemoActivity::onCreate()");
    setContentView(R.layout.main);
    Button btn = (Button)findViewById(R.id.main_button);
    btn.setOnClickListener(new View.OnClickListener(){
        @Override
        public void onClick(View v) {
            //TODO Auto-generated method stub
            startActivity(new Intent(ActivityLifeDemoActivity.this,
                ActivityLifeDemo2.class));
        }
    });
}
```

(3) 编译并运行工程，注意观察日志。等到应用程序展现出来的时候，就可以观察到如图4-6

所示的日志输出。

Level	Time	PID	Application	Tag	Text
E	03-11 15:52:14.054	12138		ActivityLifeDemoActivity	ActivityLifeDemoActivity::onCreate()
E	03-11 15:52:14.077	12138		ActivityLifeDemoActivity	ActivityLifeDemoActivity::onStart()
E	03-11 15:52:14.085	12138		ActivityLifeDemoActivity	ActivityLifeDemoActivity::onResume()

图4-6 日志输出

出现这样的界面就说明，一个Activity从启动到展示完成经历了从onCreate()到onStart()，再到onResume的3个阶段。

(4) 单击"导航"按钮，启动ActivityLifeDemo2，看看有什么样的日志输出，如图4-7所示。

Level	Time	PID	Application	Tag	Text
E	03-11 15:53:00.827	12138		ActivityLifeDemoActivity	ActivityLifeDemoActivity::onPause()
E	03-11 15:53:00.851	12138		ActivityLifeDemo2	ActivityLifeDemo2::onCreate()
E	03-11 15:53:00.851	12138		ActivityLifeDemo2	ActivityLifeDemo2::onStart()
E	03-11 15:53:00.851	12138		ActivityLifeDemo2	ActivityLifeDemo2::onResume()
E	03-11 15:53:01.351	12138		ActivityLifeDemoActivity	ActivityLifeDemoActivity::onSaveInstanceState()
E	03-11 15:53:01.351	12138		ActivityLifeDemoActivity	ActivityLifeDemoActivity::onStop()

图4-7 启动另一个Activity的日志输出

此时，ActivityLifeDemo2就呈现出来了，而原来的ActivityLifeDemoActivity则被ActivityLifeDemo2覆盖掉而不再拥有用户焦点。因此，可得出下面的3个结论。

- ActivityLifeDemoActivity的onPause()方法被调用。
- ActivityLifeDemo2将会经历与ActivityLifeDemoActivity一样的显示过程。
- 当完成ActivityLifeDemo2的展现后，ActivityLifeDemoActivity保存的回调接口（onSaveInstanceState()）就被调用。接着还会调用ActivityLifeDemoActivity的onStop()方法。

(5) 按BACK键返回到原来的Activity，看看会发生什么？如图4-8所示。

Level	Time	PID	Application	Tag	Text
E	03-11 15:59:47.577	12138		ActivityLifeDemo2	ActivityLifeDemo2::onPause()
E	03-11 15:59:47.585	12138		ActivityLifeDemoActivity	ActivityLifeDemoActivity::onStart()
E	03-11 15:59:47.585	12138		ActivityLifeDemoActivity	ActivityLifeDemoActivity::onResume()
E	03-11 15:59:48.140	12138		ActivityLifeDemo2	ActivityLifeDemo2::onStop()
E	03-11 15:59:48.140	12138		ActivityLifeDemo2	ActivityLifeDemo2::onDestroy()

图4-8 通过BACK键结束当前Activity

从图4-8所示的界面中可以看到，发生了下面的4件事情。

- ActivityLifeDemo2的onPause()方法被调用，指示它即将被暂停。
- 由于ActivityLifeDemoActivity是曾经被创建的Activity，因此这里只调用了它的onStart()以及onResume()方法来完成Activity的重新展示。
- ActivityLifeDemo2完成了生命周期而被销毁。在这个过程中，它经历了停止和销毁两个生命周期。这也就意味着当需要它重新显示的时候，只能重新从创建开始了。
- 如果此时再次按下BACK键，则ActivityLifeDemoActivity也将被销毁。同样，它的onStop()以及onDestroy()也会被依次调用。

4.6 `<activity>`节点的属性

前面我们学习了如何声明Activity，那么Activity节点有哪些重要属性？这些属性应该如何使用呢？这些问题我们将在下面的介绍中找到答案。

4.6.1 `android:allowTaskReparenting`

`android:allowTaskReparenting`是一个任务调整属性，它表明当这个任务重新被送到前台时，该应用程序所定义的Activity是否可以从被启动的任务中转移到有相同亲和力的任务中。

有些读者会有疑问了，第3章中提过这个属性，怎么这里又提了？对，这里还要再提一次。它与`<application>`的`android:allowTaskReparenting`属性重叠，因此当为正在配置的Activity提供该属性的时候，它的默认值首先来自`<application>`节点。如果`<application>`节点上没有配置该属性的时候，则`false`就是它的默认值。

现在回到最初的实例，看看音乐播放器的AndroidManifest.xml文件（参见3.1节）。此时，我们发现，它把这个属性配置到了`<application>`节点上，而其下的每一个Activity都没有提供该属性，那么`<application>`上的值将会应用到每一个`<activity>`节点上。也就是说，音乐播放器的每一个Activity都可以做任务调整。

通常，当一个Activity启动的时候，Activity管理服务就会为这个Activity生成一个任务并将此Activity与之相关联。在一个任务中可能存在多个Activity，它们按照一定顺序排列在这个任务中，我们可以使用这个属性来强制它重新成为此任务的顶层Activity。在当前的任务不再显示时（也就是说，与此Activity相关联的任务不在前台显示的时候），可以使用这个特性来强制Activity转移到与之有亲和力的任务（`taskAffinity`属性定义的任务）中。典型的用法是把一个应用程序的Activity移到另一个应用程序的主任务中。

例如，如果我们收到的一条短信（MMS应用程序）中包含一个电话号码文本，此时可以单击电话号码来启动拨号的快捷界面。但是，这个拨号界面是联系人应用程序的一个Activity，在这个场景下，它可能作为MMS应用程序启动的任务中的一个Activity，并位于该任务的顶层。如果它重新定位到联系人的任务中，则我们重新启动短信任务的时候就看不到这个拨号界面了。

Activity的亲和力是由`taskAffinity`属性定义的，Task的亲和力是通过读取当前任务根Activity的亲和力决定的。因此，根据定义，根Activity总是位于相同亲和力的任务里。由于在某些需求的要求下，一些Activity的启动模式（由`launchModel`属性定义）为`singleTask`和`singleInstance`，此类Activity只能位于任务的底部，因此，想要使用`allowTaskReparenting`属性来调整Activity所属的任务，则启动模式只能限于"standard"和"singleTop"这两种模式。

4.6.2 `android:alwaysRetainTaskState`

该属性表明该Activity所在任务的状态是否由系统保存，如果是，则其值为`true`，如果配置为`false`，则表示在一定情况下Android将以初始状态启动该任务。该属性的默认值是`false`。需要注意的是，该属性仅对任务的根Activity起作用，其他的所有Activity都会被忽略。

当用户重新选择显示该任务的时候，系统在通常情况下将会清理掉任务中除了根Activity外的其他Activity。这种通常情况是指用户在一定时间限制内未对该任务进行操作，例如30分钟内。反之如果该属性配置为true时，系统总会以任务的最后状态来显示该任务，而不管用户是如何返回的。

4.6.3 android:clearTaskOnLaunch

该属性表明，除了任务中的根Activity，其他所有Activity是否都将从任务中移除。如果想要在启动时只保留根Activity，则设置这个属性的值为true，否则为false。这个属性的默认值是false。该属性仅对启动一个新任务的根Activity有意义。当配置为true时，每当用户再次启动任务时，则总是由任务的根Activity来处理请求。

如果该属性和allowTaskReparenting都是true，则可重新成为父任务的任何Activity就要被移动到具有相同亲和力的任务上，接着保留的Activity就被销毁。

4.6.4 android:configChanges

在某些设备配置（比如屏幕方向、字体大小、网络类型等）发生变化的时候，Activity将会被重新启动以适配新的配置，这是系统的行为。而Android同样为应用程序提供了一种阻止这种行为发生的手段，如果你不想因为某种配置变化而发生Activity重启，则可以通过配置这个属性并选择你想要阻止的配置。如果你配置完毕并选择了你关注的配置，则当这些配置发生改变的时候Activity不会重启，而是通过onConfigurationChanged()回调方法通知应用程序这些配置发生了变化。

注意，如非必要，应避免使用该属性。

表4-2列出了该属性的有效值。要设置多个值的时候，用"|"分隔开即可，例如keyboard|navigation|orientation。

表4-2 configChanges的取值

值	描述
mcc	IMSI移动国家代码改变——SIM中的MCC信息被更新
mnc	IMSI移动网络代码——SIM中的MNC信息被更新
locale	语言环境已改变——用户通过设置功能选择了一种新语言触屏发生变化
touchscreen	触屏发生变化
keyboard	键盘类型已改变——例如，用户接入了一个外部键盘
keyboardHidden	键盘可见性已改变
screenLayout	屏幕布局已改变
fontScale	字体缩放因素已改变——用户通过设置模块选择了新的字体大小
uiMode	用户界面模式已改变——在用户将设备放到底座上的时候，或者夜间模式改变的时候，就会引起用户界面模式改变
Orientation	屏幕方向已改变——用户翻转了设备
	注意，如果应用程序是定位于API Level 13或者更高（由minSdkVersion和targetSdkVersion属性声明），则也应声明screenSize配置，因为当设备在横向和纵向之间转换时，它也会改变

（续）

值	描述
`screenSize`	当前可用的屏幕尺寸已改变。这表明在当前可用的尺寸中的变化，关系到当前的长宽比。当用户在横向和纵向间转换时，也会发生这种情况。但是，如果应用程序定位于API Level 12或者更低时，那么Activity将总是自行处理该配置
`smallestScreenSize`	物理屏幕尺寸已改变。这表明在尺寸上的改变，不管方向如何，也只在实际的物理屏幕尺寸改变（如转换到外部显示）时才会改变。对该配置的修改响应了`smallestWidth`配置中的一个改变。但是，如果应用程序定位于API Level 12或者更低，则Activity总是自行处理对该配置的修改

所有这些配置的改变都能影响到应用程序对资源文件的选择。所以，当`onConfiguration-Changed()`被调用时，通常需要重新获取所有的资源（包括视图布局和图片等），以便正确地处理这些改变。

需要注意的是，如果我们没有实现`onConfigurationChanged()`回调，那么该Activity就会被销毁并重新创建。

4.6.5 `android:enabled`

一般来说，每个Activity由Android框架负责实例化，但你可以通过配置该属性来限制系统的这种行为。该属性表示Activity是否能被系统实例化，为`true`表示由系统实例化，否则为`false`。该属性的默认值是`true`。对于每一个Activity的子类，在它首次运行之前总要进行实例化，这个步骤是必需的。我们可以使用这个属性来控制Android框架实例化Activity的行为，但这样做是有风险的，所以不建议你这样做。

4.6.6 `android:excludeFromRecents`

Android框架为我们维护了一个名叫"最近运行"的应用程序列表，以方便进行应用程序切换。该属性表示是否应将Activity从最近运行的应用程序列表中排除，如果排除，则为`true`，否则为`false`。该属性的默认值为`false`。这个属性的前提是该Activity是某个任务的根Activity。

4.6.7 `android:exported`

该属性表示Activity是否可以由其他应用程序中的组件来启动，如果可以，则为`true`，否则为`false`。如果为`false`，则该Activity只能由同一应用程序的组件或者有同样用户ID的应用程序来启动。

值得注意的是，如果你试图从你的应用程序中启动其他应用程序组件，在没有使用该属性的情况下，你必须以新任务（newTask）的方式启动。

4.6.8 `android:finishOnTaskLaunch`

该属性是指不管何时，当用户再次启动Activity的任务时（在主页屏幕上选择该任务），是否应销毁（或者终止）这个Activity的实例，如果应销毁，则为true，否则为false。该属性的默认值是false。

4.6.9 android:hardwareAccelerated

该属性是指是否应为该Activity启用硬件加速，如果应启用，则为true，否则为false。默认值是false。

> **注意** 不是所有的OpenGL 2D操作都会被加速。如果启用硬件加速渲染器，则要测试你的应用程序以便确保它能使用渲染器而不会产生错误。

4.6.10 android:icon

它代表Activity的图标。在Activity被显示的时候，就用该图标显示给用户。例如，用于例示任务的Activity的图标，或者桌面上的图标。

该属性必须设置为图片资源的引用，如果没有设置，就使用<application>节点上的icon属性。

4.6.11 android:label

该属性是用于Activity的一个标签，通常是随Activity图标一起显示出来的。

如果没有设置该属性，则使用<application>节点上的label属性设置的值。

4.6.12 android:launchMode

这个属性描述了该Activity应被如何启动。在Intent对象中，与Activiy标志一起工作的模式有4种，分别是：standard、singleTop、singleTask和singleInstance。默认模式是standard。

如表4-3所示，模式有两类，一类是standard和singleTop，另一类是singleTask和singleInstance。有standard和singleTop启动模式的Activity可多次被实例化。

表4-3 与Activity标志一起工作的模式

使用的情况	启动模式	多个实例？	备注
通常启动模式	standard	是	默认。系统总是在目标任务中创建Activity的一个新实例并且将intent按顺序放入到实例中
	singleTop	有条件的	如果Activity的实例已经存在于目标任务的顶部，则系统通过调用onNewIntent()方法将intent发送到该实例上，而不是创建Activity的一个新实例

（续）

使用的情况	启动模式	多个实例？	备注
特殊启动模式	singleTask	否	系统在新任务的根上创建该Activity。如果已经存在实例，则系统通过调用onNewIntent()方法来将intent发送到该Activity上。它允许在这个Activity为根的任务中创建新的Activity
	singleInstance	否	和singleTask一样，除了系统不启动任何其他Activity到持有实例的任务上。Activity总是单个的，而且是其任务的唯一成员

相反，singleTask和singleInstance这两种模式下的Activity只能启动一个任务，它们一直待在Activity栈的根上。此外，设备一次只保存Activity的一个实例。

standard和singleTop模式只在一个方面上是不同的。在standard模式下，每次都会实例化一个Activity新实例来响应这个intent，每个实例处理一个intent。与此相似的是，singleTop模式下的Activity的新实例也可被创建来处理新的intent。但是，如果目标任务在其栈的顶部已经有Activity的一个实例，则会使用这个已经存在的Activity的实例来处理这个intent（回调onNewIntent()方法），而不会创建一个新实例。在其他情况下，如果singleTop模式下的Activity的一个已存在实例在目标任务中而非栈的顶部，或者如果它在栈的顶部而非目标任务中，就会创建一个新实例并将它压到Activity栈顶上。

singleTask和singleInstance模式也同样存在不同的启动特性。singleTask模式下的Activity允许其他Activity成为它的任务的一部分，它总是在自身任务的根上，但是其他Activity可以被启动到该任务中。另一方面，singleInstance模式下的Activity不允许其他Activity成为其任务的一部分，它是任务中唯一的Activity。如果它启动了另一个Activity，则该Activity就被分配到不同的任务上，好比FLAG_ACTIVITY_NEW_TASK在intent中一样。

4.6.13 android:multiprocess

该属性表示Activity的实例是否可以运行在启动它的组件所在的应用程序进程中，如果可以，则为true，否则为false。其默认值是false。

4.6.14 android:name

该属性表示Activity的类名，它是Activity的子类，其属性值应该是一个标准的Java类名（如com.turing.TempActivity）。我们也可以将其标识为类的简写，比如名称的首字符是一个点（例如.TempActivity），那么它就被追加<manifest>元素指定的包名，从而变成com.turing.TempActivity（假设包名为com.turing）。这点由系统完成，我们不需要关心这个过程的细节，但这个属性是必须配置的，并且不提供默认值。

4.6.15 android:noHistory

这个属性用于设置在用户离开该Activity，并且它在屏幕上不再可见的时候，是否应该从Activity的堆栈中删除。如果应删除，则为true，否则为false。默认值是false。

true意味着Activity将不会留下历史痕迹,它将不会为任务而在Activity栈中保留数据,所以用户将不能返回到Activity上。

4.6.16 `android:permission`

表示的是权限名称。如果`startActivity()`或者`startActivityForResult()`的调用者还没有被授予指定的权限,则启动失败。

如果该属性没有设置,则`<application>`元素的`permission`属性设置的权限就应用到Activity中。如果这两个属性都没有设置,则Activity就不会被权限保护。

4.6.17 `android:process`

该属性表示该Activity运行的进程名称。通常,应用程序的所有组件在为应用程序而创建的默认进程中运行。`<application>`元素的`process`属性可以为所有组件设置一个不同的进程,但是每个组件可以覆盖这个属性的值,这样就实现了将应用程序部署在多个进程间。

如果分配到该属性的名称是以冒号(:)开头,则在需要新进程并且Activity在该进程中运行的时候,就会创建一个对于应用程序私有的新进程。

4.6.18 `android:screenOrientation`

该属性表示Activity显示的方向(比如横屏、竖屏),它的值可以是表4-4中任意一个字符串。

表4-4 `android:screenOrientation`取值说明

取值	说明
unspecified	默认值,根据重力感应来选择方向
user	用户当前偏好的方向
behind	和Activity相同的方向
landscape	横向
portrait	纵向
reverseLandscape	与正常横向相反方向的横向
reversePortrait	与正常纵向相反方向的纵向
sensorLandscape	只能是横向,但是可以根据重力感应来决定是正常的还是反转的横向
sensorPortrait	只能是纵向,但是可以根据重力感应来决定是正常的或者反转的纵向
sensor	方向由设备方向感应来确定。显示的方向取决于用户是如何持有设备的;在用户翻转设备时,方向发生改变。有些设备在默认情况下不会翻转到所有4个可能的方向。要允许可翻转到所有4个方向,可以使用fullSensor
fullSensor	方向由设备方向感应为4个方向中的任意一个而确定
nosensor	无感应模式

4.6.19 `android:stateNotNeeded`

该属性表明Activity是否能被终止以及是否能在还没有保存其状态的情况下成功重启。如果Activity可以在不需要引用到之前状态的情况下就能被重启,则该属性为`true`;如果需要引用到之前状态才能被重启，则为 false。默认值是 false。

通常，在暂时关闭Activity之前，我们要调用onSaveInstanceState()方法来保存当前Activity的状态。该方法在Bundle对象中存储Activity的当前状态，该对象在重启Activity时将会以参数的方式传给onCreate()方法。如果该属性被设置为true，则onSaveInstanceState()就不会被调用，并且onCreate()会被传递null，这和Activity首次启动时所做的工作一样。

4.6.20 android:taskAffinity

该属性指明对该Activity有亲和力的任务。有同样亲和力的Activity在概念上属于同一任务（默认情况下是应用程序所定义的任务）。任务的亲和力是由其根Activity的亲和力所决定的。

4.6.21 android:theme

该属性是指为Activity定义一个整体主题的风格资源的引用。所谓的风格包括字体种类、整体样式等。使用该属性可以使得我们的Activity在整体上更为统一、美观。

如果没有设置该属性，则Activity继承将应用程序作为一个整体而设置的主题，具体可见<application>元素的theme属性。如果theme属性也没有设置，则使用默认系统主题。

4.6.22 android:windowSoftInputMode

该属性表示Activity的主窗口如何与包含屏幕软键盘的窗口交互。设置该属性将影响两件事。
- 软键盘的状态。当Activity获取输入焦点时，是否隐藏软键盘。
- 对Activity主窗口的调整。该窗口是否被调整得更小一些来为软键盘腾出空间，或者它的内容是否被移动以便在部分窗口被软键盘覆盖时，使得当前焦点可见。

该属性或者是表4-5中的一个值，或者是state...值和adjust...值的组合。如果是多个值的组合，则使用竖杠（|）将其分隔开，例如：

<activityandroid:windowSoftInputMode="stateVisible|adjustResize" ... >

这里设置的值（stateVisible和adjustResize）覆盖了设置在主题中的值。

表4-5 android:windowSoftInputMode取值说明

值	描述
stateUnspecified	没有指定软键盘（是否隐藏或者可见）的状态。系统将选择一个合适的状态或者依赖主题中的定义来设置。这对于软键盘的行为是默认设置
stateUnchanged	软键盘保持在它最后存在的任何状态中
stateHidden	在用户选择Activity时，软键盘是隐藏的
stateAlwaysHidden	当Activity有输入焦点时（比如编辑框获得焦点的时候），软键盘总是隐藏的
stateVisible	当用户进入到Activity的主窗口时，软键盘是可见的
stateAlwaysVisible	当用户选择Activity时，软键盘可见
adjustUnspecified	Activity的主窗口是否调整尺寸来为软键盘腾出空间
adjustResize	Activity的主窗口总是被调整来为屏幕上的软键盘腾出空间
adjustPan	Activity的主窗口不会被调整来为屏幕上的软键盘腾出空间

第 5 章 我会默默地为你服务——service

如果说Activity通常都会提供一个用户界面（UI）的话，那么服务则不会提供任何用户界面。尽管如此，服务的作用仍然非常重要，它为我们提供了一种类似守护线程的手段来维持一些希望在退出以后仍然能持续运行的程序。

5.1 服务

既然服务的作用如此重要，那么从本节起我们就来介绍服务的详细情况以及如何使用和声明应用程序的服务。

5.1.1 何为服务

服务是一个应用程序组件，它在后台执行运行时间比较长的操作，不提供用户界面。它可以被其他应用程序组件启动或停止，并且当用户切换到另一个应用程序时，它仍然在后台持续运行。另外，组件可以绑定到服务来与之交互甚至执行IPC（进程间通信）。例如，服务可以处理网络事务、播放音乐、执行文件I/O，或者与内容提供者交互，所有这些都在后台完成。

5.1.2 服务可采用的方法

一般情况下，服务主要有两种形式：被启动（started）和被绑定（bound）。在这两种方式下，服务将呈现不同的特性，下面简要介绍这两种形式的服务。

1. 被启动方式

当应用程序组件（例如Activity）通过startService()方法启动时，服务是被启动的。一旦启动，服务可以在后台无限期运行，甚至在那个启动它的组件被销毁时。通常，一个启动的服务执行一个单一操作并且不返回结果。例如，可以使用服务在后台播放一段音乐，当播放完成时，服务会自己停止。在没有特别编制代码通知启动服务组件的情况下，该组件无法知道服务的处理进度。

2. 被绑定方式

当一个应用程序组件通过调用bindService()方法绑定服务时，服务是被绑定的。一个绑定的服务会提供一个服务接口，允许组件与服务交互、发送请求、获得结果以及通过带有IPC的方式完成一些任务。只有在其他应用的组件绑定到这个服务时，这个绑定服务才会运行。多个组件可以马上绑定到这个服务，但是当所有组件都绑定的时候，这个服务就会被销毁。

无论应用程序是否被启动、被绑定或者是两者均有，应用程序组件均可以组件使用Activity的相同方式——使用Intent启动它，使用这个服务（甚至来自另外的应用程序）。然而，我们还可以定义一个私有的服务，阻止其他应用程序访问。

> **注意** 服务运行在其宿主进程的主线程中——这个服务不会创建它自己的线程，也不会在另外的进程中运行（除非特别指定）。这意味着，如果服务要做任何CPU密集的工作或者阻止操作（例如MP3回放或者上网），我们都应该在服务中创建一个新线程去做这些事情。通过使用另外一个线程减少ANR的风险，并且这个应用程序的主线程依然可以专门为用户和Activity交互服务。

5.1.3 `<service>`节点的属性

`<service>`节点的属性有很多，比如android:enabled、android:exported、android:icon、android:label、android:name、android:permission和android:process，下面我们简单介绍一下这些属性。

1. `android:enabled`

该属性表示服务是否能由系统来实例化，如果可以，则为true，否则为false。默认值是true。

2. `android:exported`

该属性表明其他应用程序的组件是否可调用服务或者与之交互，如果可以，则为true，否则为false。当其值为false时，则只有同一个应用程序的组件或者有相同用户ID的应用程序可以启动服务或者绑定到该服务上。在这点上，此属性的意义和应用在Activity上的一致。

3. `android:icon`

该属性表示代表服务的图标，它必须设置为图片资源的引用。如果没有设置，则使用指定于应用程序的图标。

4. `android:label`

该属性表示用于显示给用户的服务的名字。如果该属性没有设置，则使用设置为应用程序一体的标签。

标签应当设置成字符串资源的引用，这样它就能像用户界面中的其他字符一样被本地化。

5. `android:name`

该属性表示的是实现服务的Service子类名，这应是一个完全合格的名字（如com.turing.

TempService)。我们也可以标识为类的简写，如果名称的首字符是一个点（例如.TempService），那么它会被追加<manifest>元素、指定的包名而变成com.turing.TempActivity（假设包名为com.turing）。这点由系统完成，我们不需要关心这个过程的细节。

6. android:permission

该属性表示权限名，该权限是实体必须拥有的，目的在于启动服务或者绑定到服务上。如果startService()、bindService()或者stopService()的调用者没有被授予该权限，则调用失败。

如果该属性没有设置，则<application>元素的permission属性所设置的权限就应用于服务。如果两个属性都没有设置，则服务就不受权限的保护。

7. android:process

该属性表示服务将要运行之处的进程名。通常，应用程序的所有组件在为该应用创建的默认进程中运行。它有和应用程序包一样的名字。<application>元素的process属性可为所有组件设置一个不同的默认情况。但是每一个组件能用其process属性来覆盖默认情况，允许应用程序在多个进程间传播。

如果指定到该属性上的名字以冒号（:）开头，那么应用程序私有的一个新进程就在需要时被创建了，并且服务就在该进程中运行。

5.2 创建并使用服务

前面我们介绍了服务的一些基础知识以及服务的一些基础特性，自此读者或许对服务有了一些概念上的理解。接下来，我们将深入其中教大家如何创建一个自己的服务，以及如何将这个服务应用到我们的应用程序中，使其为我们服务。

5.2.1 创建Service子类的重要回调方法

要创建一个服务，就必须创建一个Service的子类（或者它的一个现有子类）。在实现中，需要重写一些回调方法，这些回调方法处理服务生命周期以及为绑定到这个服务的组件提供一种机制。此外还应实现如下所示的回调方法。

- onStartCommand()：该方法在其他组件（比如Activity）通过startService()方法请求服务启动时候由系统调用。一旦执行这个方法，这个服务就将启动并且在后台永久性地运行。如果我们实现了它，应该通过调用stopSelf()或者stopService()的方式停止这个服务（如果只想支持绑定，就没有必要实现这个方法了）。
- onBind()：该方法在另一个组件通过调用bindService()方法绑定到这个服务[例如执行RPC(远程过程调用协议)]的时候由系统调用。在这个方法的实现中，通过返回IBinder对象来提供客户端与该服务沟通的端口。一般情况下，我们必须实现这个方法。如果不允许绑定，该方法应该返回null。
- onCreate()：该方法在服务第一次被创建时由系统调用（在调用onStartCommand()或者onBinder()之前）。在该方法中，你可以对你的服务做一些初始化的操作。如果服务已经运行,这个方法不会被调用。这里不建议做过长时间的操作,比如读一个文件。
- onDestroy():该方法在服务不再被使用并且正在销毁的时候由系统调用。服务应该实现这个方法去清理所有资源(例如线程、被注册的侦听器和接收器等),它是服务接收的最后一个调用。

如果一个组件通过调用startService()启动服务(调用到onstartCommand()中的结果),这个服务依然运行,直到通过stopSelf()或者另一个组件通过调用stopService()来停止它。

如果一个组件调用bindService()去创建一个服务(onStartCommand()没有被调用),这个服务只有在组件绑定到它的时候才运行。一旦服务解除绑定,系统就会销毁它。

在低内存的时候,Android系统将强制停止服务并且它必须为那个拥有用户焦点的Activity回收系统资源。如果这个服务被绑定到一个拥有用户焦点的Activity,则它不太可能被销毁,如果服务被声明为前台运行,那么它将永不会被销毁。否则,如果服务被启动并长时间地运行,那么系统会随着时间的迁移而降低它在后台任务列表的位置,并且这个服务会有比较高的风险被销毁。如果我们的服务被启动,就必须设计它很好地处理系统的重启。如果系统销毁服务,则该服务在资源再次变成有效的时候是否马上重启取决于从onStartCommand()的返回值。

5.2.2 在manifest文件中声明服务

像Activity(以及其他的组件)一样,我们必须在应用程序的manifest文件中声明所有的服务。为了声明服务,要添加一个<service>元素,它是<application>元素的子节点,比如:

```
<manifest ... >
    ......
    <application ... >
        <service android:name=".ExampleService" />
    ......
    </application>
</manifest>
```

在<service>元素中可以包含其他一些属性以定义服务的性质,例如启动服务的权限请求和服务应运行之处的进程。

就像Activity一样,服务可以定义Intent筛选器,这些筛选器允许其他组件使用隐含的Intent调用服务。通过声明Intent筛选器,如果应用程序可通过startService()方法的intent参数符合Intent筛选器定义的筛选条件,则来自安装在用户设备中的任何一个应用程序的组件就可以潜在地启动服务。

如果我们想只在本地使用服务(其他应用程序不能使用它),就不需要也不应该提供任何Intent筛选器。没有了Intent筛选器,就必须使用一个有明确的服务类类名的Intent来启动这个服务。

另外,如果包含android:exported属性并将它设置为false,则可以确保服务对于我们的应用程序是私有的。即使服务提供了筛选器,这也是非常有效的。

5.3 创建一个启动的服务

当一个服务被启动时，它有一个独立于启动它的组件的生命周期，并且这个服务可以在后台永久运行，甚至在启动它的组件被销毁时。例如，这个服务应该在它的工作完成以后通过调用 stopSelf() 方法停掉，或者其他组件可以通过调用 stopService() 方法停止它。

应用程序的组件（例如 Activity）可以通过调用 startService() 方法启动这个服务，并将一个 Intent 通过服务的 onStartCommand() 方法传送给该服务。

> **注意** 在默认情况下，服务在同一个进程中运行，因此，如果服务在与来自同一个应用程序的 Activity 交互时，服务执行密集或者阻塞操作，这个服务会降低 Activity 的性能。为了避免这种情况，应该在这个服务中启动一个新线程。

Android 框架实现了两个服务类去创建服务。
- Service。这是所有服务的基类。当继承这个类的时候，重要的是创建一个新线程去完成服务的工作，因为服务在默认情况下使用的是应用程序的主线程，这会降低应用程序的任何一个 Activity 的性能。
- IntentService。这是 Service 的一个子类，它使用 worker 线程去处理所有的启动请求。该服务需要做的所有事情在 onHandleIntent() 方法中实现。

5.3.1 继承 IntentService 类

因为大多数启动服务不需要同时处理多个请求（事实上，同时处理多个请求可以成为一个危险的多线程情景），如果使用 IntentService 来实现服务的话，可以使这个服务按一定顺序处理这些请求，这样可以提高代码的可靠性。

IntentService 类的工作流程如下。

(1) 创建一个默认的 worker 线程，这个线程独立执行发送到服务的 onStartCommand() 方法中的 intent，而这个 intent 对象是应用程序通过 startSerrive() 方法发送到服务中的。

(2) 创建一个工作队列顺序，保存发送到这个服务的请求。

(3) 在所有启动请求都被处理以后停止这个服务。

(4) 提供 onBind() 方法的默认实现，该方法只需要返回 null 就可以了。

(5) 提供 onStartCommand() 方法的默认实现，它用于发送 intent 到工作队列并且发送到 onHandleIntent 实现上。

下面来看一下继承 IntentService 类的例子：

```
public class HelloIntentService extends IntentService {

    public HelloIntentService() {
        super("HelloIntentService");
    }
```

```
    @Override
    protected void onHandleIntent(Intent intent) {
        long endTime = System.currentTimeMillis() + 5*1000;
        while (System.currentTimeMillis() < endTime) {
            synchronized (this) {
                try {
                    wait(endTime - System.currentTimeMillis());
                } catch (Exception e) {
                }
            }
        }
    }
}
```

5.3.2 继承Service类

正如前面所述的那样，IntentService使得启动服务的实现变得非常简单。然而，如果需要服务执行多线程（而不是通过一个工作队列处理启动请求），那么可以实现Service类去处理每一个intent。

下面的代码是HelloService类的实现，该类执行的工作与上述例子一样，即对于每一个启动请求，它使用一个worker线程去执行任务和一次只执行一个请求的进程：

```
public class HelloService extends Service {
    private Looper mServiceLooper;
    private ServiceHandler mServiceHandler;

    private final class ServiceHandler extends Handler {
        public ServiceHandler(Looper looper) {
            super(looper);
        }
        @Override
        public void handleMessage(Message msg) {
            long endTime = System.currentTimeMillis() + 5*1000;
            while (System.currentTimeMillis() < endTime) {
                synchronized (this) {
                    try {
                        wait(endTime - System.currentTimeMillis());
                    } catch (Exception e) {
                    }
                }
            }
            stopSelf(msg.arg1);
        }
    }

    @Override
    public void onCreate() {
        HandlerThread thread = new HandlerThread("ServiceStartArguments",
            Process.THREAD_PRIORITY_BACKGROUND);
        thread.start();
```

```java
        mServiceLooper = thread.getLooper();
        mServiceHandler = new ServiceHandler(mServiceLooper);
    }

    @Override
    public int onStartCommand(Intent intent, int flags, int startId) {
        Toast.makeText(this, "service starting", Toast.LENGTH_SHORT).show();

        Message msg = mServiceHandler.obtainMessage();
        msg.arg1 = startId;
        mServiceHandler.sendMessage(msg);

        return START_STICKY;
    }

    @Override
    public IBinder onBind(Intent intent) {
        return null;
    }

    @Override
    public void onDestroy() {
        Toast.makeText(this, "service done", Toast.LENGTH_SHORT).show();
    }
}
```

正如以上代码所见，使用继承`Service`的类比使用继承`IntentService`的类多很多的事情。

5.3.3 启动服务

我们可以从Activity或者其他应用程序组件入手，通过`startService()`方法并输入一个`intent`对象来启动服务。Android系统将会调用该服务的`onStartCommand()`方法并且将这个`intent`作为此方法的输入参数之一。

例如，在`startService()`方法中使用一个明确的`intent`，Activity可以启动前面章节所述的服务（`HelloService`）：

```java
Intent intent = new Intent(this, HelloService.class);
startService(intent);
```

这里的`startService()`方法会立即返回，并且Android系统会调用服务的`onStartCommand()`方法。如果这个服务没有正在运行，则系统首先调用`onCreate()`，而后调用`onStartCommand()`。

5.3.4 停止服务

一个已启动的服务必须管理它自己的生命周期，也就是说，系统不会停止或者销毁这个服务，除非它必须回收系统内存，并且该服务在`onstartCommand()`方法之后会继续运行。这样服务必须通过调用`stopSelf()`停止自己，或者其他组件通过调用`stopService()`停止该服务。

一旦用`stopSelf()`或者`stopService()`方法停止请求的时候，系统要尽可能快地销毁服务。

5.3.5 TuringService实例

前面几节从理论上阐述了服务,这一节我们就用一个完整的实例来说明如何使用Service类实现服务。在服务中,通过一个按钮启动一个服务,还显示一个Toast通知。在界面中,我们用一个按钮来停止这个服务。完成这个需求需要完成的步骤如下所示。

(1) 使用ADT向导生成Android应用程序项目,应用程序名字为"TuringService",包名为"cn.turing.service"。

(2) 使用ADT提供的新建应用程序类向导生成一个名叫TuringService的服务类,它继承自Service类。生成的界面如图5-1所示。

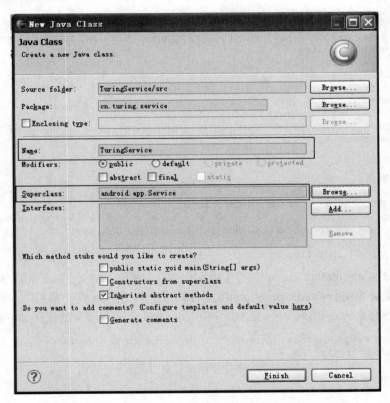

图5-1 生成名叫TuringService的服务类

单击"Finish"按钮完成创建过程。这里需要调用onCreate()、onStartCommand()、onDestroy()方法以实现在不同生命周期的情况下,显示一个Toast提示服务的生命周期。完成后的代码如下所示:

```
package cn.turing.service;

import android.app.Service;
```

```java
import android.content.Intent;
import android.os.IBinder;
import android.widget.Toast;

public class TuringService extends Service {

    @Override
    public IBinder onBind(Intent intent) {
        //TODO Auto-generated method stub
        return null;
    }

    @Override
    public void onCreate() {
        //TODO Auto-generated method stub
        Toast.makeText(this,"Service is createed!", Toast.LENGTH_SHORT).show();
        super.onCreate();
    }

    @Override
    public void onDestroy() {
        //TODO Auto-generated method stub
        Toast.makeText(this,"Service is destroied!", Toast.LENGTH_SHORT).show();
        super.onDestroy();
    }

    @Override
    public int onStartCommand(Intent intent, int flags, int startId) {
        //TODO Auto-generated method stub
        Toast.makeText(this,"Service is started!", Toast.LENGTH_LONG).show();
        return super.onStartCommand(intent, flags, startId);
    }
}
```

(3) 在工程的AndroidManifest.xml文件中声明服务。需要注意的是，服务和广播不一样，要想正常使用它，就必须在AndroidManifest.xml文件中声明它。这里为了方便使用，我们为它注册一个筛选器，该筛选器的action为cn.turing.myservice。声明服务的代码如下所示：

```xml
<service android:exported="false" android:name="TuringService">
    <intent-filter>
        <action android:name="cn.turing.myservice"/>
    </intent-filter>
</service>
```

这里android:exported属性设置为false，意味着将此服务设置为私有。

(4) 修改默认生成的/res/layout/main.xml布局，在中间增加两个按钮，名称分别叫"Start Service"和"Stop Service"，修改后的代码如下所示：

```xml
<?xml version="1.0" encoding="utf-8"?>
<LinearLayout
    xmlns:android="http://schemas.android.com/apk/res/android"
    android:layout_width="fill_parent"
    android:layout_height="fill_parent"
```

```xml
android:orientation="vertical">
    <Button android:id="@+id/main_start"
        android:layout_width="match_parent"
        android:layout_height="wrap_content"
        android:text="Start Service"/>
    <Button android:id="@+id/main_stop"
        android:layout_width="match_parent"
        android:layout_height="wrap_content"
        android:text="Stop Service"/>
</LinearLayout>
```

(5) 修改默认生成的"TuringServiceActivity.java"文件。这里我们需要在onCreate()回调方法中加载布局并实现两个按钮的点击事件以启动或者停止服务。修改后的代码如下所示：

```java
package cn.turing.service;

import android.app.Activity;
import android.content.Intent;
import android.os.Bundle;
import android.view.View;
import android.widget.Button;

public class TuringServiceActivity extends Activity {

    private final static String SERVICE_ACTION = "cn.turing.myservice";

    @Override
    public void onCreate(Bundle savedInstanceState) {
        super.onCreate(savedInstanceState);
        final Intent intent = new Intent(SERVICE_ACTION);
        setContentView(R.layout.main);
        Button btn_start = (Button)findViewById(R.id.main_start);
        btn_start.setOnClickListener(new View.OnClickListener() {

            @Override
            public void onClick(View v) {
                //启动服务
                startService(intent);
            }
        });

        Button btn_stop = (Button)findViewById(R.id.main_stop);
        btn_stop.setOnClickListener(new View.OnClickListener() {

            @Override
            public void onClick(View v) {
                //停止服务
                stopService(intent);
            }
        });
    }
}
```

(6) 运行应用程序。可以看到，并不是应用程序运行的时候服务就会被创建起来。服务会在第一次启动的时候创建，并且只创建一次。停止服务之后，服务便被销毁了。

5.4 创建一个被绑定的服务

被绑定的服务是允许应用程序组件通过调用bindService()绑定的服务，目的在于创建一个长期的连接。

当我们想要这个服务与其他应用程序中的Activity和组件交互时，创建一个被绑定的服务将是一个不错的选择。

想要创建一个被绑定的服务，则必须实现onBind()方法去返回与服务通信的接口对象(IBinder)。其他应用程序组件可以调用bindService()去检索服务提供的接口并且开始在服务中调用这些方法。服务只为绑定它的应用程序组件服务而存活，因此，当没有组件绑定到这个服务的时候，系统会销毁它（在系统通过onStartCommand()来启动服务时，我们不需要停止一个绑定服务）。

为创建一个被绑定的服务，必须要做的第一件事情是定义接口，该接口指定客户如何与该服务通信。服务和客户端之间的接口必须是一个IBinder的实现，它是服务从onBind()回调方法中返回的。一旦这个客户端接收到IBinder，它就能通过该接口与服务交互。

多个客户端能立刻绑定这个服务。当客户端完成与服务交互的时候，它调用unBindService()去解绑。一旦没有客户绑定到这个服务上，系统就会销毁该服务。

实现一个被绑定的服务有很多方法，它比实现被启动的服务更为复杂。

5.4.1 基本介绍

被绑定的服务是Service类的一个实现，该类允许其他应用程序绑定到服务上并与之交互。为给服务提供绑定，我们必须实现onBind()回调方法。该方法返回一个IBinder对象，该对象定义了客户端可以用来与服务交互的编程接口。

客户端可以通过调用bindService()方法绑定到这个服务。当这样做的时候，它必须提供ServiceConnection实现，该实现将监视与服务的连接。没有值的bindService()方法会立即返回，但当Android系统创建客户端与服务之间的连接时，我们会调用ServiceConnection中的onServiceConnected()方法来传递IDinder，而客户端可用IDinder来与服务通信。

多个客户端可立即连接到服务上，但是只有首个客户端被绑定的时候，系统才会调用服务的onBind()方法去检索IBinder。之后，系统交付相同的IBinder到绑定的任何额外客户端上，不用再次调用onBind()方法。

当最后的客户端从这个服务中解除绑定的时候，系统会销毁服务（除非该服务也是通过startService()方法启动的）。

当我们实现被绑定服务的时候，最重要的部分是定义onBind()回调方法返回的接口。定义服务的IBinder接口有几种方法，接下来将会介绍这些方法。

5.4.2 TuringBoundService实例

前面我们讲述了被绑定服务的特性以及生命周期,现在来看一个完整的实例,通过这个实例,我们将深入理解如何定义AIDL(Android Interface Definifion Language)并使用它来实现服务,具体步骤如下所示。

(1) 使用ADT向导生成Android应用程序项目,应用程序名字为"TuringBoundService",包名为"cn.turing.boundservice"。

(2) 在工程的代码目录下(src/cn.turing.boundservice)添加一个IRemoteService.aidl文件以定义远程接口,相关代码如下所示:

```
package cn.turing.boundservice;

interface IRemoteService{
    int getPid();
}
```

当完成这个步骤时,我们的项目工程将会发生变化,Android工具将为我们编译出IRemoteService.java库,如图5-2所示。

(3) 使用ADT提供的新建应用程序类向导生成一个名叫TuringBoundService的服务类,它继承自Service类。生成的界面如图5-3所示。

图5-2 IRemoteService.java库所在的位置   图5-3 生成名叫TuringBoundService的服务类

这里我们需要完成以下两件事。
- 实现步骤(2)中定义的接口。
- 实现必要的服务生命周期回调函数,最重要的是需要实现onBind()接口。

修改后的服务代码如下所示:

```java
package cn.turing.boundservice;

import android.app.Service;
import android.content.Intent;
import android.os.IBinder;
import android.os.RemoteException;

public class TuringBoundService extends Service {

    //实现IRemoteService中的getPid()接口
    IRemoteService.Stub mRemoteBinder = new IRemoteService.Stub() {

        @Override
        public int getPid() throws RemoteException {
            return android.os.Process.myPid();
        }
    };
    @Override
    public IBinder onBind(Intent intent) {
        //将mRemoteBinder通过此接口返回
        return mRemoteBinder;
    }
}
```

(4) 将TuringBoundService配置到AndroidManifest.xml文件中,并增加一个<service>节点,代码如下所示:

```xml
<service
    android:name="TuringBoundService"
    android:process=":remote">
    <intent-filter>
        <action android:name="cn.turing.boundservicer.remote"/>
    </intent-filter>
</service>
```

(5) 修改默认的Activity使它存在3个按钮,它们分别是"Bind Service"、"UnBind Service"和"Kill Service",其中,只有当成功绑定到服务的时候,"UnBind Service"按钮才变为用。修改后的代码如下所示:

```java
package cn.turing.boundservice;

import android.support.v7.app.ActionBarActivity;
import android.content.ComponentName;
import android.content.Context;
import android.content.Intent;
import android.content.ServiceConnection;
import android.os.Bundle;
```

```java
import android.os.IBinder;
import android.os.RemoteException;
import android.view.View;
import android.view.View.OnClickListener;
import android.widget.Button;
import android.widget.Toast;
import android.os.Process;

public class MainActivity extends ActionBarActivity implements OnClickListener{

    private Button mBindService, mUnbindService, mkillService;
    private IRemoteService mIRemoteService;

    private ServiceConnection mServiceConnection = new ServiceConnection() {

        @Override
        public void onServiceDisconnected(ComponentName name) {
            mIRemoteService = null;
            mUnbindService.setEnabled(false);
            mkillService.setEnabled(false);
        }

        @Override
        public void onServiceConnected(ComponentName name, IBinder service) {
            mIRemoteService = IRemoteService.Stub.asInterface(service);
            mUnbindService.setEnabled(true);
            mkillService.setEnabled(true);
        }
    };

    @Override
    protected void onCreate(Bundle savedInstanceState) {
        super.onCreate(savedInstanceState);
        setContentView(R.layout.fragment_main);
        mBindService = (Button)findViewById(R.id.main_bind_service);
        mBindService.setOnClickListener(this);
        mUnbindService = (Button)findViewById(R.id.main_unbind_service);
        mUnbindService.setOnClickListener(this);
        mkillService = (Button)findViewById(R.id.main_kill_service);
        mkillService.setOnClickListener(this);
    }
    @Override
    public void onClick(View v) {
        //TODO Auto-generated method stub
        int id = v.getId();
        switch(id){
        case R.id.main_bind_service:
            Intent intent = new Intent("cn.turing.boundservicer.remote");
            bindService(intent,
                mServiceConnection,
                Context.BIND_AUTO_CREATE);
            break;
        case R.id.main_unbind_service:
            if(mIRemoteService != null){
```

```java
                try {
                    int pid = mIRemoteService.getPid();
                    Toast.makeText(this,
                        "Service_Pid = "+ pid,
                        Toast.LENGTH_LONG)
                        .show();
                    unbindService(mServiceConnection);
                } catch (RemoteException e) {
                    //TODO Auto-generated catch block
                    e.printStackTrace();
                }
            }
            break;
        case R.id.main_kill_service:
            if(mIRemoteService != null){
                try {
                    int pid = mIRemoteService.getPid();
                    Toast.makeText(this,
                        "Service_Pid = "+ pid,
                        Toast.LENGTH_LONG)
                        .show();
                    //杀掉进程
                    Process.killProcess(pid);
                } catch (RemoteException e) {
                    //TODO Auto-generated catch block
                    e.printStackTrace();
                }
            }
            break;
        }
    }
}
```

(6) 运行应用程序。

第 6 章 我可以更漂亮——布局

布局是实现用户交互界面的一种手段。使用合理的布局，可以让用户界面更美观。在这一章中，我们将介绍Android为我们提供的一些比较常用的布局。

6.1 最简单的布局类——FrameLayout

FrameLayout是最简单的布局对象，它支持的属性最少。

6.1.1 FrameLayout简介

FrameLayout是最简单的布局对象类型。总的来说，它就是屏幕中的一个空白区域，用于填充一个单一的对象，例如图片等。所有包含在此布局对象内的子元素默认定位在屏幕的左上角。在布局层面上，我们不能为一个子视图指定不同的显示位置。在FrameLayout中，后添加到布局中的视图将会绘在前一个视图上面，部分或者全部覆盖前一个视图（至少更新的对象是透明的）。

在下面这个例子中，我们简单地使用FrameLayout作为布局的根节点，并且在布局中添加两个大小不同的TextView看看效果，具体代码如下所示：

```xml
<FrameLayout xmlns:android="http://schemas.android.com/apk/res/android"
    android:layout_width="fill_parent"
    android:layout_height="fill_parent">
    <TextView
        android:layout_width="wrap_content"
        android:layout_height="wrap_content"
        android:text="@string/hello"/>
    <TextView
        android:layout_width="wrap_content"
        android:layout_height="wrap_content"
        android:text="@string/hello"
        android:textSize="40dip"/>
</FrameLayout>
```

将这个布局显示到屏幕上，将会得到如图6-1所示的效果。

218 第 6 章 我可以更漂亮——布局

图6-1 将布局显示到屏幕上

从图6-1中可以发现,两个文本都放置在屏幕左上角。由于字体比较大的那个文本框是后来添加到布局中的,所以它位于字体小的文本框上面。另外,因为后绘制的文本框是透明的,所以还可以看到前一个文本框的内容。假设这时给具有较大字体的控件加上背景色使其不透明,那么前一个控件就无法看到了,如图6-2所示。

图6-2 改动后的效果

6.1.2 FrameLayout特有的属性

除了上面描述的简单用法外,FrameLayout还有自己特有的属性,如表6-1所示。

表6-1 FrameLayout特有的属性

属性名称	动态配置方法	说 明
android:foreground	setForeground(Drawable)	设置布局的前景图片或者颜色。如果设置了这个属性,那么布局内的所有控件将会被其覆盖(或部分覆盖)。这个属性支持配置图片或者颜色资源的引用,或者具体的ARGB颜色值

（续）

属性名称	动态配置方法	说明
android:foregroundGravity	setForegroundGravity(int)	设置前景如何裁剪或者前景的位置属性，取值范围如表6-2所示
android:measureAllChildren	setMeasureAllChildren(boolean)	指示FrameLayout是否度量所有子控件，这包括设置可见属性为GONE的子控件。此属性的默认值为false

表6-2 `android:foregroundGravity`和`android:layout-gravity`的常用取值

常量	值	含义
top	0x30	将此对象放置在它的容器的顶部，这个属性不会改变对象的大小
bottom	0x50	将此对象放置在它的容器的底部，这个属性不会改变对象的大小
left	0x03	将此控件放置在它的容器的最左边，这个属性不会改变对象的大小
right	0x05	将此对象放置在它的容器的最右边，这个属性不会改变对象的大小
center_vertical	0x10	将此控件放置在它的容器的垂直居中的地方，这个属性不会改变对象的大小
fill_vertical	0x70	根据容器的垂直方向的大小设置对象的高度，使此对象适配容器的垂直方向大小。它会使对象在垂直方向上拉伸或者压缩
center_horizontal	0x01	将此对象放置在它的容器的横向居中的地方，这个属性不会改变对象的大小
fill_horizontal	0x07	根据容器的水平方向的大小设置对象的高度，使此对象适配容器的水平方向大小。它会使对象在水平方向上拉伸或者压缩
center	0x11	将对象放置在容器的中心的位置，它不会改变对象的大小
fill	0x77	以容器的宽度和高度设置对象的宽度和高度

注意 我们可以将这些常量混搭使用，只需要在不同属性之间以"|"分割即可。

这里我们需要解释一下android:measureAllChildren的含义。下面我们来看看FrameLayout度量每一个它所包含的子控件的代码，如下所示：

```
@Override
protected void onMeasure(int widthMeasureSpec, int heightMeasureSpec) {
    int count = getChildCount();
    ......
    for (int i = 0; i < count; i++) {
        final View child = getChildAt(i);
        if (mMeasureAllChildren || child.getVisibility() != gone) {
            ......
        }
    }
    ......
}
```

上面的代码说明，如果没有配置android:measureAllChildren或者如果它的值为false，并且遇上可视属性（android:visibility）为gone的控件，将不会去度量它。下面举例说明这个观点。

首先，生成一个名叫frame_layout.xml的文件，它的根节点是<FrameLayout>，将该根节点的android:measureAllChildren属性设置为false，并且将其中一个子节点的android:visibility属性设置为gone，如下面的代码所示：

```
<FrameLayout xmlns:android="http://schemas.android.com/apk/res/android"
    android:layout_width="fill_parent"
    android:layout_height="fill_parent"
    android:measureAllChildren="false">

<TextView
    android:layout_width="wrap_content"
    android:layout_height="wrap_content"
    android:text="@string/hello"/>
<TextView
    android:id="@+id/test_big"
    android:layout_width="wrap_content"
    android:layout_height="wrap_content"
    android:text="@string/hello"
    android:textSize="40dip"
    android:visibility="gone"/>

</FrameLayout>
```

其次，生成一个名字叫"FrameLayoutTest"的Activity，并实现它的onWindowFocusChanged()回调接口。这里输出那个设置为gone的控件的宽度和高度：

```
@Override
public void onWindowFocusChanged(boolean hasFocus) {
    super.onWindowFocusChanged(hasFocus);
    TextView tv = (TextView)findViewById(R.id.test_big);
    Log.e("TuringTest", "width ="+tv.getMeasuredWidth()+
        " height= "+tv.getMeasuredHeight());
}
```

最后，运行代码，我们将看到如下日志：

ERROR/TuringTest(12471): width =0 height= 0

可以发现，Android并没有为我们度量这个控件的尺寸。而当把android:measureAllChildren设置为true的时候，将会得到如下日志：

ERROR/TuringTest(12538): width =197 height= 53

这时就得到了控件的度量属性。

6.1.3　FrameLayout内子视图的特色布局参数

FrameLayout对其范围内的子视图定义了一个布局参数（LayoutParams），该参数用于定义子视图在FrameLayout中的特征，如表6-3所示。

6.1 最简单的布局类——FrameLayout

表6-3 **FrameLayout中子视图的特色布局参数**

属性名称	LayoutParams的属性	说明
android:layout_gravity	gravity	这是一个标准的gravity常量,它定义了FrameLayout中子视图的位置或者裁减。其常用的取值范围参见表6-2

这里我们将修改frame_layout.xml文件,在第一个<TextView>节点中增加android:layout_gravity属性,将其值设为bottom:

```xml
<FrameLayout xmlns:android="http://schemas.android.com/apk/res/android"
    android:layout_width="fill_parent"
    android:layout_height="fill_parent"
    android:measureAllChildren="true">

    <TextView
        android:layout_width="wrap_content"
        android:layout_height="wrap_content"
        android:text="@string/hello"
        android:layout_gravity="bottom"/>
    <TextView
        android:id="@+id/test_big"
        android:layout_width="wrap_content"
        android:layout_height="wrap_content"
        android:text="@string/hello"
        android:textSize="40dip"/>

</FrameLayout>
```

这时我们将得到如图6-3所示的效果。可以看到,第一个TextView被放置到了FrameLayout的底部。

图6-3 增加android:layout_gravity属性后的效果

6.2 线性布局——**LinearLayout**

LinearLayout即线性布局，这种布局只是把添加到此布局中的所有视图安排在一个方向上。相对于FrameLayout这种布局来说，线性布局使用起来更方便。

6.2.1 **LinearLayout**简介

在LinearLayout中，所有包含在它里面的子元素对象在同一个方向上对齐。这里的方向只包括横向和纵向两种。要想定义LinearLayout对象中所有子元素对象的排列方向，可以通过定义android:orientation属性完成。所有的子元素对象按照布局文件中的顺序一个接一个地按指定方向排列，因此，一个纵向的列表每行就只有一个子元素，而不管这个元素有多宽，一个横向的列表将会有一行的高度（最高的子元素的高度加上填充的区域）。LinearLayout遵守每个子元素之间的边距以及每一个子元素的gravity定义（right、center或者left等）。

LinearLayout也支持为各个子元素对象指定weight（比重）值。weight属性用于为一个视图对象指定一个"重要"值，并且允许扩展它以填充任意父视图的空间。子视图可以指定一个整的比重值，然后视图组合（ViewGroup）中所有剩余的空间将会按此比重值所定义的比例分配给子元素。在默认情况下，比重是0。例如，如果这里有3个文本框并且其中两个定义了比重值为1，另一个没有定义比重值（因此会采用默认的比重值0），那么第3个没有定义比重值的文本框将不会被扩展，而只会占用其内容所指定的空间，而另外两个定义了比重值的控件将会在度量完所有控件之后平分剩余的区域。如果我们将那个没有定义比重值的控件的比重值定义为2，就意味着它比那两个比重值为1的文本框更"重要"，因此当所有控件得到度量以后，它就占用所有剩余空间中的一半，而其他两个将会平分剩余的空间，也就是剩余空间的1/4。

图6-4演示了一个带有一个按钮、一些标签和文本编辑框的LinearLayout布局对象，其中文本编辑框的宽度设置为fill_parent（适配父视图的尺寸），其他元素设置为wrap_content（按照内容设置大小），使用默认的重力值left。图6-4中3幅组图的区别是，左边的图没有设置比重值，而中间的图将"Comments"编辑框的比重值设置为1。如果将"Name"编辑框的比重值设置为1，那么"Comments"和"Name"文本编辑框将有相同的高度，如图6-4右图所示。

在横向的线性布局中，所有的子元素都按照文本基线的位置对齐（第一个元素的第一条线——最顶端或者最左边的线被认为是参照线）。通过设置XML布局中的android:baselineAligned="false"，可以关闭这一特性。

6.2 线性布局——LinearLayout

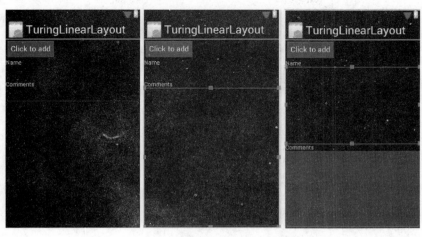

图6-4 LinearLayout布局对象不同设置的效果

下面的例子将展示线性布局的效果，其代码如下所示：

```xml
<LinearLayout xmlns:android="http://schemas.android.com/apk/res/android"
    android:orientation="vertical"
    android:layout_width="fill_parent"
    android:layout_height="fill_parent">

    <LinearLayout
        android:orientation="horizontal"
        android:layout_width="fill_parent"
        android:layout_height="fill_parent"
        android:layout_weight="1">
    <TextView
        android:text="red"
        android:gravity="center_horizontal"
        android:background="#aa0000"
        android:layout_width="wrap_content"
        android:layout_height="fill_parent"
        android:layout_weight="1"/>
    <TextView
        android:text="green"
        android:gravity="center_horizontal"
        android:background="#00aa00"
        android:layout_width="wrap_content"
        android:layout_height="fill_parent"
        android:layout_weight="1"/>
    <TextView
        android:text="blue"
        android:gravity="center_horizontal"
        android:background="#0000aa"
        android:layout_width="wrap_content"
        android:layout_height="fill_parent"
        android:layout_weight="1"/>
    <TextView
```

```xml
        android:text="yellow"
        android:gravity="center_horizontal"
        android:background="#aaaa00"
        android:layout_width="wrap_content"
        android:layout_height="fill_parent"
        android:layout_weight="1"/>
    </LinearLayout>

    <LinearLayout
        android:orientation="vertical"
        android:layout_width="fill_parent"
        android:layout_height="fill_parent"
        android:layout_weight="1">
    <TextView
        android:text="row one"
        android:textSize="15pt"
        android:layout_width="fill_parent"
        android:layout_height="wrap_content"
        android:layout_weight="1"/>
    <TextView
        android:text="row two"
        android:textSize="15pt"
        android:layout_width="fill_parent"
        android:layout_height="wrap_content"
        android:layout_weight="1"/>
    <TextView
        android:text="row three"
        android:textSize="15pt"
        android:layout_width="fill_parent"
        android:layout_height="wrap_content"
        android:layout_weight="1"/>
    <TextView
        android:text="row four"
        android:textSize="15pt"
        android:layout_width="fill_parent"
        android:layout_height="wrap_content"
        android:layout_weight="1"/>
    </LinearLayout>

</LinearLayout>
```

此布局的效果如图6-5所示。

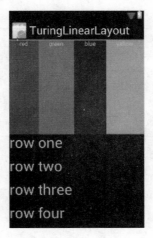

图6-5　布局效果（从左至右颜色分别显示为红、绿、蓝、黄）

6.2.2　LinearLayout的特有属性

LinearLayout是ViewGroup的子类，它们的继承关系如下所示：

```
java.lang.Object
  ↳ android.view.View
      ↳ android.view.ViewGroup
          ↳ android.widget.LinearLayout
```

实际上，LinearLayout除了支持ViewGroup以及View的XML属性外，还支持它自己特有的属性，如表6-4所示。

表6-4　LinearLayout的特有属性

属性名称	动态配置方法	说　　明
android:baselineAligned	setBaselineAligned(boolean)	在一个横向的线性布局中，当这个属性设置为false时，将会禁止布局按照子元素的基线来对齐子元素。当子元素使用不同的gravity值时，该属性非常有用。它的默认值是true
android:baselineAlignedChildIndex	setBaselineAlignedChildIndex(int)	当线性布局是另一个基线对齐的布局的子元素时，使用这个属性可以指定线性布局的哪一个子元素成为参与基线对齐。 这个值是从0开始的整型值。 需要注意的是，这里指定的元素必须有基线属性
android:gravity	setGravity(int)	指定如何放置一个对象的内容（取值见FrameLayout中的表6-3）
android:measureWithLargestChild	无	当设置此属性为true时，所有带有比重的子元素将会被认为拥有最大子元素的最小尺寸。如果将此属性设置为false，所有子元素以常规方式进行度量

（续）

属性名称	动态配置方法	说　　明
android:orientation	setOrientation(int)	设置线性布局中元素的方向，默认值是横向（horizontal）
android:weightSum	无	定义比重总和的最大数目。如果没有定义这个值，则通过简单地相加得到这个值。例如，可以通过指定layout_weight为0.5并且设置此属性为1.0的方式分配给单一的子元素50%的整体可用空间
android:layout_weight	无	子空间占父容器空间的比重

下面我们来简要介绍一下这些属性的效果。

- **android:baselineAligned属性**。在下面的例子中，我们将使用这个属性来调整一个横向的线性布局中各个控件的对齐属性。我们先设置此属性为false，具体如下列代码所示：

```xml
<LinearLayout xmlns:android="http://schemas.android.com/apk/res/android"
    android:orientation="horizontal"
    android:layout_width="match_parent"
    android:layout_height="match_parent"
    android:baselineAligned="false">
    <TextView
        android:layout_width="wrap_content"
        android:layout_height="wrap_content"
        android:layout_marginRight="3dip"
        android:text="@string/baseline_nested_1_label" />
    <LinearLayout
        android:orientation="vertical"
        android:baselineAlignedChildIndex="1"
        android:layout_width="wrap_content"
        android:layout_height="wrap_content">
    <ImageView
        android:layout_width="wrap_content"
        android:layout_height="wrap_content"
        android:src="@drawable/arrow_up_float"/>
    <TextView
        android:layout_width="wrap_content"
        android:layout_height="wrap_content"
        android:layout_marginRight="5dip"
        android:text="@string/baseline_nested_1_label" />
    <ImageView
        android:layout_width="wrap_content"
        android:layout_height="wrap_content"
        android:src="@drawable/arrow_down_float"/>
    </LinearLayout>
    <LinearLayout
        android:orientation="vertical"
        android:baselineAlignedChildIndex="2"
        android:layout_width="wrap_content"
        android:layout_height="wrap_content">
    <ImageView
        android:layout_width="wrap_content"
        android:layout_height="wrap_content"
        android:src="@drawable/arrow_up_float"/>
```

```
    <ImageView
        android:layout_width="wrap_content"
        android:layout_height="wrap_content"
        android:src="@drawable/arrow_up_float"/>
    <TextView
        android:layout_width="wrap_content"
        android:layout_height="wrap_content"
        android:layout_marginRight="5dip"
        android:text="@string/baseline_nested_1_label" />
    </LinearLayout>
    <TextView
        android:layout_width="wrap_content"
        android:layout_height="wrap_content"
        android:textSize="20sp"
        android:text="@string/baseline_nested_1_label" />
</LinearLayout>
```

运行上述代码，得到的布局如图6-6所示。

图6-6 布局效果

从图6-6中可以看到，控件都放在了屏幕顶端，而有基线的TextView并没有生效。而当将此属性设置为true（或者不设置此属性）时，效果则变成了如图6-7所示的样子。

图6-7 将baselineAligned属性设置true后的效果

可以看到，图6-7按照TextView的基线对齐了。

- **android:baselineAlignedChildIndex**属性。为了说明这个属性的用法，我们修改上面的代码，在第一个线性布局的子布局中增加一个TextView，代码如下所示。

```
<LinearLayout
    android:orientation="vertical"
    android:baselineAlignedChildIndex="1"
    android:layout_width="wrap_content"
    android:layout_height="wrap_content">
    <ImageView
        android:layout_width="wrap_content"
        android:layout_height="wrap_content"
        android:src="@drawable/arrow_up_float"/>
    <TextView
        android:layout_width="wrap_content"
        android:layout_height="wrap_content"
        android:layout_marginRight="5dip"
```

```
        android:text="@string/baseline_nested_1_label" />
    <TextView
        android:layout_width="wrap_content"
        android:layout_height="wrap_content"
        android:layout_marginRight="5dip"
        android:text="@string/baseline_nested_1_label" />
    <ImageView
        android:layout_width="wrap_content"
        android:layout_height="wrap_content"
        android:src="@drawable/arrow_down_float"/>
</LinearLayout>
```

这里参与整体基线对齐的是此线性布局的第二个控件（索引为1），此时将会得到如图6-8所示的效果。

图6-8 选择性基线对齐

如果将这个属性设置为2，将会使用第二个TextView作为参考整体基线对齐，如图6-9所示。

图6-9 修改属性后的对齐效果

那么，如果指定那些没有基线的控件（比如ImageView）时，将会是什么效果呢？答案是我们将会得到一个错误提示，如图6-10所示。

- **android:weightSum和android:layout_weight属性**。在下面的例子中，我们将此属性设置为1，其中包含两个编辑框控件，第一个的比重为0.7，第二个的比重为1。

```
<LinearLayout xmlns:android="http://schemas.android.com/apk/res/android"
    android:layout_width="fill_parent"
    android:layout_height="fill_parent"
    android:orientation="vertical"
    android:weightSum="1">

    <EditText
        android:layout_width="fill_parent"
        android:layout_height="wrap_content"
        android:layout_weight="0.7"
```

```
    android:background="@android:color/white"/>

<EditText android:layout_width="fill_parent"
    android:layout_height="wrap_content"
    android:layout_weight="1"
    android:background="@android:color/holo_green_dark"/>
</LinearLayout>
```

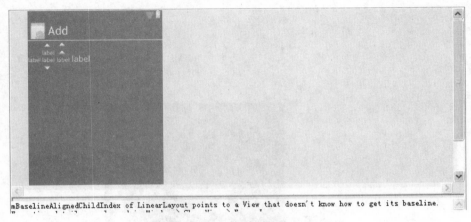

图6-10　指定无基线控件后的出错显示

运行上述代码，将会得到如图6-11所示的效果。

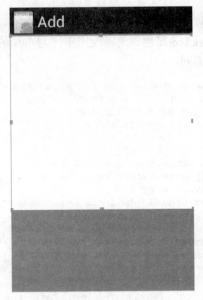

图6-11　设置两个编辑框控件后的显示效果

在这个例子中,我们将当前比重的总数设置为1,而第一个控件占用可用空间的70%,另一个控件只能拥有30%的可用空间,即使我们将它的比重设置为了1。如果没有设置weightSum这个属性,则整个效果将会变得如图6-12所示的样子。

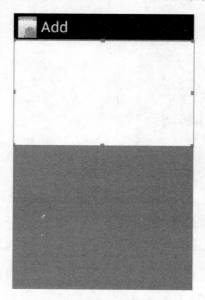

图6-12　修改后的显示效果

可以看到,此时比较"重要"的控件会是第二个控件。

❑ **android:orientation属性**。此属性用于控制布局的方向,有横向和纵向两种。通过如下代码看看它们的不同:

```
<LinearLayout xmlns:android="http://schemas.android.com/apk/res/android"
    android:layout_width="fill_parent"
    android:layout_height="fill_parent"
    android:orientation="vertical" >

    <EditText
        android:layout_width="wrap_content"
        android:layout_height="wrap_content"
        android:layout_weight="0.7"
        android:background="@android:color/white"/>

    <EditText android:layout_width="wrap_content"
        android:layout_height="wrap_content"
        android:layout_weight="1"
        android:background="@android:color/holo_green_dark"/>
</LinearLayout>
```

图6-13演示了不同布局方向的效果图,其中左图代表布局方向为纵向,中间的图为默认情况,右边的图则表示布局方向为横向。

图6-13　不同布局方向的效果

从图6-13中可以看到，默认的布局方向为横向布局。

6.2.3　LinearLayout特有的布局参数

LinearLayout对其范围内的子视图定义了一个布局参数（LayoutParams），该参数用于定义子视图在LinearLayout的特征，如表6-5所示。

表6-5　LinearLayout中子视图的特色布局参数

属性名称	LayoutParams的属性	说　明
android:layout_gravity	gravity	这是一个标准的gravity常量,定义了LinearLayout中子视图的位置或者缩放。其常用的取值范围见表6-3
android:layout_weight	weight	此属性定义了控件在可用空间中的比重

在说明FrameLayout或者LinearLayout的相关内容时,我们已经顺带说明了这些属性的用法，这里不再赘述。

6.3　相对布局——RelativeLayout

RelativeLayout除了被称为相对布局外，也被称为关系布局。在此布局对象中，所有子布局或者此布局中的控件之间都定义了相应的关系或者它们与父容器之间的关系。这种布局更灵活，但使用起来更困难。

6.3.1　RelativeLayout简介

RelativeLayout也称为关系布局，这说明RelativeLayout可以让它的子视图Views指定它们相对于父视图或者其他子视图（通过ID指定）之间的位置关系。基于相对布局的特性，我们可以通过控件的右边框对齐两个元素，或者使一个视图跟在另一个视图的后面，或者定义控件在屏幕中的位置等。所有的元素按照给定的顺序被绘制到布局中，因此，如果首个元素在屏幕中是居中的，则和该元素对齐的其他元素将与屏幕中心对齐。

下面的例子展示了一个XML文件及其在屏幕中的效果，这里需要注意的是那些标识关系的属性。

```xml
<?xml version="1.0" encoding="utf-8"?>
<RelativeLayout xmlns:android="http://schemas.android.com/apk/res/android"
    android:layout_width="fill_parent"
    android:layout_height="wrap_content"
    android:background="@android:color/white"
    android:padding="10px">

    <TextView android:id="@+id/label"
        android:layout_width="fill_parent"
        android:layout_height="wrap_content"
        android:text="Type here:" />

    <EditText android:id="@+id/entry"
        android:layout_width="fill_parent"
        android:layout_height="wrap_content"
        android:background="@android:drawable/editbox_background"
        android:layout_below="@id/label" />

    <Button android:id="@+id/ok"
        android:layout_width="wrap_content"
        android:layout_height="wrap_content"
        android:layout_below="@id/entry"
        android:layout_alignParentRight="true"
        android:layout_marginLeft="10px"
        android:text="OK" />

    <Button android:layout_width="wrap_content"
        android:layout_height="wrap_content"
        android:layout_toLeftOf="@id/ok"
        android:layout_alignTop="@id/ok"
        android:text="Cancel" />
</RelativeLayout>
```

这里简要解释一下上述代码。

- RelativeLayout布局使用padding属性为布局四周留下10 px的空白填充空间，所有子元素不可以占用这个空间。
- 一个ID为entry的文本编辑框中使用layout_below定义了它相对于ID为label的控件（这里是布局中的第一个元素）的位置。layout_below表示它将跟在label的下面。
- 为ID为ok的按钮定义一些比较复杂的关系，其中使用layout_below表示它会位于entry的下面，使用android:layout_alignParentRight属性并将其赋值为true表示这个控件位于父视图（这里是指RelativeLayout）的右边，最后使用android:layout_

marginLeft在此控件的左边框预留10 px的空白区域。
- 最后一个按钮"Cancel"则使用android:layout_toLeftOf表示它位于"OK"按钮的左边，并且使用android:layout_alignTop表示与"OK"按钮顶端对齐。

显示效果如图6-14所示。

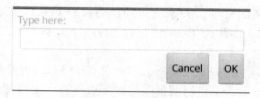

图6-14 显示效果

这里需要注意的是，这些属性中的一些通过元素本身直接提供支持，而另一些则通过LayoutParams成员支持。

6.3.2 RelativeLayout的特色属性及其参数

与FrameLayout和LinearLayout一样，RelativeLayout也有自己的特色属性，具体见表6-6。

表6-6 RelativeLayout的特色属性

属性名称	动态配置方法	说明
android:gravity	setGravity(int)	设置关系布局中内容的裁剪或者位置属性，取值范围如表6-3所示
android:ignoreGravity	setIgnoreGravity(int)	指示什么视图不应该受到gravity的影响

由于RelativeLayout是一个表示位置与关系的布局，因此它支持许多表示位置与关系的特色布局属性。下面我们来描述这些属性的使用方法和效果。假设我们有这样的初始布局，其中包含两个按钮，示例代码如下所示：

```
<RelativeLayout  xmlns:android="http://schemas.android.com/apk/res/android"
    android:orientation="vertical"
    android:layout_width="match_parent"
    android:layout_height="match_parent">
    <Button android:id="@+id/layout_button1"
        android:layout_width="wrap_content"
        android:layout_height="wrap_content"
        android:text="Button 1"/>
    <Button android:id="@+id/layout_button2"
        android:layout_width="wrap_content"
        android:layout_height="wrap_content"
        android:text="Button 2"/>
</RelativeLayout>
```

这会得到如图6-15所示的效果。

图6-15 布局效果

在没有进行任何定义的时候,关系型布局认为控件的默认位置在屏幕的左上角,这和FrameLayout的特性一致。因此,"Button 1"首先被绘制出来,第二个按钮"Button 2"就覆盖了第一个控件"Button 1"。

现在,我们来学习一下RelativeLayout的特色布局参数,主要有以下几个。

❑ android:layout_above:当前视图的底部边框在给定视图的上面。对于这个属性,RelativeLayout源代码是这样处理的:

```
anchorParams = getRelatedViewParams(rules, ABOVE);
if (anchorParams != null) {
    childParams.mBottom = anchorParams.mTop - (anchorParams.topMargin +
        childParams.bottomMargin);
}
```

上面的代码说明,此属性将控件放在参照视图的顶部,并且如果参照控件设置了layout_marginTop属性,目标控件设置了layout_marginBottom属性,那么还需要根据这些属性修正目标控件底部的位置。

修改上述代码中的布局,给"Button 2"添加此属性,并指定参照视图为"Button 1",具体如下列代码所示:

```
<Button android:id="@+id/layout_button2"
    android:layout_width="wrap_content"
    android:layout_height="wrap_content"
    android:text="Button 2"
    android:layout_above="@+id/layout_button1"/>
```

这样我们就得到了如图6-16所示的效果。

图6-16 为Button 2添加layout_above属性后的效果

❑ android:layout_below:当前视图的顶部边框在给定视图的下面。对于这个属性,RelativeLayout源代码是这样处理的:

```
anchorParams = getRelatedViewParams(rules, BELOW);
if (anchorParams != null) {
    childParams.mTop = anchorParams.mBottom + (anchorParams.bottomMargin +
        childParams.topMargin);
}
```

上面的代码说明，此属性将控件放置在参照视图的下面，并且如果参照控件设置了 layout_marginBottom属性，目标控件设置了layout_marginTop属性，还需要根据这些属性修正目标控件底部的位置。

修改示例代码中的布局，给"Button 2"添加此属性，并指定参照视图为"Button 1"，具体如下列代码所示：

```xml
<Button android:id="@+id/layout_button2"
    android:layout_width="wrap_content"
    android:layout_height="wrap_content"
    android:text="Button 2"
    android:layout_below="@+id/layout_button1"/>
```

这样我们就得到如图6-17所示的效果。

图6-17　为Button 2添加 layout_below 属性后的效果

- android:layout_alignBaseline：将该控件的基线与给定ID的视图的基线对齐。需要注意的是，这里的视图必须是拥有Baseline属性的控件。

对于这个属性，RelativeLayout源代码是这样处理的：

```java
private void alignBaseline(View child, LayoutParams params) {
    ……
    if (anchorBaseline != -1) {
        LayoutParams anchorParams = getRelatedViewParams(rules, ALIGN_BASELINE);
    if (anchorParams != null) {
        int offset = anchorParams.mTop + anchorBaseline;
        int baseline = child.getBaseline();
        if (baseline != -1) {
            offset -= baseline;
        }
        int height = params.mBottom - params.mTop;
            params.mTop = offset;
            params.mBottom = params.mTop + height;
        }
    }
    ……
}
```

通过以上代码可以看出，最终当前控件的顶部（mTop属性）的计算方法是参照视图的顶端加上参照视图的基线的位置再减去自身基线的位置。

现在我们修改一下示例代码，使其支持此属性：

```
<Button android:id="@+id/layout_button2"
    android:layout_width="wrap_content"
    android:layout_height="wrap_content"
    android:text="Button 2"
    android:layout_alignBaseline="@+id/layout_button1"
    android:layout_toRightOf="@+id/layout_button1"/>
```

这里，为了能看到效果，我们将目标视图放在参照视图的右边，得到的效果如图6-18所示。

图6-18 修改代码后的效果

- android:layout_alignBottom：将该控件的底部边缘与参照视图的底部边缘对齐。对于这个属性，RelativeLayout源代码是这样处理的：

```
anchorParams = getRelatedViewParams(rules, ALIGN_BOTTOM);
if (anchorParams != null) {
    childParams.mBottom = anchorParams.mBottom - childParams.bottomMargin;
} else if (childParams.alignWithParent &&rules[ALIGN_BOTTOM] != 0) {
    if (myHeight >= 0) {
        childParams.mBottom = myHeight - mPaddingBottom - childParams.bottomMargin;
    } else {
    ......
    }
}
```

通过以上代码可以看出，当目标控件使用这个属性时，最终影响的是目标控件的底部（mBottom）属性，这时候控件的底部属性的值等于参照控件的底部属性值减去目标控件的bottomMargin值。

现在我们修改一下示例代码，使其支持此属性：

```
<Button android:id="@+id/layout_button2"
    android:layout_width="wrap_content"
    android:layout_height="wrap_content"
    android:text="Button 2"
    android:layout_alignBottom="@+id/layout_button1"
    android:layout_toRightOf="@+id/layout_button1"/>
```

为了防止控件重叠，我们特别定义了目标控件位于参照控件的右边的属性，这样就得到如图6-19所示的效果。

图6-19 修改后的效果

- android:layout_alignLeft：该属性使目标控件的左边距匹配参考控件的左边距，也就是左对齐的概念。对于这个属性，RelativeLayout源代码是这样处理的：

```
anchorParams = getRelatedViewParams(rules, ALIGN_LEFT);
if (anchorParams != null) {
    childParams.mLeft = anchorParams.mLeft + childParams.leftMargin;
} else if (childParams.alignWithParent &&rules[ALIGN_LEFT] != 0) {
    childParams.mLeft = mPaddingLeft + childParams.leftMargin;
}
```

通过以上代码可以看出,当目标控件使用了这个属性的时候,最终影响的是目标控件的左边(mLeft)属性,这时候控件的左边属性的值等于参照控件的左边属性值加上目标控件的leftMargin值。

现在我们修改一下示例代码,使其支持此属性:

```
<Button android:id="@+id/layout_button2"
    android:layout_width="wrap_content"
    android:layout_height="wrap_content"
    android:text="Button 2"
    android:layout_alignLeft="@+id/layout_button1"
    android:layout_marginTop="80px"/>
```

为了防止控件重叠,我们特别定义了当前控件的android:layout_marginTop属性,这样就得到如图6-20所示的效果。

图6-20　修改后的效果

与android:layout_alignLeft属性类似的属性如表6-7所示。

表6-7　与android:layout_alignLeft类似的属性

属　　性	计算方法	说　　明	效　　果
android:layout_alignRight	mRight = anchorParams.mRightchildParams.rightMargin; 右边距=参照视图的右边距 – 本身右边的空白区域	使目标控件的右边距匹配参考控件的右边距,也就是右对齐	
android:layout_alignTop	childParams.mTop = mPaddingTop + childParams.topMargin; 顶边距= 父视图的顶端预留大小+子视图顶端的距离	使目标控件的上边距匹配参考控件的上边距,也就是上边对齐	

- android:layout_alignParentBottom：此属性只有true或者false两个取值。如果这个属性的值为true，则说明目标ss控件的底边框匹配父视图的底边框。对于这个属性，RelativeLayout源代码是这样处理的：

```
if (0 != rules[ALIGN_PARENT_BOTTOM]) {
    if (myHeight >= 0) {
        childParams.mBottom = myHeight - mPaddingBottom - childParams.bottomMargin;
    } else {
    ......
    }
}
```

从上面的代码可以看出，当android:layout_alignParentBottom设置为true时，目标控件的mBottom属性的计算方法是：父控件的高度–底部填充的距离–目标控件底部填充的距离。

现在我们修改一下示例代码，使其支持此属性：

```
<Button android:id="@+id/layout_button2"
    android:layout_width="wrap_content"
    android:layout_height="wrap_content"
    android:text="Button 2"
    android:layout_alignParentBottom="true"/>
```

此时将得到如图6-21所示的效果。

图6-21　修改后的效果

与此属性类似的属性如表6-8所示。

- android:layout_centerInParent：此属性只有true或者false两个取值。如果这个属性的值为true，则说明目标控件在父视图的中央。

6.3 相对布局——RelativeLayout

表6-8 与 `android:layout_alignParentBottom` 类似的属性

属 性	计算方法	说 明	效 果
android:layout_alignParentLeft	mLeft = mPaddingLeft + childParams.leftMargin; 左边距 = 父视图左填充区域大小+本身左边空白填充区域大小	此属性只有true或者false两个取值。如果这个属性的值为true，则说明目标控件的左边框匹配父视图的左边框	
android:layout_alignParentRight	mRight = myWidthmPaddingRightchildParams.rightMargin; 左边距 = 父视图宽度-视图右填充区域大小-本身右边空白填充区域大小	此属性只有true或者false两个取值。如果这个属性的值为true，则说明目标控件的右边框匹配父视图的右边框	
android:layout_alignParentTop	mTop=mPaddingTop+ childParams.topMargin; 上边距=父视图上填充区域大小+本身上边填充区域大小	此属性只有true或者false两个取值。如果这个属性的值为true，则说明目标控件的上边框匹配父视图的上边框	

现在我们修改一下示例代码，使其支持此属性：

```
<Button android:id="@+id/layout_button2"
    android:layout_width="wrap_content"
    android:layout_height="wrap_content"
    android:text="Button 2"
    android:layout_centerInParent="true"/>
```

此时将得到如图6-22所示的效果。

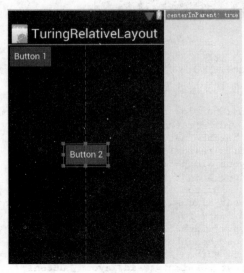

图6-22 修改后的效果

- `android:layout_centerVertical`：此属性只有true或者false两个取值。如果这个属性的值为true，则说明目标控件在父视图的垂直方向的中央位置。

现在我们修改一下示例代码，使其支持此属性：

```
<Button android:id="@+id/layout_button2"
    android:layout_width="wrap_content"
    android:layout_height="wrap_content"
    android:text="Button 2"
    android:layout_toRightOf="@+id/layout_button1"
    android:layout_centerVertical="true"/>
```

此时将得到如图6-23所示的效果。

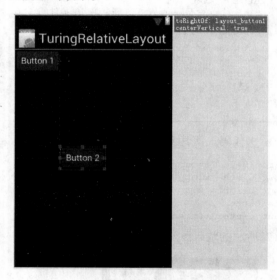

图6-23　修改后的效果

- `android:layout_toLeftOf`：表示目标控件的右边框位于参照控件的左边。现在我们修改一下示例代码，使其支持此属性：

```
<RelativeLayoutxmlns:android="http://schemas.android.com/apk/res/android"
    android:layout_width="match_parent"
    android:layout_height="match_parent">
    <Button android:id="@+id/layout_button1"
        android:layout_width="wrap_content"
        android:layout_height="wrap_content"
        android:text="Button 1"
        android:layout_alignParentRight="true"/>
    <Button android:id="@+id/layout_button2"
        android:layout_width="wrap_content"
        android:layout_height="wrap_content"
        android:text="Button 2"
        android:layout_toLeftOf="@+id/layout_button1"/>
</RelativeLayout>
```

这样我们将得到如图6-24所示的效果。

图6-24　修改后的效果

❏ android:layout_toRightOf：表示目标控件的左边框位于参照控件的右边。现在我们修改一下示例代码，使其支持此属性：

```
<RelativeLayout xmlns:android="http://schemas.android.com/apk/res/android"
    android:layout_width="match_parent"
    android:layout_height="match_parent">
    <Button android:id="@+id/layout_button1"
        android:layout_width="wrap_content"
        android:layout_height="wrap_content"
        android:text="Button 1"/>
    <Button android:id="@+id/layout_button2"
        android:layout_width="wrap_content"
        android:layout_height="wrap_content"
        android:text="Button 2"
        android:layout_toRightOf="@+id/layout_button1"/>
</RelativeLayout>
```

这样我们将得到如图6-25所示的效果。

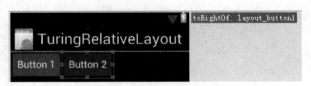

图6-25　修改后的效果

Part 3 第三篇

核心服务解析篇

本篇我们将深入 Android 系统的核心，从源代码的角度来了解管理服务的知识。其中，重要的管理服务有备份管理服务（BackupManagerService）、Activity 管理服务（ActivityManagerService）和包管理服务（PackageManagerService）等。

第 7 章 Android系统的启动

从大的方面来说，Android系统的启动可以分为两个部分：第一部分是Linux核心的启动，第二部分是Android系统的启动。第一部分主要包括系统引导（bootloader）、核心（kernel）和驱动程序（driver）等，由于它们不属于本书的讲解范畴，这里就不再赘述。在本章中，我们重点讲解Android系统的启动，这一过程主要经过两个阶段，分别是应用的初始化流程（init）与system_service进程及核心服务的创建流程。

7.1 初始化流程

初始化流程，顾名思义，它完成Android的一些初始化工作，包括设置必要的环境变量，启动必要的服务进程，挂载必要的设备等，而这些工作将会为整个Android打下坚实的基础。

7.1.1 应用的初始化流程

在核心启动完成以后，将进入Android文件系统及应用的初始化流程，此时将会转向执行init.c中的main()函数（路径：/system/core/init/init.c），该函数的执行流程如图7-1所示。

下面我们了解一下图7-1中的注解。

注解1：/dev表示设备文件系统或者udev挂载点，/proc用来挂载存放系统过程性信息的虚拟文件系统，/sys用于挂载"sysfs文件系统"。由于前面调用了umask(0)，因此mkdir("/dev", 0755)得到的权限应该是0755。

注解2：init.rc的解析结果是形成action_list（on关键字相关的部分）、service_list（service关键字相关的部分）以及action_queue（需要执行的命令或服务），以便后续流程使用。

注解3：解析/proc/cmdline文件，将其中的属性导入Android系统全局变量。

注解4：

- get_hardware_name()方法用于解析/proc/cpuinfo文件获取硬件信息，并用于拼接成一个init.<hardware_name>.rc文件，继续解析。
- 在解析init.rc文件的过程中，系统会根据该文件的内容形成一些需要命令、动作或者触发器的列表并将这些存放在内存中，以便在必要的时候使用。不同的厂商可能根据不同的硬件需求定制不同的.rc文件，这些.rc文件的名称一般为"init.<hardware_name>.rc"，而解析这些.rc文件的结果同样也会形成一些命令、动作或者触发器的列表.而这些列表将会合并入解析init.rc所得的命令和动作的列表中，并且形成最终需要执行的命令和动作。

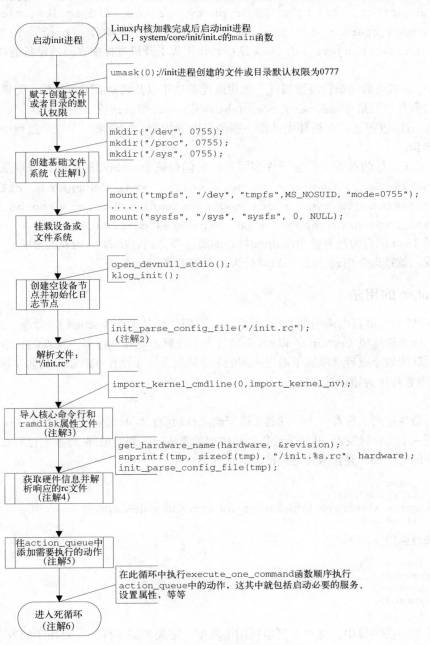

图7-1 init.c中main()函数的流程图

注解5：添加顺序为：early-init下的所有动作、wait_for_coldboot_done_action、property_init_action、keychord_init_action、console_init_action、set_init_properties_action、init下的动作、property_service_init_action、signal_init_action、check_startup_action、early-boot下的所有动作、boot下的所有动作、queue_property_triggers_action。这些动作组成了开机过程中看到的设备的状态，比如开机动画等。

注解6：这里会启动执行设置属性、创建或挂载动作以及启动服务等操作。需要注意的是，这里启动的服务包括最重要的servicemanager和zygote服务进程。

至此，init进程进入死循环中处理一些消息以等待命令的到来。在这个过程中，我们将要了解以下知识。

- 在init运行的过程中产生了许多服务，它们是整个Android的基础，分别是ueventd、console、adbd、servicemanager、vold、netd、debuggerd、ril-daemon、surfaceflinger、zygote、drm、media、bootanim、dbus、bluetoothd、installd、flash_recovery、racoon、mtpd、keystore和dumpstate。
- 整个init的行为甚至整个Android核心的属性都受到启动脚本init.rc的影响。

下面我们就重点介绍zygote的启动行为，详细了解init.rc的语法。

7.1.2 init.rc的用法

Android初始化语言由声明的4个类型组成，它们分别是动作（action）、命令（command）、服务（service）和选项（option），以#开头的行表示注释。动作和服务声明新的一节并且有唯一的名字，所有的命令或者选项属于最近声明的节。如果下一个动作或者服务的名字已存在（也就是重名），则它将作为错误被忽略。

1. 动作

动作是命令序列，它有一个触发器，用于确定行动应在何时发生。当发生某一个事件时，它可以匹配到一个动作触发器，并且该动作会被添加到要执行队列的尾部(除非它已经在队列中了)。

队列中的每个动作是按顺序出列的，具体如下所示：

```
on early-init
    write /proc/1/oom_adj -16
    setcon u:r:init:s0
    start ueventd
```

动作表现为以下的形式：

```
on <trigger>
    <command>
    <command>
    <command>
......
```

触发器是一些字符串，这些字符串可用于匹配一定类型的事件，并且用于触发动作。表7-1罗列了一些触发器的定义。

表7-1 触发器的定义

触发器	说明
boot	当初始化流程触发的时候，boot是首先被触发的动作（在完成/init.conf文件加载之后）
<name>=<value>	当以<name>命名的属性值被设为特定的值<value>时，该触发器发生
device-added-<path>	当添加设备节点时，device-added-<path>定义的触发器运行
device-removed-<path>	当移除设备节点时，device-removed-<path>定义的触发器运行
service-exited-<name>	当指定的服务退出时，service-exited-<name>类型的触发器运行
<string>	自定义的触发器，可由init代码负责管理

2. 命令

命令是组成动作的成员，也就是说，动作由一个个命令组成。表7-2罗列了动作支持的命令。

表7-2 动作支持的命令

命令	说明
exec <path> [<argument>]*	fork并执行程序（<path>）。这在程序完成执行之前将阻塞一切进程，因此最好避免使用exec命令。该命令中两个参数的含义如下所示。 ❑ <path>：可执行文件的路径。 ❑ [<argument>]*：可执行文件所需的参数，参数个数可以是0或者多个
export <name> <value>	设置名字为<name>的环境变量值为<value>
ifup <interface>	打开网络接口<interface>
import <filename>	解析一个初始化配置文件，导入系统中
hostname <name>	设置主机名
chdir <directory>	修改工作目录，它的功能和cd命令一样
chmod <octal-mode> <path>	修改文件的访问权限
chown <owner> <group> <path>	修改<path>指定的问题的所有者和组
chroot <directory>	修改进程根目录为<directory>
class_start <serviceclass>	启动<serviceclass>类别的服务，如果它们没有运行的话
class_stop <serviceclass>	停止<serviceclass>类别的服务，如果它们已经处于运行状态的话
domainname <name>	设置域名
insmod <path>	在<path>上安装模块
mkdir <path> [mode] [owner] [group]	创建一个目录，其中目录路径以及名称由<path>指明。这里可以通过参数给定目录的模式、所有者和组。如果没有提供[mode] [owner] [group]，则用权限755来创建目录，并且它属于root用户root组
mount <type> <device> <dir> [<mountoption>]*	尝试在目录<dir>上挂载被命名的设备，<device>可能是mtd@name的形式，以便指定名为mtd块的设备。<mountoption>包括ro、rw、remount和noatime等
setkey	TBD
setprop <name> <value>	设置系统属性<name>为<value>

（续）

命令	说明
setrlimit <resource> <cur> <max>	设置指定资源的使用限制
start <service>	启动指定的服务，如果服务还没有运行的话
stop <service>	停止指定的服务，如果服务目前正在运行的话
symlink <target> <path>	用值<target>来在<path>上创建一个符号链接
sysclktz <mins_west_of_gmt>	设置系统闹钟基准（如果系统闹钟为GMT，则为0）
trigger <event>	触发一个事件。用于执行该触发器中的操作
write <path> <string> [<string>]*	在<path>上打开文件并且用write(2)来将一个或多个字符串写到文件上

在init.rc中，Android定义了若干动作，并且这些动作用于完成Android的初始化工作。下面以其中一个动作的配置来说明一下：

```
on fs
    mount yaffs2 mtd@system /system
    mount yaffs2 mtd@system /system ro remount
    mount yaffs2 mtd@userdata /data nosuid nodev
    mount yaffs2 mtd@cache /cache nosuid nodev
```

这个例子配置了一个触发器名为fs的动作，它由4条命令组成，这4条命令都使用mount命令挂载设备。

3. 服务

服务是一些程序，当它们退出的时候，init启动并且（选择性地）重新启动。服务表现为以下的形式：

```
service <name> <pathname> [ <argument> ]*
    <option>
    <option>
    ......
```

其中各个参数的含义如下所示。

- <name>：为服务指定一个名字。
- <pathname>：指定服务需要执行的文件路径。
- [<argument>]*：启动服务所需要的参数，参数个数可以是0个或者多个。

4. 选项

选项是服务的修改器，可以影响如何以及何时初始化运行服务。表7-3罗列了选项列表。

表7-3 选项列表

选项	说明
critical	这是一个对于设备来说比较关键的服务，如果它在4分钟内退出超过4次，那么设备将重新启动并进入recovery模式
disabled	这个服务不能通过类别自动启动，它必须通过服务名字来显示启动

(续)

选项	说明
setenv <name> <value>	设置启动进程中环境变量（由<name>指定）的值为<value>
socket <name> <type> <perm> [<user>] [<group>]]	创建名为/dev/socket/<name>的一个Unix域端口并且将它的fd传送到被启动的进程上
	<type> 必须是dgram、stream、seqpacket。设置用户和组的默认值为0
user <username>	在执行该服务之前变换用户名。如果进程需要Linux的能力，就不能使用该命令
group <groupname> [<groupname>]*	在执行该服务之前变换组名
oneshot	在服务退出时不要重新启动它
class <name>	为服务指定一个类名。一个被命名的类中的所有服务都可以一起被启动或者停止。如果服务没有通过类选项来指定的话，它是在类default中的
onrestart	当服务重新启动时，执行一条命令

下面以init.rc文件中的配置为例简要说明一个服务的配置：

```
service zygote /system/bin/app_process -Xzygote /system/bin -zygote
    --start-system-server
    class main
    socket zygote stream 666
    onrestart write /sys/android_power/request_state wake
    onrestart write /sys/power/state on
    onrestart restart media
    onrestart restart netd
```

在以上代码中，第一行配置了一个名为zygote的服务，这个服务将会运行/system/bin/app_process，剩余部分为参数（以空格分割）。

剩下的几行代码声明了此服务的选项。这说明zygote是一个类型为main的服务（classmain），并且它会创建一个socket，这个socket的类型为stream、权限为666（socket zygote stream 666）。当重启此服务的时候，需要完成以下事情。

- 写/sys/android_power/request_state为wake。
- 写/sys/power/state为on。
- 重新启动media服务。
- 重新启动netd服务。

init.rc文件需要在init启动初期被解析成系统可以识别的数据结构。前面我们读懂了init.rc的含义，下面我们就来看看init是如何保存和组织这些信息的。首先，我们来看看在init中如何表示动作、服务和命令，如表7-4所示。

表7-4 `init`中表示动作、服务和命令的组件说明

组 件	数据结构	说 明

列表节点（listnode）	<pre><<struct>>
	listnode
	+next : listnode
	+prev : listnode</pre>
		listnode是一个表示位置的数据结构，可以用来定义不同类型节点（比如动作或者服务）的执行顺序

		从左侧的数据结构中可以看出，这里面包含了两个listnode的指针，它们用于指向前一个和后一个将要执行的节点
		这些信息将帮助各种节点（动作、服务以及命令等）组成一个双向循环列表

动作（action）	<pre><<struct>>
	action
	+alist : listnode
	+qlist : listnode
	+tlist : listnode
	+hash : signed int
	+*name : char
	+commands : listnode
	+*current : command</pre>
		action中包含3个表示节点位置信息的节点，它们分别表示它本身在所有动作中的位置（alist）、在添加动作的队列中的位置（qlist）以及在某个触发器中的所有动作列表的位置（tlist）

		action数据结构中还包含了其他的重要信息，比如动作的名字（name）、包含的所有命令列表（commands）以及当前命令

服务（service）	<pre><<struct>>
	service
	+slist : listnode
	+*name : char
	+*classname : char
	+flags : unsigned
	+pid : pid_t
	+time_started : time_t
	+time_crashed : time_t
	+nr_crashed : int
	+uid : uid_t
	+gid : gid_t
	+supp_gids[NR_SVC_SUPP_GIDS] : gid_t
	+*sockets : socketinfo
	+*envvars : svcenvinfo
	+onrestart : action
	+*keycodes : int
	+nkeycodes : int
	+keychord_id : int
	+ioprio_class : int
	+ioprio_pri : int
	+nargs : int
	+*args[1] : char</pre>
		这个数据结构中包含了服务的信息，主要包括如下内容：
		❏ 该服务在所有服务列表中逻辑位置的数据结构"listnode"（slist）
		❏ 服务的基本信息，比如服务的名称、进程的相关信息、所需参数信息等

命令（command）	<pre><<struct>>
	command
	+clist : listnode
	+(*func)(int nargs,char **args) : int
	+nargs : int
	+*args[1] : char</pre>
		这个数据结构中包括以下内容：
		❏ 节点的位置信息（clist）
		❏ 命令需要执行的函数的函数指针（func）
		❏ 参数信息：nargs和args[1]

最后，我们通过解析init.rc中的一个片段来说明解析过程。

开始解析之前，需要了解对整个解析过程至关重要的一个数据结构，那就是`parse_state`，

它保存了整个解析过程中所处的状态，而图7-2显示了它的"成分"。

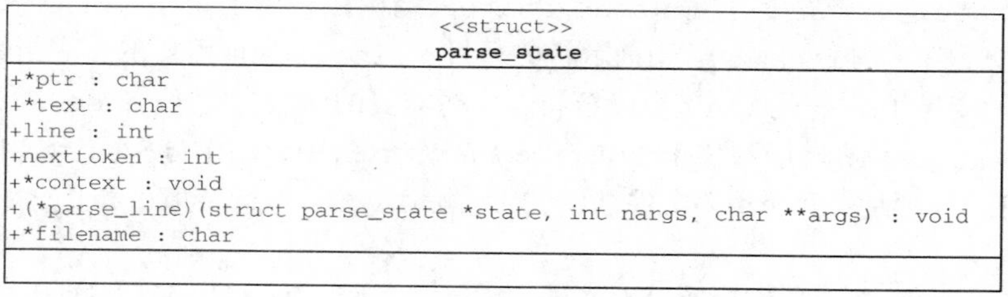

```
                    <<struct>>
                    parse_state
+*ptr : char
+*text : char
+line : int
+nexttoken : int
+*context : void
+(*parse_line)(struct parse_state *state, int nargs, char **args) : void
+**filename : char
```

图7-2　parse_state的"成分"

7.1.3　用init解析整个init.rc文件

现在我们回到init启动的初期，这里它调用了init_parse_config_file()方法，而这个方法就是解析init.rc文件的入口。用init解析整个init.rc文件的流程如图7-3所示。

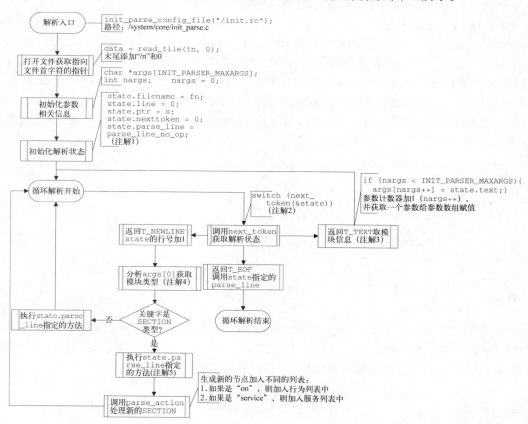

图7-3　解析init.rc文件的流程图

下面我们了解一下图7-3中的注解。

注解1：state是一个被命名为parser_state的结构体，用于保存当前文件的解析状态信息，包括解析的文件（filename）、当前解析的行号（line）、当前解析的文字指针（ptr）、指示下一个动作的变量（nexttoken）以及解析这一行需要的函数指针（parse_line）等。

注解2：next_token()函数位于/system/core/init/parse.c中，用于分析init.rc文件的内容。它只返回3个状态，分别是：T_EOF（文件结束）、T_NEWLINE（一行结束）和T_TEXT（表示遇到第一个空格）。

注解3：init.rc中每一行的信息通过空格被分割为若干段，而这些信息共同组成args[INIT_PARSER_MAXARGS]的内容，并由nargs计数。例如on fs经过解析后，这一行分为两段（分别是on和fs），分别存放在args中，计数器的值为2。

注解4：init.rc的每一行经过分割后，需要分析其类型（由lookup_keyword返回）。/system/core/init/keywords.h中定义了所有关键字的类型。

在片段KEYWORD(on, SECTION,0,0)中，on关键字是一个SECTION，有0个（也就是不需要）参数，没有对应的触发函数（也就是最后一个0）。

注解5：state.parse_line是一个函数指针，可以根据关键字指向两种不同的解析方法——parse_line_service（处理服务的选项）和parse_line_action（处理行为的命令）。

按照这个流程，init完成整个init.rc文件的解析，并生成service_list和action_list。后续流程所需要的信息将从这两个列表中获取，将需要执行的命令或启动的服务加入action_queue中，这样就完成了Android系统基础部分的启动。

在启动的过程中，需要特别注意的是，我们通过action_for_each_trigger()方法声明需要执行的命令队列，该方法的代码如下所示：

```
void action_for_each_trigger(const char *trigger, void (*func)(struct action *act))
{
    struct listnode *node;
    struct action *act;
    list_for_each(node, &action_list) {
        act = node_to_item(node, struct action, alist);
        if (!strcmp(act->name, trigger)) {
            func(act);
        }
    }
}
```

在上述代码中，list_for_each()用于遍历action_list中的每一个节点，返回节点在列表中的位置信息，然后通过node_to_item()方法生成一个action的信息，最后执行func()函数。

action_for_each_trigger()方法在init.c中是这样调用的：

```
action_for_each_trigger(early-init,action_add_queue_tail);
```

它的含义是，在action_list中查找名字为early-init的节点，并将其信息通过action_add_queue_tail()方法加入action_queue队列的尾部。

然后在init的无限循环中遍历action_queue中的每一个节点，执行它们所包含的命令。

讲到这里，我们了解了init如何对待init.rc文件的内容。下面扩展一下知识，概要介绍一下Android系统中*.rc文件的关键字及其使用需求，具体如表7-5所示。如果你想修改或编写自己的.rc文件，那么请关注表7-5所示的内容。

表7-5　Android系统中*.rc文件的关键字及其使用需求

关　键　字	类　　型	参数个数
capability	OPTION	0
chdir	COMMAND	1
chroot	COMMAND	1
class	OPTION	0
class_start	COMMAND	1
class_stop	COMMAND	1
class_reset	COMMAND	1
console	OPTION	0
critical	OPTION	0
disabled	OPTION	0
domainname	COMMAND	1
exec	COMMAND	1
export	COMMAND	2
group	OPTION	0
hostname	COMMAND	1
ifup	COMMAND	1
insmod	COMMAND	1
import	SECTION	1
keycodes	OPTION	0
mkdir	COMMAND	1
mount	COMMAND	3
on	SECTION	0
oneshot	OPTION	0
onrestart	OPTION	0
restart	COMMAND	1
rm	COMMAND	1
rmdir	COMMAND	1
service	SECTION	0
setenv	OPTION	2
setkey	COMMAND	0
setprop	COMMAND	2
setrlimit	COMMAND	3
socket	OPTION	0
start	COMMAND	1
stop	COMMAND	1
trigger	COMMAND	1

(续)

关键字	类型	参数个数
Symlink	COMMAND	1
sysclktz	COMMAND	1
user	OPTION	0
wait	COMMAND	1
write	COMMAND	2
copy	COMMAND	2
chown	COMMAND	2
chmod	COMMAND	2
loglevel	COMMAND	1
load_persist_props	COMMAND	0
ioprio	OPTION	0

7.2 创建 system_service 进程

在init进程的启动过程中，比较重要的部分是由孵化进程启动system_service进程，下面就详细介绍一下这个部分。system_service进程将会为我们创建一些重要的Android核心服务，包括ActivityManagerService、PackageManagerService和PowerManagerService等，这些将成为应用程序的基础，并为应用程序提供必要的接口。

7.2.1 创建流程

完成应用的初始化流程之后，init进程将创建一个名叫system_service的重要进程，而我们将在此进程中创建Android核心服务。图7-4显示了system_process进程以及核心服务的创建过程。

下面我们了解一下图7-4中的注解。

注解1：init进程会按顺序启动各种类型的服务（包括core和main）。首先启动core类型的服务，然后启动main类型的服务。由于孵化服务为main类型，所以它会在core类型的服务之后启动。因此，这里先启动用于管理服务的服务——servicemanager。启动和入口如下所示。

(1) 启动：service zygote /system/bin/app_process -Xzygote /system/bin --zygote --start-system-server

(2) 入口：/frameworks/base/cmds/app_process/app_main.cpp的main()函数

注解2：此时转向/frameworks/base/core/jni/AndroidRuntime.cpp的start()函数。

注解3：启动代码如下：

```
jmethodID startMeth = env->GetStaticMethodID(startClass, "main",…);
env->CallStaticVoidMethod(startClass, startMeth, strArray);
```

此时转向com.android.internal.os.ZygoteInit的main()方法执行。

注解4：

- 加载frameworks下的preloaded-classes类。

❑ 加载framework-res.apk下的资源。

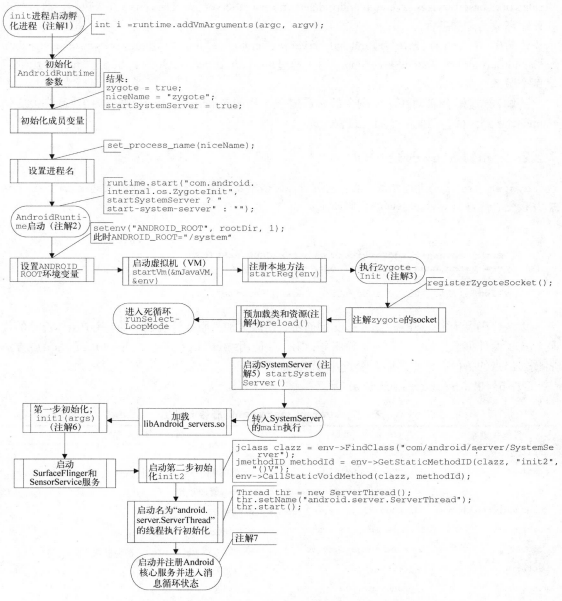

图7-4 system_service进程以及核心服务的创建过程

注解5：孵化进程的主要目的就是孵化出system_process进程,这个时候流程将转向/frameworks/base/services/java/com/android/server/SystemServer.java的main()方法执行,而自身进入死循环成为守护进程。

注解6：init1()调用本地android_server_SystemServer_init1（/frameworks/base/services/jni/com_android_server_SystemServer.cpp）后,通过libAndroid_servers.So的system_init()函数启动两个服务并启动init2()。

注解7：这里会启动并注册剩余的必需服务（比如包服务和Activity服务等）。最终会启动Launcher来到桌面,至此整个启动过程完成。

7.2.2 system_service简介

system_service进程非常重要,它创建了许多重要的服务,那么如何加入system_service中并接受管理呢？具体如下面的代码所示：

```
try {
    Slog.i(TAG, "Backup Service");
    ServiceManager.addService(Context.BACKUP_SERVICE,
    new BackupManagerService(context));
} catch (Throwable e) {
    Slog.e(TAG, "Failure starting Backup Service", e);
}
```

以上代码展示了system_process如何将备份服务加入服务管理器中的,其中粗体部分的代码完成了两件事情：第一,创建备份服务；第二,使用ServiceManager的addService()方法将创建出来的备份服务实例加入服务管理器中加以管理。

表7-6列出了system_service的服务关键字等知识。

表7-6 **system_service**的服务说明

服务关键字	类	备 注
entropy	EntropyService	熵服务
power	PowerManagerService	电源管理服务（Context.POWER_SERVICE）
activity	ActivityManagerService	Activity管理服务
telephony.registry	TelephonyRegistry	电话服务
package	PackageManagerService	包管理服务
account	AccountManagerService	账户管理服务（Context.ACCOUNT_SERVICE）
battery	BatteryService	电池服务
vibrator	VibratorService	振动服务
alarm	AlarmManagerService	报警服务（Context.ALARM_SERVICE）
window	WindowManagerService	窗口服务（Context.WINDOW_SERVICE）
bluetooth	BluetoothService	蓝牙服务（BluetoothAdapter.BLUETOOTH_SERVICE）
statusbar	StatusBarManagerService	状态栏管理服务（Context.STATUS_BAR_SERVICE）

（续）

服务关键字	类	备注
input_method	InputMethodManagerService	输入法管理服务（Context.INPUT_METHOD_SERVICE）
location	LocationManagerService	位置管理服务（Context.LOCATION_SERVICE）
wallpaper	WallpaperManagerService	壁纸管理服务（Context.WALLPAPER_SERVICE）
audio	AudioService	声音服务（Context.AUDIO_SERVICE）
user	UserManagerService	用户管理服务（Context.USER_SERVICE）

下面以获取声音服务为例介绍获取服务的方法：

```
AudioService as = (AudioService)context.getSystemService(Context.AUDIO_SERVICE);
```

此时整个系统也就完成了启动工作，这也意味着我们可以开始使用Android设备了。

第8章 备份管理服务

第7章介绍了Android系统启动的流程,了解了在系统启动过程中一些重要的系统服务。本章中,我们将介绍这些服务中的备份管理服务。

8.1 备份管理服务的启动方式和流程

通过上一章的介绍,我们知道system_server进程启动了许多Android系统核心服务,其中就包含本节将要介绍的备份管理服务。在这一节中,我们将介绍该服务。

8.1.1 备份管理服务的启动

下面先简要说一下备份服务的启动方式,具体如下列代码所示:

```
try {
    Slog.i(TAG, "Backup Service");
    ServiceManager.addService(Context.BACKUP_SERVICE,
    new BackupManagerService(context));
} catch (Throwable e) {
    Slog.e(TAG, "Failure starting Backup Service", e);
}
```

通过上面的代码可以看到,启动备份管理服务实际上完成了两件事情。
❑ 构造BackupManagerService实例。
❑ 将此实例作为服务加入到服务管理器中。
如果这些代码可以顺利完成,那么BackupManagerService就加入到系统服务中了。当有备份或者恢复需求的时候,此服务将会启动,用以完成备份或者恢复任务。

8.1.2 详解备份管理服务的流程

现在,我们先讲解一下如何构建BackupManagerService实例,具体流程如图8-1所示。

8.1 备份管理服务的启动方式和流程

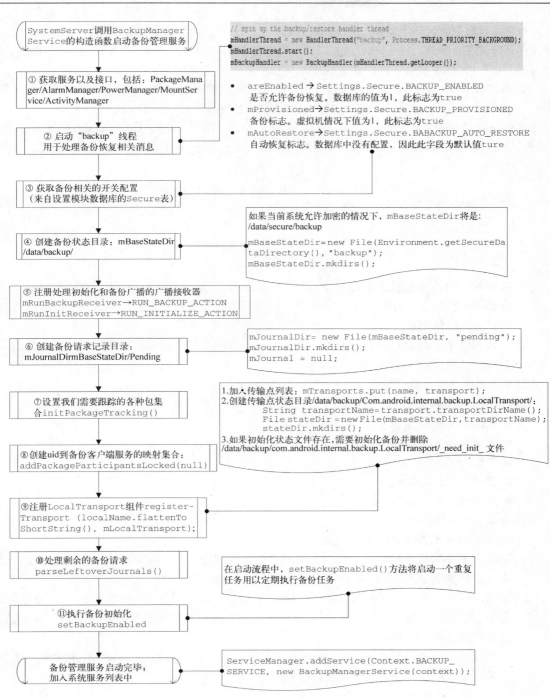

图8-1 构建BackupManagerService实例

按以上流程完成这些步骤后，`BackupManagerService`便处于运行状态，并且还创建了一些用于保存备份状态的目录。此后，我们就可以使用备份服务提供的接口，以IPC的方式使用备份服务了。

对照图8-1，在备份服务的启动过程中，有几个重要步骤需要讲解一下。

- 在步骤④中，我们需要创建保存备份状态的基础目录backup。backup目录的创建位置随着 `persist.security.efs.enabled` 属性的改变而改变。`persist.security.efs.enabled`属性用于控制系统是否启用加密，如果启用了加密，那么backup目录的创建路径将变为/data/secure/backup。`getSecureDataDirectory()`方法演示了这个变化，具体代码如下所示：

```
public static File getSecureDataDirectory() {
    if (isEncryptedFilesystemEnabled()) {
        return SECURE_DATA_DIRECTORY;
    } else {
        return DATA_DIRECTORY;
    }
}
```

- 在步骤⑥中，备份服务将会创建用于保存备份请求记录的pending目录。在这个目录下，会创建一些以 journal开头的记录文件，这些记录文件会在我们使用备份管理服务执行备份任务的时候创建。

- 在步骤⑦中，可通过调用`initPackageTracking()`方法初始化需要跟踪的各种包的集合，具体流程如图8-2所示。

这里需要注意以下文件格式。

- data/backup/ancestral文件格式
    - Version（版本号）：这个值通常为1
    - 历史`Token`值
    - 当前`Token`值
    - 已经保存包的数量
    - 包名的列表（由若干行组成）
- data/backup/processed文件格式

    包名的列表（由若干行组成）

    这里主要是对历史记录进行处理，原因是在备份过程中由于各种各样的原因会导致备份中断，比如电量不足导致机器重启等。

    最后注册了一些用于监视应用程序变化的广播接收器。当包发生变化的时候（比如移除、安装、置换应用程序等），备份管理服务将会被启动，用于将应用程序中需要备份的数据备份出来或者有条件地还原回去。

- 在步骤⑧中，我们通过`addPackageParticipantsLocked()`方法创建了uid到客户端服务的一个映射列表，它的流程图如图8-3所示。

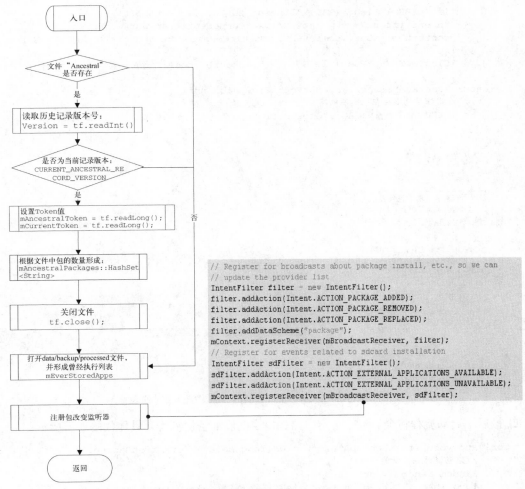

图8-2 初始化需要跟踪的各种包的集合

- 在步骤⑨中创建一个本地传输节点。谷歌提供了云存储服务，使用这个服务可以极大地丰富备份手段，这里我们可以使用本地备份或者云备份的方式。在备份服务启动的过程中，除了创建一个本地传输节点外，还创建一个基于谷歌云备份的远程传输节点，具体代码如下所示：

```
ComponentName transportComponent = new ComponentName("com.google.android.backup",
    "com.google.android.backup.BackupTransportService");
try {
    //创建基于谷歌云服务的备份节点
    ApplicationInfo info = mPackageManager.getApplicationInfo(
        transportComponent.getPackageName(), 0);
    if ((info.flags & ApplicationInfo.FLAG_SYSTEM) != 0) {
```

```
            if (DEBUG) Slog.v(TAG, "Binding to Google transport");
            Intent intent = new Intent().setComponent(transportComponent);
            context.bindService(intent, mGoogleConnection, Context.BIND_AUTO_CREATE);
        } else {
            Slog.w(TAG, "Possible Google transport spoof: ignoring " + info);
        }
    } catch (PackageManager.NameNotFoundException nnf) {
        // 应用程序包不存在,则不创建
        if (DEBUG) Slog.v(TAG, "Google transport not present");
    }
```

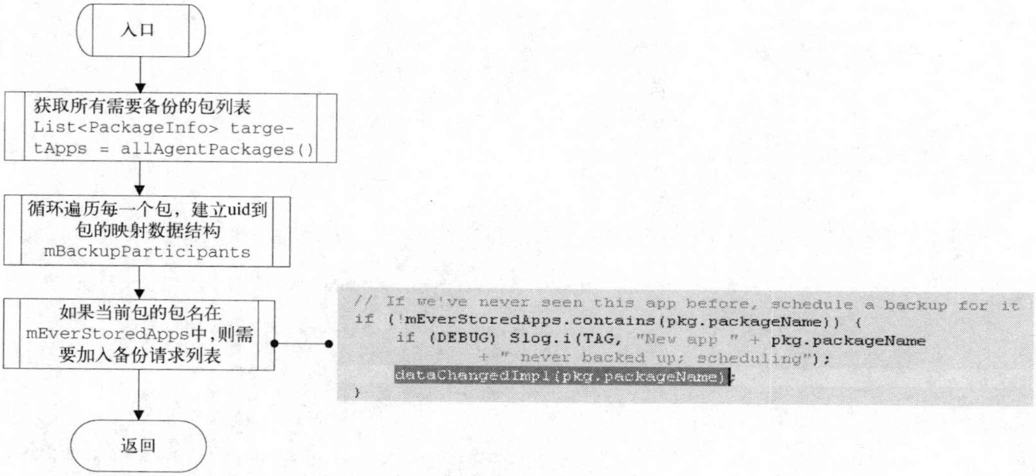

图8-3 创建一个uid到客户端服务的映射列表

- 最后,启动流程将会启动一个定时器,以定期启动备份流程,具体代码如下所示:

```
private void startBackupAlarmsLocked(long delayBeforeFirstBackup) {
    //启动定时备份功能
    Random random = new Random();
    long when = System.currentTimeMillis() + delayBeforeFirstBackup +
        random.nextInt(FUZZ_MILLIS);
    mAlarmManager.setRepeating(AlarmManager.RTC_WAKEUP, when,
        BACKUP_INTERVAL + random.nextInt(FUZZ_MILLIS), mRunBackupIntent);
    mNextBackupPass = when;
}
```

至此,备份服务完成了一些自身所需的数据结构的初始化(比如mBackupParticipants和mEverStoredApps等)、相关目录的创建或者处理(backup目录下的文件处理)、广播的注册、线程以及相关心跳处理。图8-4展示了服务启动完成后的备份状态目录结构。

图8-4 备份状态目录结构

8.2 使用备份管理服务

上一节简单介绍了BackupManagerService的启动方式和流程,本节将讲述如何使用bmgr工具,如何以代码的方式实现一次备份和恢复,还将讨论重新安装一个拥有备份功能的应用程序时备份服务的行为。

8.2.1 bmgr工具简介

bmgr工具是Android系统提供的命令行工具,位于/system/bin目录下,其作用是与备份管理器交互完成我们需要的备份还原功能。在第二篇中,我们曾经粗略地介绍过这个工具,这里我们再详细讨论一下如何使用该工具。表8-1描述了bmgr命令及其操作。

表8-1 bmgr命令以及操作

操 作	注 解	使用方法
backup <package>	用于通知备份管理器数据已经发生变化,需要进行备份。但是在这个时间点,备份管理器并不会马上执行一次备份过程,而是将备份请求加入备份队列中等待一次备份周期的到来(这里的备份周期为1小时)	adb shell bmgr backup cn.turing.backup
run	不等待一个备份周期到来而强制执行一次备份操作	adb shell bmgr run
restore <package> restore <TOKEN> restore TOKEN PACKAGE...	与备份操作不一样的是,还原操作将会立即执行。还原操作提供了3种不同的还原方式:按包、TOKEN和混合方式	adb shell bmgr restore cn.turing.backup
wipe <package>	擦除操作会导致参数给定的应用程序包的所有备份数据被擦除。下一次备份操作将重写整个数据集	adb shell bmgr wipe cn.turing.backup
enabled	启用操作将汇报当前备份机制的状态,这些状态包括启用和禁用这两种	adb shell bmgr enabled
enable <boolean>	enable命令用于启用或者禁用备份机制,它的参数只有true和false两种。当将其值设置为false时,备份和还原操作将不会执行	adb shell bmgr enable false adb shell bmgr enable true

注意 这里假设应用程序BackupTest已经实现了自己的备份代理并确保备份已打开,它的包名为cn.turing.backup。

下面将从源代码的角度去解释这些操作的工作原理。bmgr命令的源代码位于framework/base/cmds/bmgr/src/com/android/commands/bmgr/Bmgr.java。每执行一次bmgr命令,都会从Bmgr.java的main()方法触发执行不同的分支。如果不带任何参数或者输入一个错误的操作,将会出现一段提示。图8-5显示了每执行一条bmgr命令时bmgr工具的内部行为。

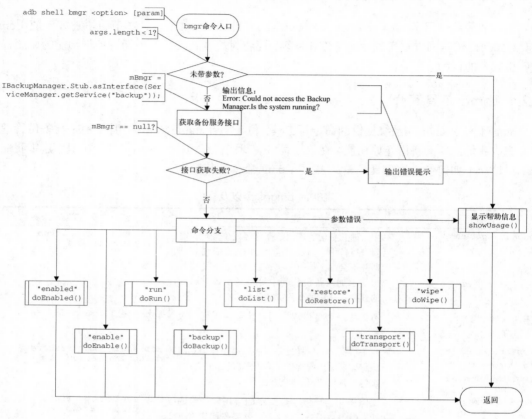

图8-5 每执行一条命令时bmgr工具的内部行为的流程图

8.2.2 使用bmgr工具实现备份与恢复

在这一节中,我们将详细介绍brngr工具的一些重要操作。

1. `adb shell bmgr enable <true | false>`

启用或者禁用备份服务操作对应doEnable()方法。在此方法中,我们使用备份服务的setBackupEnabled接口修改备份管理服务的使用状态。图8-6展示了doEnable()方法的行为。

2. `adb shell bmgr backup <package>`

备份请求操作对应doBackup()方法。在这个方法中,我们将把当前的备份请求加入请求列表中,这由备份管理服务的dataChanged()方法完成。如果我们这样使用备份操作(adb shell bmgr backup),将会出现bmgr的命令帮助输出,关键代码如下所示:

```
private void doBackup() {
```

```
......
    //调用BackupManagerService的dataChanged(1)方法将备份请求加入请求列表中
    mBmgr.dataChanged(pkg);
......
}
```

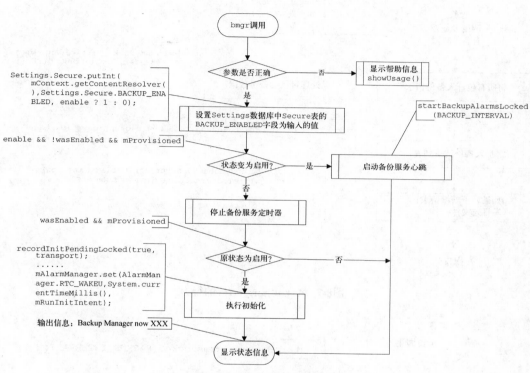

图8-6　doEnable()方法的行为

图8-7展示了dataChanged()的行为。

3. adb shell bmgr run

强制执行备份操作对应doRun()方法。由于在备份服务启动的时候，启动了一个时间间隔为1小时的重复定时器来执行实际的备份操作，因此我们的每一次请求都不会马上执行。而我们执行了这个命令以后，bmgr调用了备份管理服务的backupNow()方法，强制马上执行一次备份操作,关键代码如下所示：

```
private void doRun() {
    ......
    //强制执行备份操作
    mBmgr.backupNow();
    ......
}
```

backupNow()方法的行为如图8-8所示。

第 8 章　备份管理服务

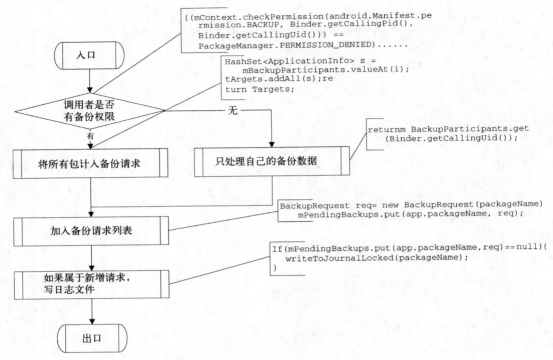

图8-7　dataChanged()的行为

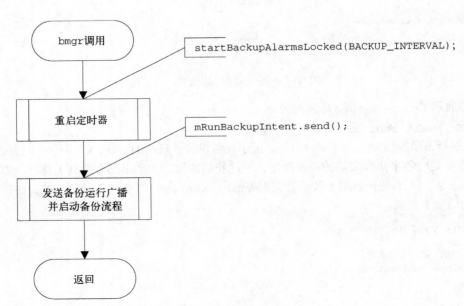

图8-8　backupNow()方法的行为

8.2 使用备份管理服务

接下来,我们来看看备份流程的交互图,以此了解其内部机制,如图8-9所示。

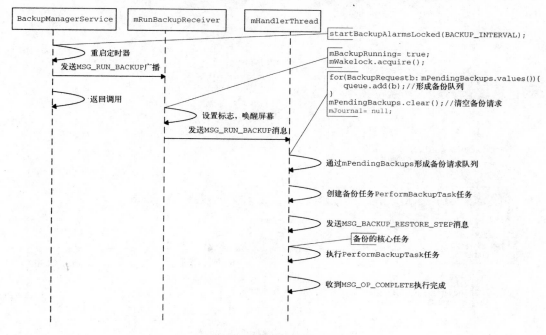

图8-9 备份流程的交互图

从图8-9中可知,备份流程的核心是 `PerformBackupTask` 的执行,下面来详细谈谈这个任务。`PerformBackupTask` 是一个实现了 `BackupRestoreTask` 接口的类,其结构如图8-10所示。

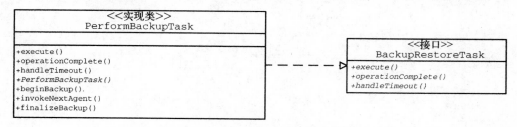

图8-10 `PerformBackupTask` 类

`PerformBackupTask` 按照固定的流程实现一个备份操作,具体流程如图8-11所示。

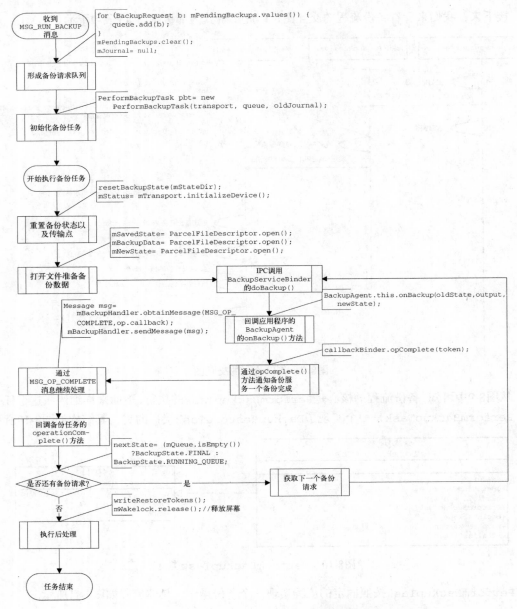

图8-11　PerformBackupTask实现备份操作的流程

4. adb shell bmgr restore

恢复操作对应doRestore()方法。由表8-1可知，恢复操作可以携带多种类型的操作参数，为此doRestore()方法按照输入提供了不同的分支，如图8-12所示。

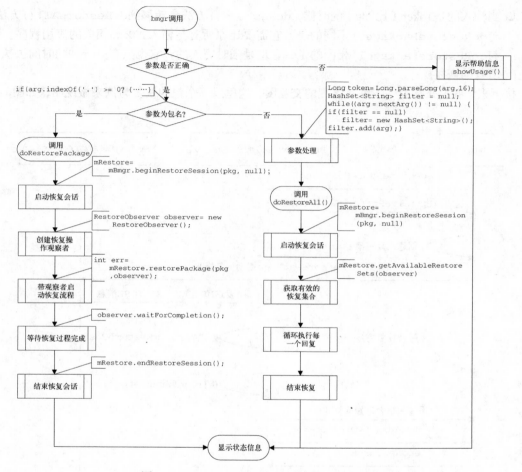

图8-12 doRestore()方法提供了不同的分支

这里有必要对两种情况作出如下说明。

- 当输入的是包名（比如cn.turing.backup）的时候，doRestore()方法会转移到doRestorePackage()方法中。在doRestorePackage()方法中，首先使用BackupManagerService的beginRestoreSession()方法创建一个用于恢复操作的会话，然后将一条MSG_RUN_RESTORE消息交由BackupManagerService的线程处理。在处理过程中，通过应用程序实现的备份来回调接口执行应用程序所指定的恢复操作。最后，调用BackupManagerService的endRestoreSession()方法完成这次会话。需要注意的是，恢复操作是有时间限制的，它需要在1分钟内完成，否则将视为超时处理。

- 当输入的是Token（比如0）的时候，doRestore()方法会转移到doRestoreAll()方法。与doRestorePackage()不同的是，它需要还原所有与输入Token相关的应用程序。而与doRestorePackage()相同的是，它也是限时完成的，它也只有一分钟的时间去执行所有的恢复操作。

接下来，我们来探究一下恢复流程的交互图，这里以一个包的恢复为例来做说明，如图8-13所示。

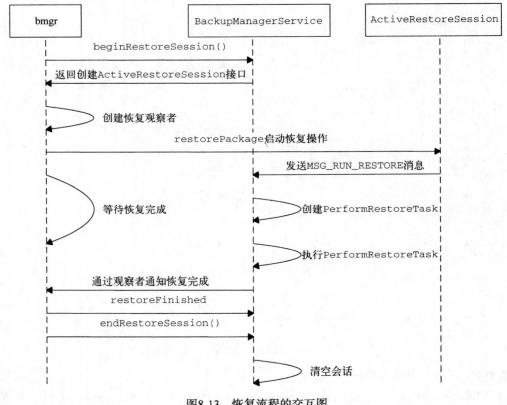

图8-13　恢复流程的交互图

从图8-13中可以看到，整个恢复操作的核心是一个类型为PerformRestoreTask的对象。Android是怎样描述这个类呢？具体如图8-14所示。

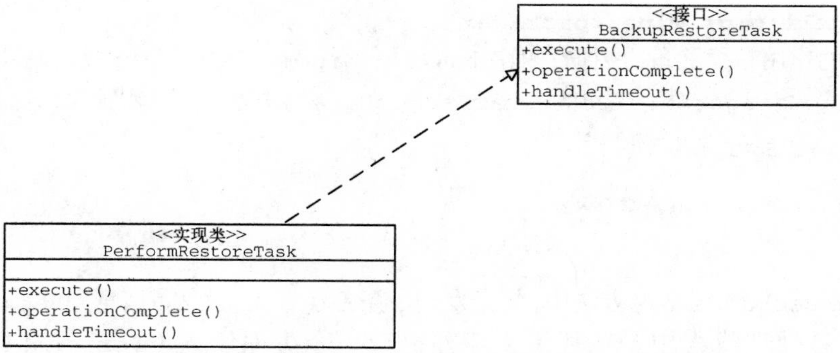

8.2 使用备份管理服务

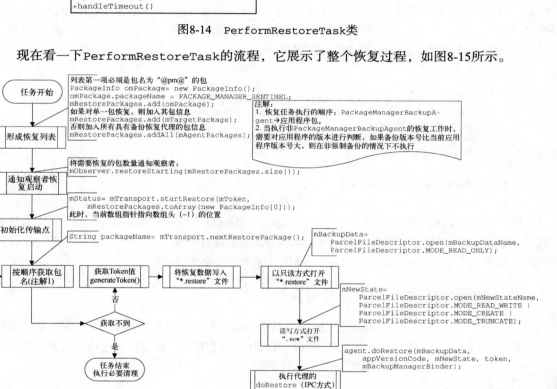

图8-14 PerformRestoreTask类

现在看一下PerformRestoreTask的流程，它展示了整个恢复过程，如图8-15所示。

图8-15 PerformRestoreTask的流程

5. adb shell bmgr wipe <package>

这条命令的作用是擦除备份数据,对应bmgr的doWipe()方法。这个方法的核心只有一个,就是调用BackupManagerService的clearBackupData()方法,具体代码如下:

```
private void doWipe() {
    ......
    mBmgr.clearBackupData(pkg);
    ......
}
```

而在clearBackupData()方法中,将会发送一条MSG_RUN_CLEAR消息到BackupManager-Service的消息处理线程中,在那里创建并执行一个清理任务(PerformClearTask)。PerformClearTask的主要工作是清理备份目录中的过程性文件。PerformClearTask只是一个实现Runnable的类,它的主体如下列代码所示:

```
public void run() {
    try {
        File stateDir = new File(mBaseStateDir, mTransport.transportDirName());
        File stateFile = new File(stateDir, mPackage.packageName);
        stateFile.delete();
        mTransport.clearBackupData(mPackage);
    }......
}
```

6. adb shell bmgr enabled

它显示了设备上的备份机制是否处于启用状态,对应doEnabled()方法。在doEnabled()方法中,我们会调用备份管理服务的isBackupEnabled()方法。isBackupEnabled()方法将返回一个布尔值,而这个布尔值来自设置(Settings)数据库中Secure表关于backup_enabled的值。如果我们使用enable <Boolean>操作,这个值将会改变。

8.2.3 用编程的方式实现备份与恢复

在上一节中,我们学习了如何使用bmgr工具实现应用程序的备份与恢复,还了解了其工作原理。实际上,除了可以使用bmgr工具备份与恢复应用程序数据外,还可以通过编程的方式来实现备份与恢复,下面我们就来详细介绍一下这个方法。

备份操作的代码如下:

```
new BackupManager(this).dataChanged();
```

注意 如果选择这种方式实现备份,它并不会立即执行备份,而是添加到备份列表中。

恢复操作的代码如下:

```
new BackupManager(this)..requestRestore(new RestoreObserver(){
    ......
});
```

注意 RestoreObserver是一个还原过程的观察者，它提供了一些回调方法，告知应用程序还原的当前过程，这些过程包括开始恢复、正在恢复以及恢复完成。

对比bmgr命令，通过编程实现备份与恢复操作并没有直接与BackupManagerService交互，而是通过备份管理器转发操作，而备份管理器只提供了一个以上下文为参数的构造函数路径framework/base/core/java/android/app/backup/BackupManager.java，具体如下面的代码所示：

```
public BackupManager(Context context) {
    mContext = context;
}
```

当执行备份与恢复操作时，首先需要获取管理备份与恢复的接口（IBackupManager）：

```
private static void checkServiceBinder() {
    if (sService == null) {
        sService = IBackupManager.Stub.asInterface(
            ServiceManager.getService(Context.BACKUP_SERVICE));
    }
}
```

而后续操作都通过sService这个全局变量与BackupManagerService交互。

当执行备份操作时，BackupManager的dataChanged()方法将会调用BackupManagerService的dataChanged()方法，具体过程与bmgr命令的备份操作一致：

```
public void dataChanged() {
    ......
    if (sService != null) {
        try {
            sService.dataChanged(mContext.getPackageName());
        } catch (RemoteException e) {
            Log.d(TAG, "dataChanged() couldn't connect");
        }
    }
}
```

当执行恢复操作的时候，BackupManager的requestRestore()方法将会调用BackupManagerService的beginRestoreSession()方法创建一个恢复会话实例，然后在此会话的基础上执行恢复操作。完成以后，调用BackupManagerService的endRestoreSession()方法结束此会话：

```
public int requestRestore(RestoreObserver observer) {
    ......
    try {
        IRestoreSession binder
            = sService.beginRestoreSession(mContext.getPackageName(),null);
        session = new RestoreSession(mContext, binder);
        result =session.restorePackage(mContext.getPackageName(),observer);
    } catch (RemoteException e) {
            Log.w(TAG, "restoreSelf() unable to contact service");
    } finally {
        if (session != null) {
```

```
            session.endRestoreSession();
        }
    }
    return result;
}
```

另外，BackupManager还提供了一个公共的静态方法dataChanged()，以更轻量的方式实现备份，这个方法与上述的备份操作的作用相同，不同的是，我们需要为它提供一个描述应用程序包名的字符串作为参数，其原型如下：

```
public static void dataChanged(string packageName) {}
```

8.3 应用程序在被重新安装过程中的备份和还原

在重新安装那些需要备份的应用程序时，也会触发备份与还原操作，这一节将讲述这个过程的工作原理。

假设应用程序BackupTest在执行一次备份操作后，由于某种原因（可能是因为版本更新等）被重新安装，那么在安装过程中将进行如下操作。

(1) 包管理服务会通过进程间通信的方式调用备份管理服务的restoreAtInstall()方法，并将正在安装的包的包名和一个token值通过参数传递给此方法。以下是restoreAtInstall()函数的原型：

```
public void restoreAtInstall(string packageName, int token){}
```

(2) 转移到restoreAtInstall()后，备份管理服务将准备执行一次还原操作。它将一条MSG_RUN_RESTORE消息发送到backup线程的消息处理器上去处理。当然，这是有条件的，首先它必须有已经备份的数据，而后必须是允许备份的。restoreAtInstall()的部分代码如下：

```
public void restoreAtInstall(string packageName, int token) {
    ......
    long restoreSet = getAvailableRestoreToken(packageName);
    ......
    if (mAutoRestore && mProvisioned && restoreSet != 0) {
        ......
        Message msg = mBackupHandler.obtainMessage(MSG_RUN_RESTORE);
        msg.obj = new RestoreParams(getTransport(mCurrentTransport), null,
            restoreSet, pkg, token, true);
        mBackupHandler.sendMessage(msg);
    }
    ......
}
```

(3) 当backup线程接收到MSG_RUN_RESTORE消息后，线程为这次恢复操作新建一个恢复任务（PerformRestoreTask）并执行它：

```
PerformRestoreTask task = new PerformRestoreTask(
    params.transport, params.observer,
    params.token, params.pkgInfo, params.pmToken,
    params.needFullBackup, params.filterSet);
```

```
......
BackupRestoreTask task = (BackupRestoreTask) msg.obj;
if (MORE_DEBUG) Slog.v(TAG, "Got next step for " + task + ", executing");
task.execute();
```

(4) 恢复任务从一个名为`beginRestore()`的方法开始，按照要求收集需要恢复的应用程序包信息，代码如下所示：

```
void beginRestore() {
    ......
    if (mTargetPackage == null) {
        ......
        mRestorePackages.addAll(mAgentPackages);
    } else {
        ......
        mRestorePackages.add(mTargetPackage);
    }
    mStatus = BackupConstants.TRANSPORT_OK;
    executeNextState(RestoreState.DOWNLOAD_DATA);
}
```

如果没有输入包信息，则收集所有需要备份的应用程序的信息；如果有，则只收集当前需要恢复的应用程序包信息。这些信息都保存在`mRestorePackages`中。初始化完成后，`mRestorePackages`中包含了一个包名叫@pm@、需要恢复的应用程序包信息。

(5) `PerformRestoreTask`将调用`downloadRestoreData()`方法初始化本地传输点：

```
mStatus = mTransport.startRestore(mToken,
    mRestorePackages.toArray(new PackageInfo[0]));
```

(6) 当完成本地传输点的初始化以后，开始执行`restorePmMetadata()`方法来执行@pm@包的初始化工作，这些事情由`initiateOneRestore()`方法完成：

```
PackageInfo omPackage = new PackageInfo();
omPackage.packageName = PACKAGE_MANAGER_SENTINEL;
mPmAgent = new PackageManagerBackupAgent(mPackageManager, mAgentPackages);
initiateOneRestore(omPackage,
    0,
    IBackupAgent.Stub.asInterface(mPmAgent.onBind()),
    mNeedFullBackup);
```

完成以上工作后重复恢复操作，就完成了整个过程。

很多情况下，我们都需要备份数据以防万一。Android系统提供了备份管理服务这一强大的工具，为开发应用程序提供了保障，所以，掌握这个工具的用法在开发过程中是非常有用的。

需要注意的是，如果你打算使用谷歌提供的云备份来备份你的数据，那么需要考虑一下是否存在隐私数据。

第 9 章 Activity管理服务

Activity管理服务（ActivityManagerService）也是Android核心服务之一，与备份管理服务一样，也在服务管理器中管理。

9.1 ActivityManagerService 简介

ActivityManagerService是整个Android框架中最核心的一个服务，它负责管理整个框架中与应用相关的任务，管理与应用程序相关的进程信息，分析Intent信息等核心实现。

ActivityManagerService管理的不仅仅是Activity，还有其他组件，包括广播接收器、服务和内容提供者以及它们所在的进程。

在system_server进程启动的第二阶段（SystemServer@init2()），开始启动Android框架所需要的各种服务（比如PackageManagerService、ActivityManagerService和PowerManagerService等）。在这些服务中，ActivityManagerService尤为重要，它的启动贯穿在整个启动的第二阶段中，直到第二阶段结束。

9.2 ActivityManagerService 的使用

ActivityManagerService的重要任务之一是必要时生成应用程序进程并保存进程信息。这里之所以说"必要时"，是因为ActivityManagerService对应用程序的进程采用重用模式。换句话说，在它为应用程序创建进程之前，首先查询是否已经存在一个这样的进程，如果存在则不再创建，而是重用这个进程，反之则创建一个名称是包名的进程并保存它的进程信息。

9.2.1 孵化进程

孵化进程主要用来孵化应用程序的进程，负责完成所有应用程序进程的生成工作。在孵化进程启动的时候，就为生成应用程序进程做好了准备。ActivityManagerService在它认为必要的时候，会通过socket方法与孵化进程交互，而孵化进程将按照传递的参数的要求生成一个应用程序的进程，并将进程信息返回到ActivityManagerService以便重用，这将在9.3节中详细介绍。图9-1描述了"孵化进程"的过程。

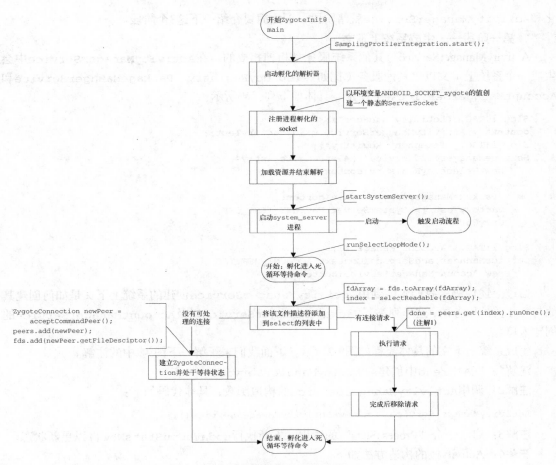

图9-1 孵化进程的过程

在图9-1中，注解1指runOnce()方法最重要的作用就是处理来自ActivityManagerService的请求以创建应用程序进程，主要代码如下所示：

```
pid = Zygote.forkAndSpecialize(parsedArgs.uid, parsedArgs.gid,
    parsedArgs.gids, parsedArgs.debugFlags, rlimits);
```

在图9-1所示流程的最后，将进入一个等待消息的死循环中。在进入这个死循环以后，就得到ActivityManagerService所需的重要资源。在ActivityManagerService的启动过程中，会以命令的方式请求孵化进程孵化出一些应用程序相关的进程，其中就包括Launcher的进程。下面简要介绍ActivityManagerService启动的一些细节。

9.2.2 ActivityManagerService启动的3个阶段

ActivityManagerService的启动分为3个阶段，主要包括生成系统上下文、内部对象初始化和`ActivityManagerService`就绪阶段，下面简要介绍一下这3个阶段。

1. 第一阶段——生成系统上下文

`ActivityManagerService`与其他系统服务是相辅相成的。在`ActivityManagerService`中会生成一个系统上下文以供其他服务（比如`TelephonyRegistry`、`PackageManagerService`和`AccountManagerService`等）使用，具体如下列代码所示：

```
Slog.i(TAG, "Activity Manager");
context = ActivityManagerService.main(factoryTest);
Slog.i(TAG, "Telephony Registry");
ServiceManager.addService("telephony.registry",
    new TelephonyRegistry(context));
......
pm = PackageManagerService.main(context,
    factoryTest != SystemServer.FACTORY_TEST_OFF,
    onlyCore);
......
Slog.i(TAG, "Account Manager");
ServiceManager.addService(Context.ACCOUNT_SERVICE,
    new AccountManagerService(context));
```

通过上述代码，我们了解到由`ActivityManagerService`创建的系统上下文是如何创建其他与之相关的服务的，这里列举了`PackageManagerService`以及`AccountManagerService`的创建入口。

生成系统上下文的具体流程如图9-2所示。下面我们来了解一下图9-2中的注解。

注解1：在`AThread`中创建`ActivityManagerService`。

注解2：调用`ActivityManagerService`的构造函数，具体代码如下：

`ActivityManagerService m = new ActivityManagerService();`

注解3：启动一个 "ProcessStats" 的线程，不断执行`updateCpuStatsNow()`以更新状态。

注解4：Activity栈的构造方法如下：

```
ActivityStack(ActivityManagerService service, Context context, boolean mainStack) {
    mService = service;
    mContext = context;
    mMainStack = mainStack;
    PowerManager pm =(PowerManager)context.getSystemService(Context.POWER_SERVICE);
    mGoingToSleep = pm.newWakeLock(PowerManager.PARTIAL_WAKE_LOCK, "ActivityManager-
        Sleep");
    mLaunchingActivity = pm.newWakeLock(PowerManager.PARTIAL_WAKE_LOCK,"ActivityMa-
        nager-Launch");
    mLaunchingActivity.setReferenceCounted(false);
}
```

这里除了创建上下文以外，还创建了两个重要的内部对象，它们分别是`ActivityThread`和`ActivityStack`，这两个对象互相协作共同完成对应用程序进程、Activity栈、Activity调度以及每个Activity生命周期的管理等重要功能。下面我们将简单介绍这两个对象的创建流程。`ActivityThread`对象（`mSystemThread`）的创建流程如图9-3所示。

9.2 ActivityManagerService 的使用

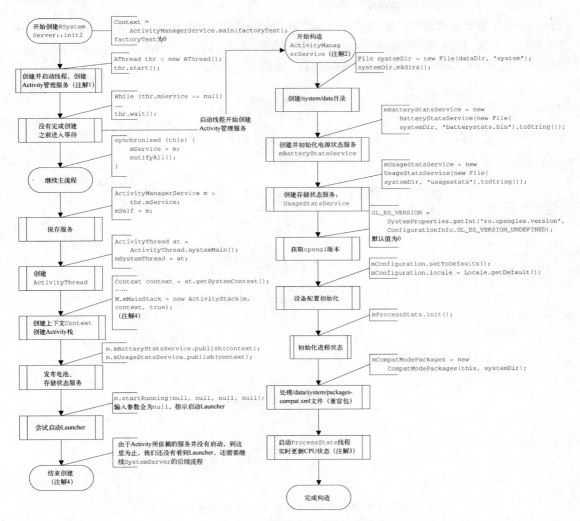

图9-2 生成系统上下文的流程

创建ActivityStack对象（mMainStack）的代码见图9-2的注解4。

在初始化的时候，ActivityManagerService将ActivityStack()构造方法的第三个参数赋值为true。

到此，我们就完成了ActivityManagerService启动的第一个阶段，此时我们已经获得一个系统上下文（mContext）、系统Activity线程（mSystemThread）和一个Activity栈（mMainStack）。

2. 第二阶段——内部对象初始化

在第一阶段中，ActivityManagerService完成一些重要对象的创建以及初始化。此外，ActivityManagerService还需要做一些重要的初始化流程，这是因为ActivityManager-

Service本身需要依赖别的服务。需要注意的是，它的某些初始化时机还依赖system_server进程的启动情况。现在，回到system_server的初始化第二阶段，看看在SystemServer@init2中ActivityManagerService启动的第二阶段，如图9-4所示。

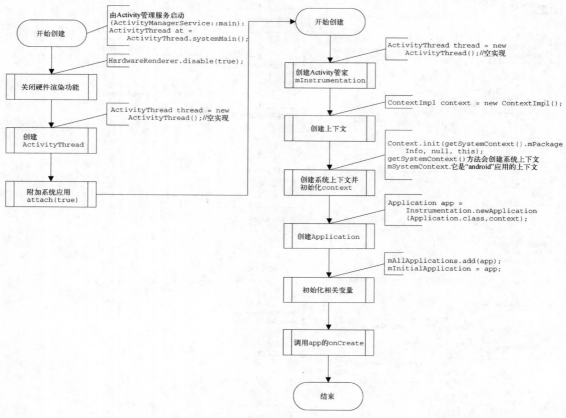

图9-3 ActivityThread对象的创建流程

下面我们就了解一下图9-4中的注解。

注解1：在第一阶段中，我们完成了Activity管理服务的初始化工作，这里将完成剩下的流程。这部分工作将在/frameworks/base/services/java/com/android/Server/SystemServer.java的init2中完成。

注解2：这里将完成如下事情。

❑ 将Activity管理服务、内存服务、图形服务、权限控制加入系统服务中。
❑ "android"包作为系统应用应当首先被安装好。
❑ 将android应用程序所生成的进程加入mProcessNames列表中加以管理。

注解3：通过systemReady()方法，告诉服务可以启动Launcher。这里主要完成如下任务。

❑ 设置mSystemReady和mBooting为true。

9.2 ActivityManagerService 的使用

- 启动systemUI：`startSystemUi(contextF)`。
- 启动WatchDog：`Watchdog.getInstance().start()`。
- 启动Launcher：`mMainStack.resumeTopActivityLocked(null)`。

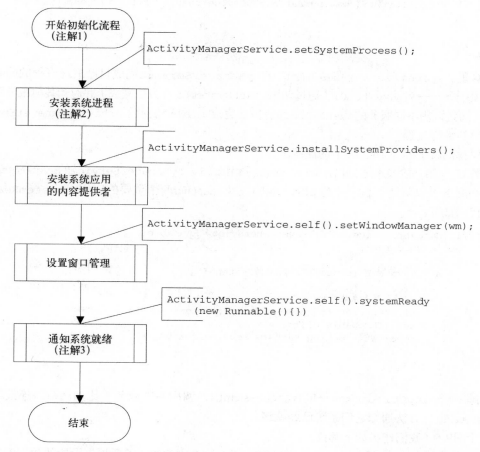

图9-4 SystemServer@init2中ActivityManagerService启动的第二阶段

在这个阶段，主要的控制权在system_server手里。system_server会视自己的当前情况在适当的时候调用ActivityManagerService的不同方法，通过传入的参数帮助它完成一些必要的初始化工作，主要包括安装系统应用并为其设置进程信息、安装系统内容提供者及设置窗口等。

3. 第三阶段——**ActivityManagerService就绪阶段**

这是ActivityManagerService启动的最终阶段，同样由system_server调度。它通过ActivityManagerService的systemReady()方法，通知服务系统已经就绪：

```
ActivityManagerService.self().systemReady(new Runnable() {
    public void run() {
        Slog.i(TAG, "Making services ready");
```

```
            startSystemUi(contextF);
            try {
                if (batteryF != null) batteryF.systemReady();
            } catch (Throwable e) {
                reportWtf("making Battery Service ready", e);
            }
            ......
        }
    });
```

在这里，system_server在要求ActivityManagerService完成自己最终流程的同时，还执行一项任务——启动systemUI（通过调用startSystemUi()方法完成）并通知其他服务系统已经就绪（通过调用不同服务的systemReady()方法完成）。图9-5展示了ActivityManagerService就绪阶段的最终流程。

下面我们就了解一下图9-5中的注解。

注解1：在第二阶段末尾，由SystemServer调用ActivityManagerService的systemReady()方法通知服务可以就绪。这里将启动SystemUI以及Launcher两个重要的应用。systemReady()方法的代码如下：

```
ActivityManagerService.self().systemReady(new Runnable() {
    public void run() {
        ......
        startSystemUi(contextF);//启动SystemUI
        try {
            //通知服务系统就绪
            if (batteryF != null) batteryF.systemReady();
        } catch (Throwable e) {
            reportWtf("making Battery Service ready", e);
        }
        ......
    }
});
```

注解2：goingCallback任务包含启动SystemUI，调用各种服务（比如网络、连接等）的systemReady()方法通知它们系统已经就绪。

对于图9-5，我们作出如下解读。

❑ 更新配置（retrieveSettings()方法）。在这个方法中，需要根据设置的数据配置去更新ActivityManagerService自身的一些属性以及配置对象（mConfiguration），这些事情发生在所有Activity启动之前。现在我们来看看retrieveSettings()的代码：

```
1   private void retrieveSettings() {
2       final ContentResolver resolver = mContext.getContentResolver();
3       String debugApp = Settings.System.getString(
4           resolver, Settings.System.DEBUG_APP);
5       boolean waitForDebugger = Settings.System.getInt(
6           resolver, Settings.System.WAIT_FOR_DEBUGGER, 0) != 0;
7       boolean alwaysFinishActivities = Settings.System.getInt(
8           resolver, Settings.System.ALWAYS_FINISH_ACTIVITIES, 0) != 0;
9
        Configuration configuration = new Configuration();
```

```
10     Settings.System.getConfiguration(resolver, configuration);
11     synchronized (this) {
12         mDebugApp = mOrigDebugApp = debugApp;
13         mWaitForDebugger = mOrigWaitForDebugger = waitForDebugger;
14         mAlwaysFinishActivities = alwaysFinishActivities;
15         mConfiguration.updateFrom(configuration);
16         mConfigurationSeq = mConfiguration.seq = 1;
17         if (DEBUG_CONFIGURATION) Slog.v(TAG, "Initial config: " + mConfiguration);
18     }
19 }
```

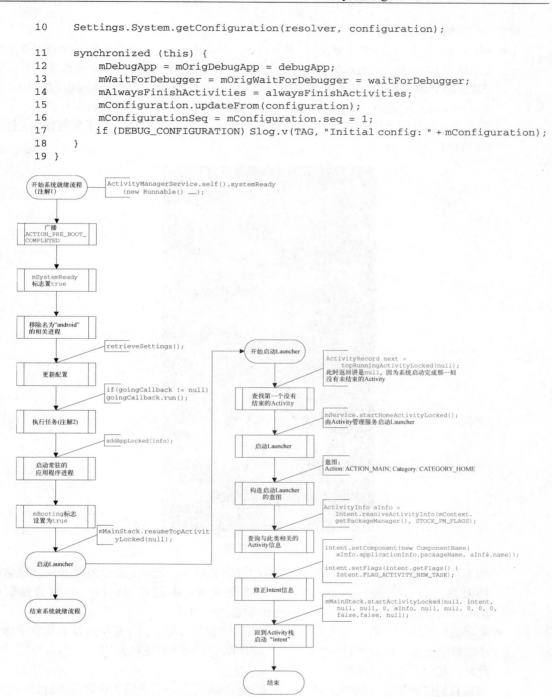

图9-5 ActivityManagerService就绪阶段的流程

对于这段代码，我们的解读如下所示。

- 第2～8行代码试图从Settings数据中获取DEBUG_APP、WAIT_FOR_DEBUGGER和ALWAYS_FINISH_ACTIVITIES的配置值。在初次启动的时候，Android系统没有提供它们的默认值，那么ActivityManagerService的mDebugApp、mOrigDebugApp成员为null，而mWaitForDebugger和mAlwaysFinishActivities的值为false。

  需要注意的是，设置应用程序为ALWAYS_FINISH_ACTIVITIES提供了配置界面，如图9-6所示。

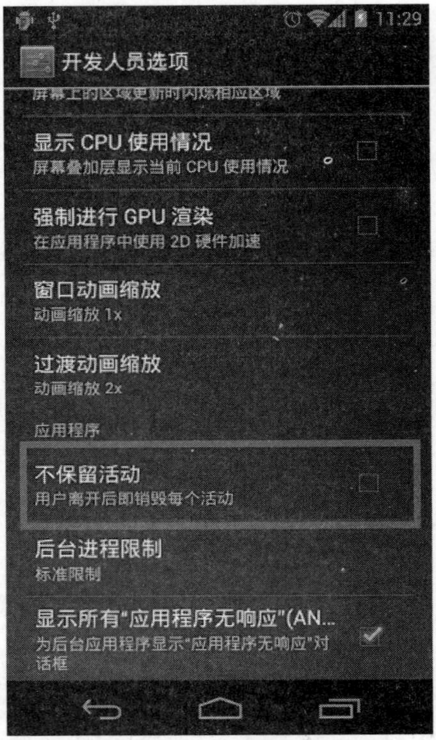

  图9-6 配置界面

  如果我们在此界面中设置了图中标识的"不保留活动"选项，那么在系统第二次启动的时候，mAlwaysFinishActivities成员变量将被设置为true，这将直接影响ActivityManager-Service对Activity状态的管理。

- 剩下的代码用于更新字体大小。在初次启动设备的时候，由于框架并没有提供字体大小的默认配置，所以代码将其设置为无字体缩放（即缩放比例为1）。

  此外，我们还可以在如图9-7所示的界面中配置字体大小。

  如果我们曾经设置了图中标识的"字体大小"属性，那么我们下次启动的时候将以这个值为准。

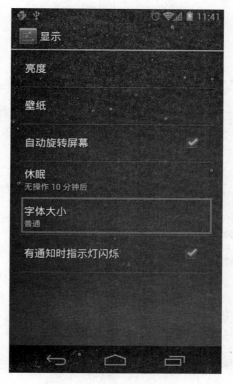

图9-7 字体大小配置界面

- 在完成配置更新以后，ActivityManagerService将执行system_server交给我们的任务，此时除了通知不同的服务系统已经就绪外，还启动了SystemUI。启动SystemUI的代码如下所示：

```
static final void startSystemUi(Context context) {
    Intent intent = new Intent();
    intent.setComponent(new ComponentName("com.android.systemui",
        "com.android.systemui.SystemUIService"));
    Slog.d(TAG, "Starting service: " + intent);
    context.startService(intent);
}
```

在上述代码中，SystemUIService服务将根据不同的窗口分辨率启动不同的状态条，如下列代码所示：

```
@Override
public void onCreate() {
    ......
    //根据分辨率启动不同的状态栏
    SERVICES[0] = wm.canStatusBarHide()
        ? R.string.config_statusBarComponent
        : R.string.config_systemBarComponent;
```

```
        Class cl = chooseClass(SERVICES[i]);
        ......
        mServices[i] = (SystemUI)cl.newInstance();//实例化SystemUI实例
        ......
        mServices[i].mContext = this;
        mServices[i].start();//调用SystemUI的start()方法来显示状态栏
}
```

因为Android 4.0以后的框架是手机与平板融合的框架,所以启动的时候可以根据分辨率来区分当前的设备是手机还是平板电脑。在SystemUI中,可以根据窗口的特性来区分使用哪种状态栏。

大家可能注意到代码中的一个名叫SERVICES[i]的变量,它是一个数组,主要用于保存在ActivityManagerService启动阶段需要启动组件的类名。它的声明和初始化如下列代码所示:

```
final Object[] SERVICES = new Object[] {
    0, // 系统栏或者状态栏在此之后填充
    com.android.systemui.power.PowerUI.class,
    ......
};
```

可以看到,在初始化过程中我们将数组的第一个位置置为0,目的是将第一位预留给需要启动的状态栏的类名,也就是以下代码所看到的赋值:

```
SERVICES[0] = wm.canStatusBarHide()
    ? R.string.config_statusBarComponent
    : R.string.config_systemBarComponent;
```

其中,平板和手机所对应的状态栏的配置如下所示:

```
<string name="config_statusBarComponent"
    translatable="false">
    com.android.systemui.statusbar.phone.PhoneStatusBar</string>
<string name="config_systemBarComponent"
    translatable="false">
    com.android.systemui.statusbar.tablet.TabletStatusBar</string>
```

当完成状态栏的启动后,就要根据任务的需要调用一些服务的systemReady()方法,通知这些服务系统已经就绪。

❑ 启动常驻的系统应用程序进程,具体如下列代码所示:

```
synchronized (this) {
    if (mFactoryTest != SystemServer.FACTORY_TEST_LOW_LEVEL) {
        try {
            List apps = AppGlobals.getPackageManager().getPersistentApplications
                (STOCK_PM_FLAGS);
            
                if (apps != null) {
                    int N = apps.size();
                    int i;
                    for (i=0; i<N; i++) {
                        ApplicationInfo info= (ApplicationInfo)apps.get(i);
```

```
                    if (info != null &&!info.packageName.equals("android")) {
                        addAppLocked(info);
                    }
                }
            }
        } catch (RemoteException ex) {
        }
    }
```

对于上面这段代码，我们作出如下解释。

- 这里只启动AndroidManifest.xml文件中那些将android:persistent属性配置为true 的系统应用程序，这由getPersistentApplications()方法来完成，具体如下所示：

```
public List<ApplicationInfo> getPersistentApplications(int flags) {
    final ArrayList<ApplicationInfo> finalList = new ArrayList<ApplicationInfo>();
    synchronized (mPackages) {
        final Iterator<PackageParser.Package> i = mPackages.values().iterator();
        while (i.hasNext()) {
            final PackageParser.Package p = i.next();
            if (p.applicationInfo != null
                    && (p.applicationInfo.flags&ApplicationInfo.FLAG_PERSISTENT) != 0
                    && (!mSafeMode || isSystemApp(p))) {
                finalList.add(PackageParser.generateApplicationInfo(p, flags));
            }
        }
    }
    return finalList;
}
```

> **注意** 这里挑选出来的应用程序必须是系统应用程序，而isSystemApp()方法就是负责完成这些工作的。

- 通过多次使用addAppLocked()方法为"更新配置"这一步中查找到的应用程序生成一个进程。addAppLocked()方法的核心是一个叫startProcessLocked()的方法，该方法的作用是通知孵化进程为这些应用程序生成一个进程，其代码如下所示：

```
startProcessLocked(app, "added application", app.processName);
```

该方法的执行流程如图9-8所示。

接下来，Process的start()方法会创建孵化进程的socket连接：

```
try {
    sZygoteSocket = new LocalSocket();
    sZygoteSocket.connect(new LocalSocketAddress(ZYGOTE_SOCKET,
        LocalSocketAddress.Namespace.RESERVED));
    sZygoteInputStream
        = new DataInputStream(sZygoteSocket.getInputStream());
    sZygoteWriter =
        new BufferedWriter(
            new OutputStreamWriter(
```

```
                    sZygoteSocket.getOutputStream()),
                    256);
            Log.i("Zygote", "Process: zygote socket opened");
            sPreviousZygoteOpenFailed = false;
            break;
        }
```

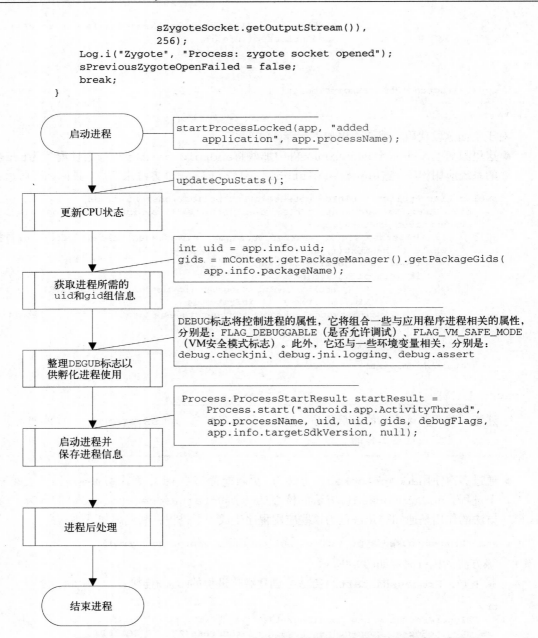

图9-8　startProcessLocked()方法通知孵化进程为这些应用程序生成进程

并将启动参数通过socket通知到孵化进程：

```
sZygoteWriter.write(Integer.toString(args.size()));
sZygoteWriter.newLine();
```

```
    int sz = args.size();
    for (int i = 0; i < sz; i++) {
        String arg = args.get(i);
        if (arg.indexOf('\n') >= 0) {
            throw new ZygoteStartFailedEx(
                "embedded newlines not allowed");
        }
        sZygoteWriter.write(arg);
        sZygoteWriter.newLine();
    }
    sZygoteWriter.flush();
```

至此，我们就完成了Phone等常驻进程以及应用程序的创建。
- 调用ActivityStack的resumeTopActivityLocked()方法启动桌面，完成Activity-ManagerService的启动流程。

9.2.3 ActivityManagerService的工作原理

Android框架对Activity（甚至是别的组件）的管理是基于客户端—服务器模式的，也就是说，当应用程序需要启动一个Activity（或者别的组件）时，需要将启动指令发送到Activity管理服务上去，最终由服务器端负责启动正确的Activity，正确地管理它的生命周期以及调度适当的生命周期回调接口（类似onCreate()、onPause()和onStop()等）。

大家知道，每一个应用程序都是在自己的进程中工作的（由孵化器为应用程序孵化一个可以使用的用户进程），而ActivityManagerService则是在system_server进程中工作的（原因是ServiceManager.addService("activity", m);将ActivityManagerService加入系统服务中管理）。所以，在本地Activity启动另一个Activity的时候，则需要使用进程间通信的方式来实现。

然而这个交互并不是直接进行的，而是通过代理转发的，因此Android定义了一个名叫ActivityManagerProxy的类（它包含在路径为/frameworks/base/core/java/android/app/ActivityManagerNative.java的文件中），由它专门负责完成这项任务。图9-9展示了ActivityManagerService、ActivityManagerNative以及ActivityManagerProxy之间的关系。

一般来说，对于客户端，在应用程序需要启动一个Activity的情况下，我们只需要简单编写如下代码即可：

```
startActivity(new Intent(Activity1.this, Activity2.class));
```

下面结合例子详细说明一下startActivity()方法。startActivity()作为一个入口，将为我们启动另一个Activity。图9-10展示了客户端的行为。

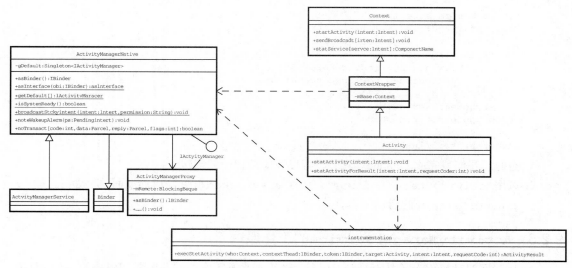

图9-9 ActivityManagerService、ActivityManagerNative以及ActivityManagerProxy之间的关系

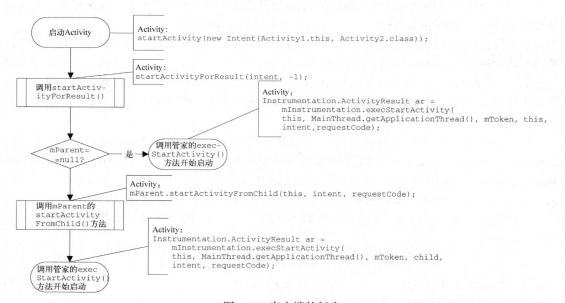

图9-10 客户端的行为

在图9-10中，从Instrumentation类的execStartActivity()方法开始启动Activity流程，该方法的代码如下所示：

```
public ActivityResult execStartActivity(
    Context who, IBinder contextThread, IBinder token,
    Activity target,
```

```
        Intent intent, int requestCode) {
    ......
    try {
        intent.setAllowFds(false);
        int result = ActivityManagerNative.getDefault()
            .startActivity(whoThread, intent,
            intent.resolveTypeIfNeeded(who.getContentResolver()),
            null, 0, token,
            target != null ? target.mEmbeddedID : null,
            requestCode, false, false, null, null, false);
        checkStartActivityResult(result, intent);
    } catch (RemoteException e) {
    }
    return null;
}
```

在上述代码中，ActivityManagerNative.getDefault()代码将会获取到代理（ActivityManagerProxy）的实例，如下列代码所示：

```
static public IActivityManager getDefault() {
    return gDefault.get();
}
```

其中gDefault是一个Singleton<IActivityManager>类型的数据结构，其中保存了IActivityManager接口，该接口的定义如下：

```
private static final Singleton<IActivityManager> gDefault = new
Singleton<IActivityManager>() {
    protected IActivityManager create() {
        IBinder b = ServiceManager.getService("activity");
        if (false) {
            Log.v("ActivityManager", "default service binder = " + b);
        }
        IActivityManager am = asInterface(b);
        if (false) {
            Log.v("ActivityManager", "default service = " + am);
        }
        return am;
    }
};
```

在上述代码中，我们将从ServiceManager中获取ActivityManagerService的绑定程序，然后使用asInterface()方法构造一个代理的实例。asInterface()方法的代码片段如下所示：

```
static public IActivityManager asInterface(IBinder obj) {
    ......
    return new ActivityManagerProxy(obj);
}
```

在ActivityManagerProxy()的构造方法中，我们将保存这个接口的实例以便后续使用：

```
public ActivityManagerProxy(IBinder remote)
{
    mRemote = remote;
}
```

现在，我们回到Instrumentation类的execStartActivity()方法，其中调用的startActivity()方法实际上是ActivityManagerProxy的startActivity()方法，它会通过transact()方法将参数转发到服务上去处理，如下列代码所示：

```
public int startActivity(IApplicationThread caller, Intent intent,
    String resolvedType, Uri[] grantedUriPermissions,
    int grantedMode,
    IBinder resultTo, String resultWho,
    int requestCode, boolean onlyIfNeeded,
    boolean debug, String profileFile,
    ParcelFileDescriptor profileFd,
    boolean autoStopProfiler) throws RemoteException {
    Parcel data = Parcel.obtain();
    Parcel reply = Parcel.obtain();
    data.writeInterfaceToken(IActivityManager.descriptor);
    data.writeStrongBinder(caller != null ? caller.asBinder() : null);
    intent.writeToParcel(data, 0);
    data.writeString(resolvedType);
    ......
    mRemote.transact(START_ACTIVITY_TRANSACTION, data, reply, 0);
    reply.readException();
    int result = reply.readInt();
    reply.recycle();
    data.recycle();
    return result;
}
```

当代码执行到mRemote.transact()方法时，ActivityManagerService的onTransact()方法将会被执行，而onTransact()的输入参数中将会带有我们的启动参数，如下列代码所示：

```
ActivityManagerService:
    @Override
    public boolean onTransact(int code, Parcel data, Parcel reply, int flags)
        throws RemoteException {
        try {
            return super.onTransact(code, data, reply, flags);
        } catch (RuntimeException e) {
            if (!(e instanceof SecurityException)) {
                Slog.e(TAG, "Activity Manager Crash", e);
            }
            throw e;
        }
    }
```

由于ActivityManagerService继承自ActivityManagerNative，所以super.onTransact()将会回到ActivityManagerNative的onTransact()方法中。在ActivityManagerNative的onTransact()方法中，将会处理输入的参数，并调用ActivityManagerService的startActivity()方法开始启动我们想要的Activity。这一过程的代码如下所示：

```
public boolean onTransact(int code, Parcel data, Parcel reply, int flags)
    throws RemoteException {
    switch (code) {
    case START_ACTIVITY_TRANSACTION:
```

```
        {
            ......
            int result = startActivity(app, intent, resolvedType,
                grantedUriPermissions, grantedMode, resultTo, resultWho,
                requestCode, onlyIfNeeded, debug, profileFile, profileFd,
                autoStopProfiler);
            reply.writeNoException();
            reply.writeInt(result);
            return true;
        }
        ......
}
```

等ActivityManagerService的startActivity()方法返回,我们就可以看到需要启动的Activity显示出来了。

除了启动Activity要经过这样的流程外,发送一条广播或者启动一个服务的时候也需要经过这样的流程。

当我们需要发送广播的时候,需要这样编写代码:

```
sendBroadcast(new Intent("ACTION_NAME"));
```

其中sendBroadcast()方法的部分代码如下所示:

```
@Override
public void sendBroadcast(Intent intent) {
    String resolvedType
        = intent.resolveTypeIfNeeded(getContentResolver());
    try {
        intent.setAllowFds(false);
        ActivityManagerNative.getDefault().broadcastIntent(
            mMainThread.getApplicationThread(), intent,
            resolvedType, null,
            Activity.RESULT_OK, null, null, null, false, false);
    } catch (RemoteException e) {
    }
}
```

这对应启动了ActivityManagerProxy的broadcastIntent()方法去处理参数,然后将broadcastIntent()方法的处理结果转发到ActivityManagerService服务,最后调用ActivityManagerService的broadcastIntent()发送广播。

当我们需要启动服务的时候,通常会这样编写代码:

```
startService(new Intent(Activity1.this, ServiceClass.class));
```

其中startService()方法的部分代码如下所示:

```
@Override
public ComponentName startService(Intent service) {
    try {
        service.setAllowFds(false);
        ComponentName cn =
            ActivityManagerNative.getDefault().startService(
                mMainThread.getApplicationThread(), service,
```

```
            service.resolveTypeIfNeeded(getContentResolver()));
        ......
        return cn;
    } catch (RemoteException e) {
        return null;
    }
}
```

这时，对应启动了ActivityManagerProxy的startService()方法去处理参数，然后将startService()方法的处理结果转发到ActivityManagerService，最后调用ActivityManagerService的startService()启动一个指定的服务。

此外，Activity提供的对组件的其他操作（比如注册广播接收器和注销广播接收器等）都需要经过这样的交互才可以达到目的。

9.2.4 ActivityManagerService依赖的两个类

ActivityManagerService要想正常工作，会直接或者间接依赖两个类，它们分别是ActivityThread和ActivityStack，其中前者用于管理应用程序进程的主线程、调度以及执行Activity和广播等，而后者用于管理Activity栈的状态。它们与ActivityManagerService的关系如图9-11所示。

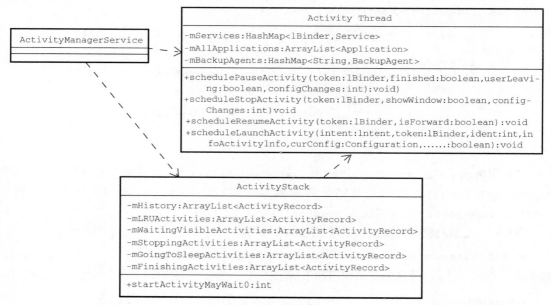

图9-11　ActivityThread、ActivityStack与ActivityManagerService的关系

这里，ActivityStack保存了一些比较重要的列表，mHistory就是其中之一，它保存了曾经启动过的Activity记录信息（ActivityRecord）。

9.3 Activity 的启动流程

了解了 `ActivityManagerService` 的原理及其相关数据结构后,本节我们将以一个比较简单的调用实例解析 Activity 的启动流程。

9.3.1 启动 Activity 的方式

启动 Activity 的方式很多,主要有在界面上直接启动和用代码启动等方法,下面简要介绍一下。

❏ 最直接的方法是在 Launcher 的应用程序界面中点击某个应用的图标启动,如图 9-12 所示。

图 9-12 应用程序界面

❏ 从最近运行的任务列表中选择某个任务去启动一个 Activity,如图 9-13 所示。

> **注意** 这里可以通过点击 图标启动这个界面。

❏ 比较简单的方式是在某个 Activity 中编写如下所示的代码来启动:

```
startActivity(new Intent(Activity1.this, Activity2.class));
```

图9-13 在最近运行的任务列表中选择某个任务去启动

因此,这里需要定义一个启动场景。假设当前设备启动完成后未进行任何操作,那么从应用程序界面启动一个应用程序的代码如下所示:

```
boolean startActivitySafely(Intent intent, Object tag) {
    intent.addFlags(Intent.FLAG_ACTIVITY_NEW_TASK);
    try {
        startActivity(intent);
        return true;
    } catch (ActivityNotFoundException e) {
        Toast.makeText(this,
            R.string.activity_not_found, Toast.LENGTH_SHORT).show();
        Log.e(TAG, "Unable to launch. tag=" + tag + " intent=" + intent, e);
    } catch (SecurityException e) {
        Toast.makeText(this,
            R.string.activity_not_found, Toast.LENGTH_SHORT).show();
        ......
    }
    return false;
}
```

- 如果需要被启动的Activity返回结果到启动它的Activity,也可以使用startActivity-ForResult方式启动另一个Activity,相关代码如下所示:

```
startActivityForResult(
    new Intent(Intent.ACTION_PICK,
    new Uri("content://contacts")),
    PICK_CONTACT_REQUEST);
```

如果你使用startActivityForResult方式启动另一个Activity，那么当这个被启动的Activity结束并返回结果的时候，会回调启动它的Activity的onActivityResult()方法，并通过resultCode参数返回处理结果，而data参数中可以存放一些更复杂的结果，比如字符串等。onActivityResult()方法的原型如下所示：

protected void onActivityResult(int requestCode, int resultCode, Intent data){}

在上述代码中，intent中除了包含需要启动的组件信息外，还添加了一个指示以新任务的方式来启动Activity的标志（FLAG_ACTIVITY_NEW_TASK）。接下来，我们就来看看有了这些信息，ActivityManagerService启动Activity的整个过程是怎样的。

9.3.2 Activity启动的4个阶段

在Activity的启动流程中，共有4个阶段，下面将一一道来。

1. 第一阶段——启动信息翻译以及服务调用

这一阶段的工作主要是在应用程序本地完成的，主要为启动Activity做一些参数上的准备，然后服务的代理将这些参数转发到服务，开始Activity启动的流程，如图9-14所示。

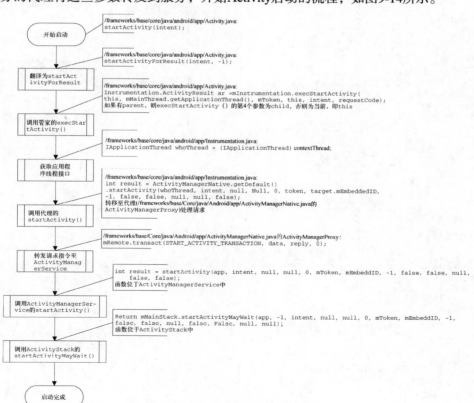

图9-14　开始Activity启动的流程

2. 第二阶段——Activity的相关处理

到了这个阶段，工作就已经交由 `ActivityManagerService` 处理了。在此阶段，它将完成对 `ActivityStack` 及应用程序进程的相关处理，如图9-15所示。

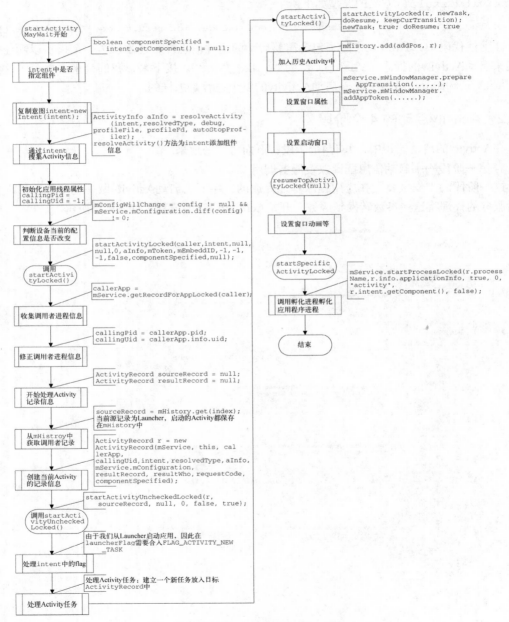

图9-15 对ActivityStack及进程的相关处理

在以上流程中，我们完成了对Activity任务、Activity记录和窗口的处理等。接下来，由`startPausingLocked()`方法来开始真正的启动流程，所以这里将其称为预处理流程。这里，它抛出了一个`PAUSE_TIMEOUT_MSG`消息到处理程序，由处理程序启动`activityPaused()`方法开始真正的启动流程。

至此，应用程序就被添加到启动历史列表（mHistory）并生成相应的栈信息。但要注意的是，这时应用程序还没有自己的进程，所以需要做的下一件事情就是通知孵化进程为我们的应用程序孵化一个进程。

3. 第三阶段——处理应用程序进程

创建并启动应用程序进程的入口是Process的`start()`方法，该方法的原型如下所示：

```java
public static final ProcessStartResult start(final String processClass,
    final String niceName,
    int uid, int gid, int[] gids,
    int debugFlags, int targetSdkVersion,
    String[] zygoteArgs) {
    try {
        return startViaZygote(processClass, niceName, uid, gid, gids,
            debugFlags, targetSdkVersion, zygoteArgs);
    } catch (ZygoteStartFailedEx ex) {
        Log.e(LOG_TAG,
            "Starting VM process through Zygote failed");
        throw new RuntimeException(
            "Starting VM process through Zygote failed", ex);
    }
}
```

通过上面的代码可以看到，使用该方法时需要提供一个processClass参数。当应用程序进程创建完毕后，需要调用processClass类的`main()`方法继续完成未完成的工作，这里未完成的工作是指继续完成启动Activity的工作。

在ActivityManagerService中，是这样调用`start()`方法的：

```java
private final void startProcessLocked(ProcessRecord app,
    String hostingType, String hostingNameStr) {
    ......
    Process.ProcessStartResult startResult =
        Process.start("android.app.ActivityThread",
            app.processName, uid, uid, gids, debugFlags,
            app.info.targetSdkVersion, null);
    ......
}
```

这里`start()`方法的第一个参数为android.app.ActivityThread，也就是说，进程创建完成以后，将调用android.app.ActivityThread类的`main()`静态方法完成启动Activity的剩余流程。

接下来，Process的`startViaZygote()`方法将处理这些输入参数，将其变成一个参数数组argsForZygote。下面的代码片段展示了这个过程，这里我们需要关注一些标志以及进程名字的处理：

```java
private static ProcessStartResult startViaZygote(......)
        throws ZygoteStartFailedEx {
    synchronized(Process.class) {
        ......
        //如果启动了VM安全模式标志（android:vmSafeMode设置为true）
        if ((debugFlags & Zygote.DEBUG_ENABLE_SAFEMODE) != 0) {
            argsForZygote.add("--enable-safemode");
        }
        //如果启动了可调式标志（android:debuggable设置为true）
        if ((debugFlags & Zygote.DEBUG_ENABLE_DEBUGGER) != 0) {
            argsForZygote.add("--enable-debugger");
        }
        ......
        argsForZygote.add("--target-sdk-version=" + targetSdkVersion);
        ......
        if (niceName != null) {
            //niceName一般为需要启动的应用程序的包名
            argsForZygote.add("--nice-name=" + niceName);
        }
        argsForZygote.add(processClass);
        return zygoteSendArgsAndGetResult(argsForZygote);
    }
}
```

完成参数处理后，就需要使用一个socket连接来与孵化进程通信，这通过zygoteSendArgsAndGetResult()方法来完成，该方法的代码如下所示：

```java
private static ProcessStartResult
        zygoteSendArgsAndGetResult(ArrayList<String> args)
        throws ZygoteStartFailedEx {
    openZygoteSocketIfNeeded();//打开与孵化进程连接的socket
    ......
    int sz = args.size();
    for (int i = 0; i < sz; i++) {
        String arg = args.get(i);
        ......
        sZygoteWriter.write(arg);
        sZygoteWriter.newLine();
    }
    sZygoteWriter.flush();
    ......
    return result;
}
```

这里ZygoteConnection将会检测到这些输入，它的runOnce()方法将会读取这些参数并生成一个应用程序的进程，然后调用android.app.ActivityThread类的main()方法完成这些任务，相关代码如下：

```java
boolean runOnce() throws ZygoteInit.MethodAndArgsCaller {
    ......
    try {
        args = readArgumentList();
        ......
```

```
    } catch (IOException ex) {
        ......
    }
    ......
pid = Zygote.forkAndSpecialize(parsedArgs.uid, parsedArgs.gid,
    parsedArgs.gids, parsedArgs.debugFlags, rlimits);
    ......
    if (pid == 0) {
        handleChildProc(parsedArgs, descriptors, childPipeFd,
            newStderr);
        return true;
    }
    ......
}
```

在上述代码中,readArgumentList()方法用于从socket中读取参数信息并提供runOnce()方法处理。等到进程生成完毕以后,调用handleChildProc()方法回到指定类的main()方法:

```
private void handleChildProc(Arguments parsedArgs,
    FileDescriptor[] descriptors, FileDescriptor pipeFd,
    PrintStream newStderr)
    throws ZygoteInit.MethodAndArgsCaller {
    ......
    try {
        ZygoteInit.invokeStaticMain(cloader, className, mainArgs);
    } catch (RuntimeException ex) {
        logAndPrintError(newStderr, "Error starting.", ex);
    }
    ......
}
```

在上面的代码中,最后调用的是ZygoteInit的invokeStaticMain()方法,这个方法负责调用ActivityThread的main()方法以完成剩余的工作。

至此,孵化进程就创建了一个应用程序的进程。

设备处于初始状态时,可见的进程信息如图9-16所示。

图9-16　设备处于初始状态时的可见进程信息

当我们运行一个包名为cn.turing.lifedemo的应用程序后,设备中就多了一个名字为cn.turing.lifedemo的进程,如图9-17所示。

4. 第四阶段——显示应用程序并处理当前显示的Activity的生命周期

在这个阶段,流程回到了ActivityThread的main()方法中,其主要工作是显示目标Activity并且调整Launcher应用程序中Activity的生命周期,将Launcher的生命周期置为paused,

其核心代码如下所示：

```
public static void main(String[] args) {
    ......
    ActivityThread thread = new ActivityThread();
    thread.attach(false);
    ......
}
```

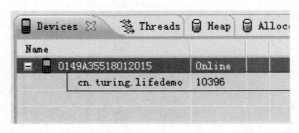

图9-17　设备中新增名为cn.turing.lifedemo的进程

在上述代码中，attach()方法的输入参数为false，表示当前不是系统处理，它将启动另一个分支处理这个请求，具体代码如下所示：

```
private void attach(boolean system) {
    ......
    android.ddm.DdmHandleAppName.setAppName("<pre-initialized>");
    RuntimeInit.setApplicationObject(mAppThread.asBinder());
    IActivityManager mgr = ActivityManagerNative.getDefault();
    try {
        mgr.attachApplication(mAppThread);
    } catch (RemoteException ex) {
        //省略
    }
    ......
}
```

在这里，我们调用ActivityManagerService的attachApplication()方法来实现Activity的调度工作。这时，ActivityThread的scheduleLaunchActivity()方法将被调用。scheduleLaunchActivity()方法的定义如下：

```
public final void scheduleLaunchActivity(......) {
    ActivityClientRecord r = new ActivityClientRecord();
    ......
    queueOrSendMessage(H.LAUNCH_ACTIVITY, r);
}
```

在上述代码中，queueOrSendMessage(H.LAUNCH_ACTIVITY,r)方法实际上发送了一个LAUNCH_ACTIVITY消息，这样做将会启动handleLaunchActivity()方法。当此方法执行完毕后，目标Activity将会显示出来，而Launcher将会隐藏到它的后面处于paused状态。现在我们来看看handleLaunchActivity()方法的流程，如图9-18所示。

9.3 Activity 的启动流程

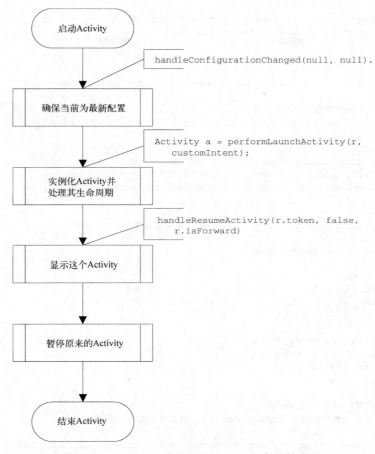

图9-18 handleLaunchActivity()方法的流程

在这里，performLaunchActivity()方法负责实例化并创建需要显示的Activity，并回调Activity的部分生命周期函数。performLaunchActivity()方法的部分代码如下所示：

```
private Activity performLaunchActivity(ActivityClientRecord r,
    Intent customIntent) {
    ......
    //创建Activity实例
    java.lang.ClassLoader cl = r.packageInfo.getClassLoader();
    activity = mInstrumentation.newActivity(
        cl, component.getClassName(), r.intent);
    ......
    //创建应用程序
    Application app =
        r.packageInfo.makeApplication(false, mInstrumentation);
    ......
    //创建应用程序的上下文
    ContextImpl appContext = new ContextImpl();
```

```java
            appContext.init(r.packageInfo, r.token, this);
            appContext.setOuterContext(activity);

        //设置应用程序的标题
        CharSequence title =
            r.activityInfo.loadLabel(appContext.getPackageManager());

        //设置应用程序的配置
        Configuration config = new Configuration(mCompatConfiguration);

        //附加到Activity
        activity.attach(appContext, this, getInstrumentation(), r.token,
            r.ident, app, r.intent, r.activityInfo, title, r.parent,
            r.embeddedID, r.lastNonConfigurationInstances, config);
        ......

        //如果我们设置了android:theme属性,那么这里需要设置该Activity的风格
        if (theme != 0) {
            activity.setTheme(theme);
        }
        //调用Activity的onCreate()回调接口
        //一般来说,这里应用程序会使用setContentView()方法设置界面的UI
        mInstrumentation.callActivityOnCreate(activity, r.state);
        ......

        //调用Activity的onStart()回调接口
        //这时Activity处于started状态
        activity.performStart();
        ......

        //如果之前曾经保存了Activity的状态
        //这里需要调用onRestoreInstanceState()方法恢复之前保存的状态
        if (r.state != null) {
            mInstrumentation.callActivityOnRestoreInstanceState(activity,r.state);
        }
        ......

        //回调Activity的onPostCreate()方法
        mInstrumentation.callActivityOnPostCreate(activity, r.state);
        ......

        return activity;
    }
```

完成这个函数时,Activity处于生命周期的started状态。

接下来,handleResumeActivity()方法将负责显示这个Activity,具体代码如下:

```java
final void handleResumeActivity(IBinder token, boolean clearHide,
        boolean isForward) {

    ActivityClientRecord r = performResumeActivity(token, clearHide);
    ......
    //显示Activity的视图
    if (r.window == null && !a.mFinished && willBeVisible) {
```

```
            r.window = r.activity.getWindow();
            View decor = r.window.getDecorView();
            decor.setVisibility(View.INVISIBLE);
            ViewManager wm = a.getWindowManager();
            WindowManager.LayoutParams l = r.window.getAttributes();
            a.mDecor = decor;
            l.type = WindowManager.LayoutParams.TYPE_BASE_APPLICATION;
            l.softInputMode |= forwardBit;
            if (a.mVisibleFromClient) {
                a.mWindowAdded = true;
                wm.addView(decor, l);
            }
        ......
    }
```

在上述代码中，performResumeActivity()方法负责回调Activity的一些生命周期回调方法以完成界面显示，具体代码如下：

```
public final ActivityClientRecord performResumeActivity(IBinder token,
    boolean clearHide) {
    ActivityClientRecord r = mActivities.get(token);
    ......
    r.activity.performResume();
    ......
    return r;
}
```

其中Activity的performResume()方法的代码如下：

```
final void performResume() {
    ......
    mInstrumentation.callActivityOnResume(this);
    ......
}
```

在Instrumentation的callActivityOnResume()方法中，将会回调activity的onResume()方法，具体如下列代码所示：

```
public void callActivityOnResume(Activity activity) {
    activity.mResumed = true;
    activity.onResume();
    ......
}
```

当完成了handleResumeActivity()方法后，Activity就处于可见生命周期中（Activity的resumed状态）。

在完成这4个阶段之后，我们就看到了目标Activity，原先的Activity被此Activity覆盖。

要注意的是，当我们退出这个Activity的时候，孵化进程为此应用程序孵化出来的进程仍然存在，除非Activity因为异常而被强行关闭或者使用其他手段（比如DDMS或者Kill等工具）强行杀掉这个进程。因此，当我们重新启动这个应用程序的时候，就不会再次为此应用程序创建进程。相关代码如下所示：

```
private final void startSpecificActivityLocked(ActivityRecord r,
    boolean andResume, boolean checkConfig) {
    ProcessRecord app = mService.getProcessRecordLocked(r.processName,
        r.info.applicationInfo.uid);
    ......
    if (app != null && app.thread != null) {
        try {
            app.addPackage(r.info.packageName);
            realStartActivityLocked(r, app, andResume, checkConfig);
            return;
        } catch (RemoteException e) {
            Slog.w(TAG, "Exception when starting activity "
                + r.intent.getComponent().flattenToShortString(), e);
        }
    }
    mService.startProcessLocked(r.processName, r.info.applicationInfo,
        true, 0, "activity", r.intent.getComponent(), false);
}
```

本节中,我们用一个简单的例子描述了Android启动Activity的过程。此外,Android框架还为开发者提供了一系列控制应用程序、Activity行为(比如android:launchMode等)以及应用程序进程性质的标志(比如android:debuggable等)。在使用这些标志时,Android的`ActivityManagerService`将会按照不同的规则调度Activity。

9.4 结束 Activity

上一节介绍了启动Activity请求的流程以及对相关数据结构的处理,那么当我们试图结束Activity的时候,ActivityManagerService的行为将会是怎样的呢?这一节将介绍结束Activity的3种主要方法和4个阶段。

9.4.1 结束Activity的 3 种主要方法

结束Activity时,我们通常采用如下3种主要方法。

1. 以编程的方式结束Activity

该方法即在代码中显式调用Activity的`finish()`方法。一般来说,我们经常会遇到这样的需求——点击某个按钮退出界面,此时只需在按钮的点击事件中添加`finish()`方法即可。`finish()`方法的代码如下所示:

```
public void finish() {
    if (mParent == null) {
        if (ActivityManagerNative.getDefault()
            .finishActivity(mToken, resultCode, resultData)) {
            mFinished = true;
        }
    } else {
        mParent.finishFromChild(this);
    }
}
```

2. 按键盘（硬键盘或者软键盘）上的Back键来结束Activity

这种情况下，不需要添加任何代码就可以结束Activity，但需要注意的是，并不是所有的设备都会有Back键。在未加定制的Android代码中，它为每个Activity界面提供了软键盘。软键盘上Back键的位置如图9-19所示。

图9-19　软键盘上Back键的位置

当单击此按钮的时候，系统将通过回调onBackPressed()方法告知Activity Back按键已经按下。onBackPressed()方法的代码如下所示：

```
public void onBackPressed() {
    if (!mFragments.popBackStackImmediate()) {
        finish();
    }
}
```

通过上面的代码可知，onBackPressed()方法的本质还是一个finish()方法。当然，也可以屏蔽这种行为，只需要在我们自行实现的Activity的onBackPressed()方法中取消调用super.onBackPressed()即可，但是我们不建议这样做。

3. 使用Home键使当前显示的Activity消失，回到Launcher首页

与Back键一样，并不是所有的设备都会提供硬Home按键。在未加定制的Android代码中，它为每个Activity界面提供了软键盘。软键盘上Home键的位置如图9-20所示。

图9-20　软键盘上Home键的位置

通常，应用程序无法捕获Home键，除非强行捕获（但不建议这样做）。这个键将会由PhoneWindowManager处理，具体如下列代码所示：

```
void startDockOrHome() {
    Intent dock = createHomeDockIntent();
    if (dock != null) {
        try {
            mContext.startActivity(dock);
            return;
        } catch (ActivityNotFoundException e) {
        }
    }
    mContext.startActivity(mHomeIntent);
}
```

最终，Android会以mHomeIntent去启动Launcher从而使得当前Activity退居后台，Launcher被重新显示出来。mHomeIntent是这样定义的：

```
mHomeIntent =   new Intent(Intent.ACTION_MAIN, null);
mHomeIntent.addCategory(Intent.CATEGORY_HOME);
mHomeIntent.addFlags(Intent.FLAG_ACTIVITY_NEW_TASK
    | Intent.FLAG_ACTIVITY_RESET_TASK_IF_NEEDED);
```

下一节将以按下Back键为例讲解如何停止Activity。

9.4.2　结束Activity的4个阶段

同启动Activity一样，结束Activity也有4个阶段，下面我们将对其进行详细讲解。

1. 第一阶段——参数初始化以及参数传递

与启动Activity相同，结束Activity同样需要`ActivityManagerProxy`将命令转发出去的。当按下Back键时，将会执行下面的这行代码：

```
ActivityManagerNative.getDefault().finishActivity(mToken, resultCode, resultData)
```

这时，`ActivityManagerProxy`会调用它的`finishActivity()`方法将参数写入`Parcel`中并转发出去。`finishActivity()`方法的代码如下所示：

```
public boolean finishActivity(IBinder token, int resultCode, Intent resultData)
    throws RemoteException {
    Parcel data = Parcel.obtain();
    Parcel reply = Parcel.obtain();
    ......
    //转发指令
    mRemote.transact(FINISH_ACTIVITY_TRANSACTION, data, reply, 0);
    ......
    return res;
}
```

调用`finishActivity()`时，Android会回调`ActivityManagerService`的`onTransact()`方法，转而执行其基类（也就是`ActivityManagerNative`类）的`onTransact()`方法来向`ActivityManagerService`发送请求：

```
@Override
public boolean onTransact(int code, Parcel data, Parcel reply, int flags)
    throws RemoteException {
    return super.onTransact(code, data, reply, flags);
}
```

在`ActivityManagerNative`的`onTransact()`方法中，将会启动`ActivityManagerService`的`finishActivity()`方法完成结束Activity的行为，具体代码如下所示：

```
@Override
public boolean onTransact(int code, Parcel data, Parcel reply, int flags)
    throws RemoteException {
        ......
        case FINISH_ACTIVITY_TRANSACTION: {
            data.enforceInterface(IActivityManager.descriptor);
            IBinder token = data.readStrongBinder();
```

```
                Intent resultData = null;
                int resultCode = data.readInt();
                if (data.readInt() != 0) {
                    resultData = Intent.CREATOR.createFromParcel(data);
                }
                boolean res = finishActivity(token, resultCode, resultData);
                reply.writeNoException();
                reply.writeInt(res ? 1 : 0);
                return true;
            }
            ......
        }
```

至此，参数处理以及指令发送的前驱工作已经完成，接下来的工作将由ActivityManagerService完成。

2. 第二阶段——获取需要结束的Activity的记录信息

在第二阶段，首先要做的是用ActivityManagerService调用ActivityStack的requestFinishActivityLocked()方法执行信息收集工作，具体代码如下所示：

```
    public final boolean finishActivity(IBinder token, int resultCode, Intent resultData) {
        ......
        final long origId = Binder.clearCallingIdentity();
        boolean res = mMainStack.requestFinishActivityLocked(token,
            resultCode,
            resultData, "app-request");
        Binder.restoreCallingIdentity(origId);
        return res;
    }
```

而在requestFinishActivityLocked()方法中，首先将使用indexOfTokenLocked()方法获取该Activity在启动Activity的历史记录（mHistory）中的位置偏移量，然后从启动历史记录中获取该Activity的记录信息（ActivityRecord），具体代码如下所示：

```
    final boolean requestFinishActivityLocked(IBinder token, int resultCode,
        Intent resultData, String reason) {
        ......
        //获取索引
        int index = indexOfTokenLocked(token);
        ......

        //从历史记录中获取Activity记录信息
        ActivityRecord r = mHistory.get(index);

        //启动结束流程的下一个阶段
        finishActivityLocked(r, index, resultCode, resultData, reason);
        return true;
    }
```

其中indexOfTokenLocked()方法的关键代码如下所示：

```
    final int indexOfTokenLocked(IBinder token) {
        ......
```

```
ActivityRecord r = (ActivityRecord)token;
return mHistory.indexOf(r);//获取需要结束的Activity在mHistory的索引值
......
}
```

3. 第三阶段——处理需要结束的Activity信息

在第二阶段中，我们已经获取到需要结束的Activity的记录信息，这里需要对它们进行一些处理，这通过finishActivityLocked()方法完成。finishActivityLocked()方法的流程如图9-21所示。

图9-21中有以下几点需要特别作出说明。

- 代码中r.makeFinishing()的作用是将Activity的正在结束标志置为true，并且将该Activity所在的Activity栈的Activity数量减一，这就为后续操作做好了准备。makeFinishing()方法的代码如下所示：

```
void makeFinishing() {
    if (!finishing) {
        finishing = true;//标识正在结束
        if (task != null && inHistory) {
            task.numActivities--;//同一个栈的Activity数量减一
        }
    }
}
```

- 由于当前的Activity即将结束，它至少会被另一个Activity覆盖，这时当前Activity窗口则不应该继续将按键消息分发到当前Activity上。为完成这个需求，ActivityManagerService会调用pauseKeyDispatchingLocked()方法，该方法的代码如下所示：

```
void pauseKeyDispatchingLocked() {
    if (!keysPaused) {
        keysPaused = true;
        service.mWindowManager.pauseKeyDispatching(this);
    }
}
```

- 假设使用startActivityForResult的方式启动当前Activity，那么结束此Activity时，需要给调用的Activity传送处理的结果。这里使用如下代码完成：

```
resultTo.addResultLocked(r, r.resultWho, r.requestCode, resultCode,
    resultData);
```

下面我们来看看addResultLocked()方法的行为，具体如下列代码所示：

```
void addResultLocked(ActivityRecord from, String resultWho,
    int requestCode, int resultCode,
    Intent resultData) {
    ActivityResult r = new ActivityResult(from, resultWho,
        requestCode, resultCode, resultData);
    if (results == null) {
        results = new ArrayList();
    }
    results.add(r);
}
```

9.4 结束 Activity

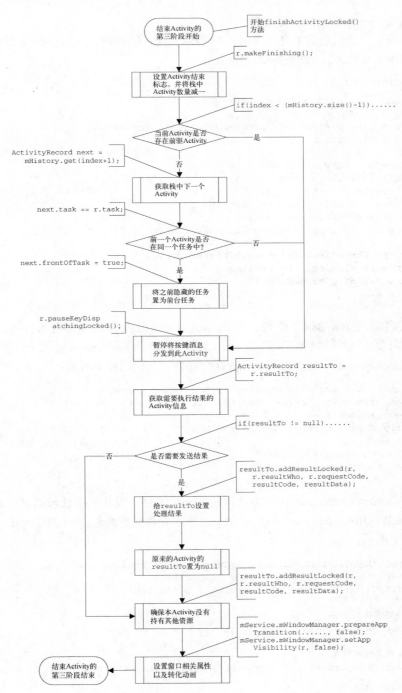

图9-21 finishActivityLocked()方法的流程

4. 第四阶段——Activity间调度准备

在第三阶段中，我们完成了对一些Activity栈以及窗口的处理，为Activity调度做了一些准备工作，然后启动了`ActivityThread`的调度流程：

```
startPausingLocked(false, false);
```

其中`startPausingLocked()`方法的关键代码如下所示：

```
private final void startPausingLocked(boolean userLeaving,
    boolean uiSleeping) {
    ......
    mResumedActivity = null;
    mPausingActivity = prev;
    mLastPausedActivity = prev;
    prev.state = ActivityState.PAUSING;
    prev.task.touchActiveTime();
    prev.updateThumbnail(screenshotActivities(prev), null);
    ......
    prev.app.thread.schedulePauseActivity(prev,
        prev.finishing, userLeaving,
        prev.configChangeFlags);
    ......
}
```

通过学习启动Activity的4个阶段，我们知道`ActivityStack`启动了`ActivityThread`的Activity间的调度，这里就要讲解当Activity将要被结束时Activity之间的调度行为。`schedulePauseActivity()`方法用于完成这个任务，其代码如下所示：

```
public final void schedulePauseActivity(IBinder token,
    boolean finished, boolean userLeaving, int configChanges) {
    queueOrSendMessage(
        finished ? H.PAUSE_ACTIVITY_FINISHING : H.PAUSE_ACTIVITY,
        token,
        (userLeaving ? 1 : 0),
        configChanges);
}
```

此处，`queueOrSendMessage()`方法拼装了一个消息，发往用于处理消息的`handler`。在Handler中，最终调用`handlePauseActivity()`方法处理这个消息。`handlePauseActivity()`方法的代码如下所示：

```
private void handlePauseActivity(IBinder token, boolean finished,
    boolean userLeaving, int configChanges) {
    ActivityClientRecord r = mActivities.get(token);
    ......
    //暂停当前的Activity
    performPauseActivity(token, finished, r.isPreHoneycomb());

    //通知服务操作完成
    ActivityManagerNative.getDefault().activityPaused(token);
}
```

该方法主要完成以下两件事情。

9.4 结束 Activity

- 调用performPauseActivity()方法回调Activity的onPause等回调接口，并设置Activity的状态，具体流程如图9-22所示。

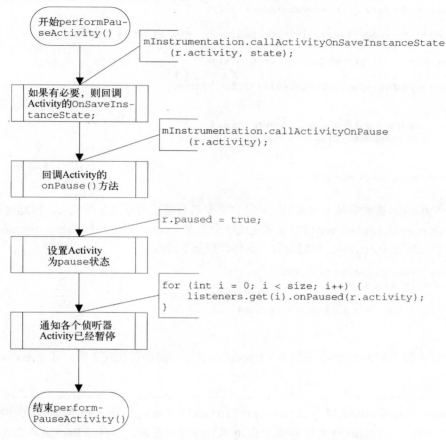

图9-22 调用performPauseActivity()方法的工作流程

- 调用代理的activityPaused()方法，转发Activity的一个pause指令到Activity管理服务，代码如下所示：

```
public boolean onTransact(int code, Parcel data, Parcel reply, int flags)
    throws RemoteException {
        case ACTIVITY_PAUSED_TRANSACTION: {
        ......
        IBinder token = data.readStrongBinder();
        activityPaused(token);
        ......
        return true;
    }
}
```

Activity管理服务的activityPaused()方法主要完成该Activity其他生命周期的调度以及

恢复前一个Activity，其中的部分关键代码如下所示：

```
private final void completePauseLocked() {
    ActivityRecord prev = mPausingActivity;
    ......
    prev = finishCurrentActivityLocked(prev, FINISH_AFTER_VISIBLE);
    ......
    destroyActivityLocked(prev, true, false);
    ......
    resumeTopActivityLocked(prev);//恢复一个Activity

    if (prev != null) {
        //允许窗口分发按键消息到此Activity（prev）
        prev.resumeKeyDispatchingLocked();
    }
    ......
    prev.cpuTimeAtResume = 0; //重置
}
```

当前一个Activity被重新显示出来的时候，它需要具有捕获按键消息的能力，因此这里调用了resumeKeyDispatchingLocked()方法来完成这个需求。resumeKeyDispatchingLocked()方法的作用是恢复对这个Activity的按键分发，具体代码如下所示：

```
void resumeKeyDispatchingLocked() {
    if (keysPaused) {
        keysPaused = false;
        service.mWindowManager.resumeKeyDispatching(this);
    }
}
```

至此，原来显示的Activity由于按下了Back键而消失，而覆盖在它下面的那个Activity则被重新显示出来了。

> **注意** 按Home键与按下Back键或以Activity的`finish()`方法结束Activity不同的是，按Home键是强制显示Launcher而使得其他Activity被Launcher覆盖，而按下Back键或以Activity的`finish()`方法结束Activity，则是因为当前的Activity消失而导致覆盖在它下面的Activity被显示出来。它们有着本质的区别，特别要注意这点。

对于这个知识点，我们用日志说明一下。

❑ 按下Back键或以Activity的`finish()`方法结束Activity时，日志输出如图9-23所示。

Level	Time	PID	Application	Tag	Text
E	03-18 16:00:33.362	20261	cn.turing.lifedemo	ActivityLifeDemoActivity	ActivityLifeDemoActivity::onPause()
E	03-18 16:00:35.050	20261	cn.turing.lifedemo	ActivityLifeDemoActivity	ActivityLifeDemoActivity::onStop()
E	03-18 16:00:35.050	20261	cn.turing.lifedemo	ActivityLifeDemoActivity	ActivityLifeDemoActivity::onDestroy()

图9-23　按下Back键或以Activity的`finish()`方法结束Activity的日志输出

可以看到，普通的Activity由于我们按下了Back键而结束，其状态变为"被销毁"状态（destroyed）。

❑ 按下Home键后，日志输出如图9-24所示。

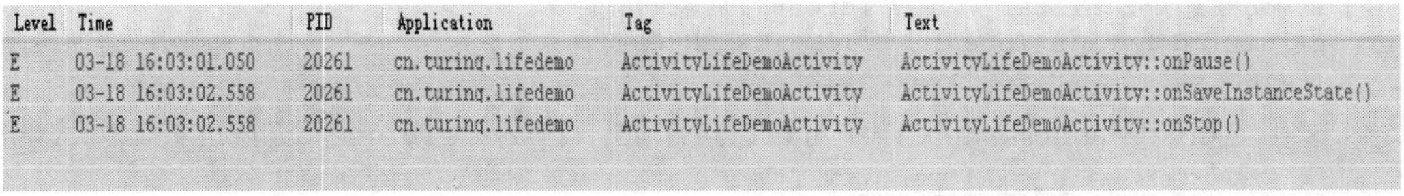

Level	Time	PID	Application	Tag	Text
E	03-18 16:03:01.050	20261	cn.turing.lifedemo	ActivityLifeDemoActivity	ActivityLifeDemoActivity::onPause()
E	03-18 16:03:02.558	20261	cn.turing.lifedemo	ActivityLifeDemoActivity	ActivityLifeDemoActivity::onSaveInstanceState()
E	03-18 16:03:02.558	20261	cn.turing.lifedemo	ActivityLifeDemoActivity	ActivityLifeDemoActivity::onStop()

图9-24　按下Home键后的日志输出

从图9-24中可见，Activity的状态仅仅停留在了停止状态（原因是被Launcher完全覆盖了），并且当前状态得到了保存。

但无论如何操作，只要应用程序曾经启动，进程将会被保留，除非应用程序发生了严重的异常或者使用别的工具（比如使用DDMS等）杀掉此进程。当我们按下Back键结束Activity时，其进程情况如图9-25所示，从中可见，应用程序进程cn.turing.lifedemo一直存在设备中。

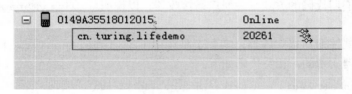

图9-25　按下Back键结束Activity时的进程情况

至此，Activity的结束流程已经介绍完毕。关于其他场景的结束流程，大家可以参照该流程做适当的扩展，这里不再赘述。

9.5　广播接收器

从设备启动到被彻底关闭的过程中，整个Android系统会根据不同场景发送不同的广播（以Intent方式发送），从而通知关注这个广播的应用程序。比如当系统启动完成的时候，它会发送一个启动完成的广播；当设备由于按下电源键或者屏幕超时而黑屏的时候，系统会发送SCREEN_OFF广播；而当屏幕被点亮的时候，它又会发送SCREEN_ON广播等。如果想收到这些广播，应用程序就必须先注册广播接收器。注册广播接收器的方式主要有两种：编程方式或者在AndroidManifest.xml文件中静态注册。无论使用哪种方式，都需要ActivityManagerService做相应的处理。

9.5.1　注册广播接收器

通常，除了在AndroidManifest.xml文件中静态注册以外，还可以用编程的方式进行动态注册。无论使用哪种方式，结果都是一样的，区别仅仅在于灵活与否。

如果想要接收SCREEN_OFF广播代码,则可以这样编写代码:

```
IntentFilter filter = new IntentFilter();
filter.addAction(Intent.ACTION_SCREEN_OFF);
registerReceiver(receiver, filter);
```

这在AndroidManifest.xml文件中可以通过添加一个<receiver>来实现,如下列代码所示:

```
<receiver android:name="name">
    <intent-filter>
        <action android:name="android.intent.action.SCREEN_OFF"/>
    </intent-filter>
</receiver>
```

作为Android的四大组件之一,广播接收器同样也受到ActivityManagerService的管理,下面我们将介绍在注册广播接收器时ActivityManagerService的行为。

9.5.2 ActivityManagerService的行为

这一节我们用代码的方式来注册广播接收器,以说明ActivityManagerService如何管理广播接收器。

用代码方式注册广播接收器,实际上是调用了registerReceiver()方法并输入接收器对象和一个筛选器实现的,相关代码如下:

```
private Intent registerReceiverInternal(BroadcastReceiver receiver,
    IntentFilter filter, String broadcastPermission,
    Handler scheduler, Context context) {
    ......
    try {
        return ActivityManagerNative.getDefault().registerReceiver(
        mMainThread.getApplicationThread(), mBasePackageName,
        rd, filter, broadcastPermission);
    } catch (RemoteException e) {
        return null;
    }
}
```

注册广播接收器与启动或停止Activity的流程相仿,首先启动代理的registerReceiver()方法将输入信息发送到Activity管理服务上,从而启动Activity管理服务的registerReceiver()方法开始注册广播接收器,这一过程的代码如下所示:

```
@Override
public boolean onTransact(int code, Parcel data, Parcel reply, int flags)
    throws RemoteException {
    ......
    case REGISTER_RECEIVER_TRANSACTION:
    {
        ......
        Intent intent = registerReceiver(app, packageName, rec,filter, perm);
        return true;
    }
```

......
}

最后，通过onTransact()方法，代理将请求转发到ActivityManagerService，由ActivityManagerService处理剩下的数据存储。ActivityManagerService的行为如图9-26所示。

注销流程与注册流程是逆向的，此处不再赘述。

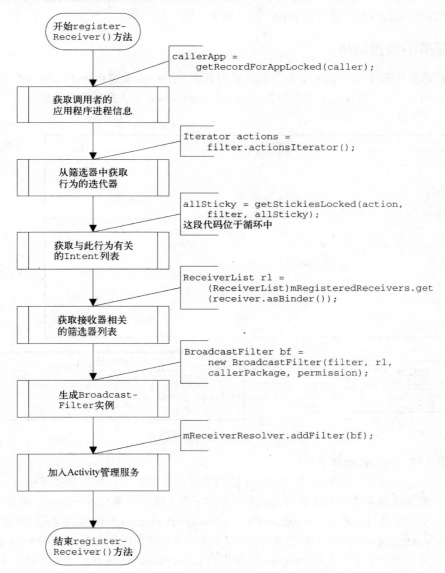

图9-26　ActivityManagerService的行为

9.6 服务

服务也是Android的四大组件之一，它没有界面，在后台运行，执行一些持续时间比较长的操作。如果程序退出，它仍然不会停止运行。音乐播放器就是一个最好的例子。当正在播放一首歌曲的时候退出某个应用程序，音乐播放并没有停止而是在服务中继续播放。这样一来，我们在聆听歌曲的同时还可以使用设备做别的事情，比如收发邮件、查看短信及浏览网页等。本节将介绍服务的数据结构以及服务操作（启动、停止服务）的工作原理。

9.6.1 服务的数据结构

在客户端应用程序中，每一个服务都继承自基类Service或者Service的一些子类（比如IntentService等），所以在学习如何使用和操作Service之前，我们应该先看一下它的数据结构，如图9-27所示。

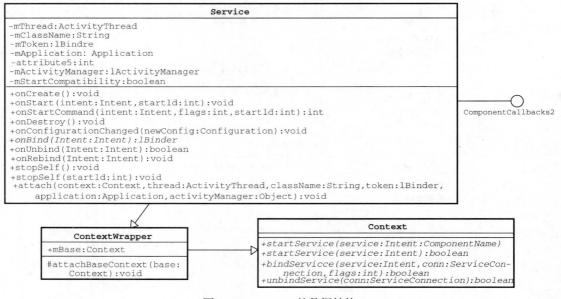

图9-27　Service的数据结构

对于图9-27，我们作出如下诠释。

- Service自身是一个抽象类，因此在我们实现服务的时候，无法直接使用Service类本身，而是需要定义一个继承自Service类的子类，或者继承自Service子类的一个子类。
- Service继承自ContextWrapper类，而ContextWrapper类继承自虚拟类Context。在ContextWrapper类中，我们定义了设置基础上下文的受保护方法（attachBaseContext()）和上下文实例的成员变量（mBase）。使用attachBaseContext()方法，可以使得Service拥有自己的上下文，其代码如下所示：

```
protected void attachBaseContext(Context base) {
    if (mBase != null) {
        throw new IllegalStateException("Base context already set");
    }
    mBase = base;
}
```

在后面的内容中,我们会看到它是如何被调用的。

- ContextWrapper是一个继承自抽象类Context的子类。在Context中,我们定义了一些用于操作服务的方法(startService()、stopService()、bindService()和unbindservice()方法等)。当然,它们都是抽象方法,所有实现都在ContextWrapper中,其中startService()方法的实现代码如下所示:

```
@Override
public ComponentName startService(Intent service) {
    return mBase.startService(service);
}
```

此处,它实际上调用了上下文实例的startService()方法。

- Service类定义了一些关于Service自身生命周期的回调接口以及Service本身状态的回调接口等,它们包括用于指示Service被创建的onCreate()方法,指示Service正在运行的onStartCommand()方法,服务正在被销毁的onDestroy()方法等。除此以外,它还定义了一个attach()方法,用于在Service被实例化时附加一些关键属性,其中就包括设置上下文。attach()方法的用法如以下代码所示:

```
public final void attach(
    Context context,
    ActivityThread thread, String className, IBinder token,
    Application application, Object activityManager) {
        attachBaseContext(context);//设置上下文
        mThread = thread;
        mClassName = className;
        mToken = token;
        mApplication = application;
        mActivityManager = (IActivityManager)activityManager;
        mStartCompatibility = getApplicationInfo().targetSdkVersion
            < Build.VERSION_CODES.ECLAIR;
}
```

需要注意的是,自Android 2.0以后,启动服务时,Android框架不再回调onStart()方法,而是回调名为onStartCommand()的方法,并由onStartCommand()方法调用原先的onStart()方法。onStartCommand()方法的代码如下所示:

```
public int onStartCommand(Intent intent, int flags, int startId) {
    onStart(intent, startId);
    return mStartCompatibility ?
        START_STICKY_COMPATIBILITY : START_STICKY;
}
```

- Service还是一个实现ComponentCallbacks2接口的类,而ComponentCallbacks2用

于通知应用程序系统内存管理的行为。服务通过`ComponentCallbacks2`接口的`onTrimMemory()`回调方法的输入参数来通知应用程序。

9.6.2 启动服务

通过上一节的学习，我们了解了Service的数据结构，现在就来看看调用`startService()`后ActivityManagerService以及应用程序（客户端）服务的行为。

1. ActivityManagerService的行为

作为Android的四大组件之一，服务也接受ActivityManagerService的管理，比如在完成`startService()`的过程中，服务端的ActivityManagerService的行为如图9-28所示。

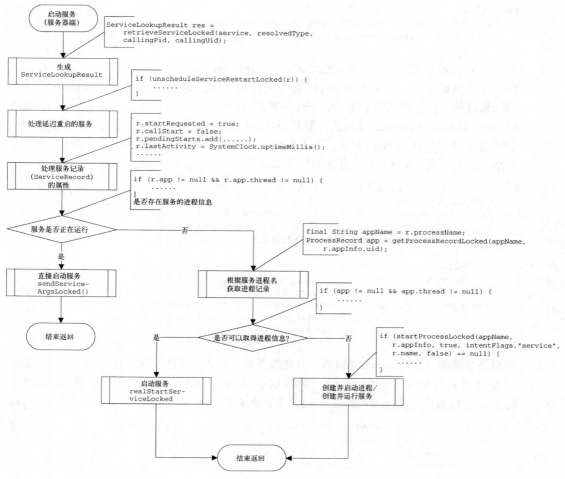

图9-28 完成`startService()`后ActivityManagerService的行为

接下来，我们简要说明一下图9-28。

- 在这个过程中，我们使用名为retrieveServiceLocked()的方法生成ServiceLookupResult实例来供后续使用。下面来看看这个方法的代码：

```
private ServiceLookupResult retrieveServiceLocked(Intent service,
    String resolvedType, int callingPid, int callingUid) {
    if (r == null) {
        ......
        r = new ServiceRecord(this, ss, name, filter, sInfo, res);
        ......
    }
    mServices.put(name, r);
        mServicesByIntent.put(filter, r);
        return new ServiceLookupResult(r, null);
        ......
}
```

从上述代码可知，这个方法主要用于在必要的时候创建一个服务记录，然后将这个服务记录加入mServices与mServicesByIntent中以便Activity管理服务管理，最后以ServiceRecord实例为基础创建ServiceLookupResult实例返回调用点。

- 如果被启动的服务已经存在进程和线程信息，则ActivityManagerService将直接要求客户端启动服务并完成对ServiceRecord的一些信息更新。为发挥这个功能，服务器端调用了sendServiceArgsLocked()方法，这个方法的实现代码如下：

```
private final void sendServiceArgsLocked(ServiceRecord r,
    boolean oomAdjusted) {
    ......
    r.app.thread.scheduleServiceArgs(r, si.taskRemoved, si.id,
        flags, si.intent);
    ......
}
```

此处调用的thread是服务器端与客户端通信的代理。调用thread的scheduleServiceArgs()方法就意味着要求客户端执行scheduleServiceArgs()方法，而scheduleServiceArgs()方法的实现在ActivityThread中。

scheduleServiceArgs()方法在客户端负责服务的调度工作，将会生成一条SERVICE_ARGS消息并将其发送到Handler，最后由Handler调用最终的处理方法handleServiceArgs()。handleServiceArgs()方法的主要工作是回调客户定制服务的onStartCommand()方法，以便完成用户的意图，最后通知服务器端工作已经完成。该方法的部分实现代码如下所示：

```
private void handleServiceArgs(ServiceArgsData data) {
    Service s = mServices.get(data.token);
    ......
    //回调客户定制服务的onStartCommand()回调接口
    res = s.onStartCommand(data.args, data.flags, data.startId);
    ......
    try {
        //通知服务器端客户端代码执行完毕
```

```
            ActivityManagerNative.getDefault().serviceDoneExecuting(
                data.token, 1, data.startId, res);
        } catch (RemoteException e) {
            //什么也不做
        }
        ......
    }
```

- 如果存在服务的进程信息而服务并未运行，ActivityManagerService将会执行 realStartServiceLocked()方法，这个方法将会创建相应的服务。下面来看看 realStartServiceLocked()方法的流程，如图9-29所示。

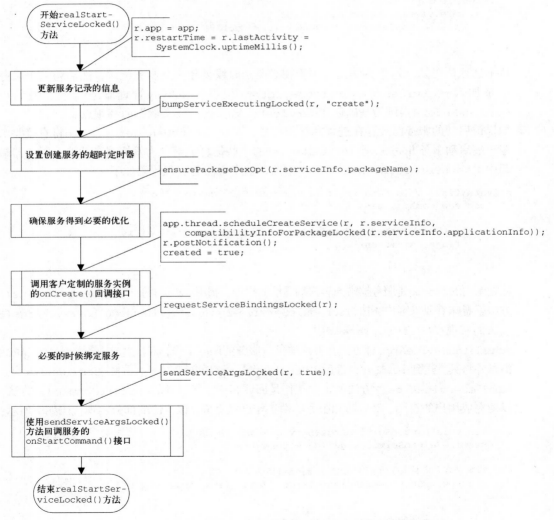

图9-29 realStartServiceLocked()方法的流程

- 如果服务进程不存在，则ActivityManagerService会通知孵化进程为服务启动一个进程。为此ActivityManagerService会调用startProcessLocked()方法，相关代码如下所示：

```
if (startProcessLocked(appName, r.appInfo, true, intentFlags,
    "service", r.name, false) == null) {
    bringDownServiceLocked(r, true);
    return false;
}
```

startProcessLocked()方法会返回进程记录的一个实例。当孵化进程完成进程的创建并启动后，它会回调ActivityThread的main()方法并由此方法来完成剩余的工作。

- 如果服务进程不存在并且进程创建失败，即startProcessLocked()方法返回的ProcessRecord（进程记录）的实例为null时，ActivityManagerService将会调用bringDownServiceLocked()方法停止服务。bringDownServiceLocked()方法的流程如图9-30所示。

至此，服务在服务器端启动这项任务的流程就完成了。与此同时，需要启动的服务也完成了调度。

324 第 9 章 Activity 管理服务

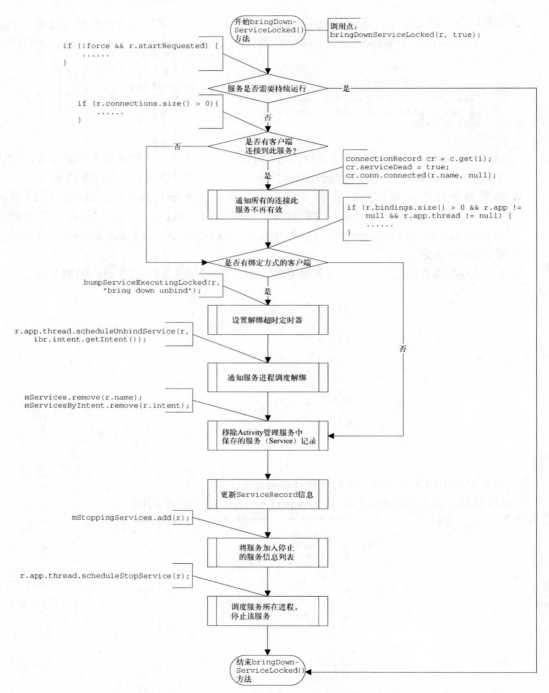

图9-30 调用bringDownServiceLocked()方法停止服务的流程

2. 客户端进程的调度

前面我们介绍了ActivityManagerService对于启动服务请求的行为，这些行为包括生成并保存服务记录、调用孵化服务生成服务所需的进程以及调度客户定制服务。本节就来介绍在服务启动阶段，客户端提供给ActivityManagerService的一些调度方法。

与启动Activity一样，位于客户端的应用程序需要由代理转发启动命令。同样，如果ActivityManagerService需要调度客户端应用程序的组件，则也需要通过位于服务器端的代理（ApplicationThreadProxy）转发服务到客户端完成调度工作。下面以创建服务为例说明其交互过程，如图9-31所示。

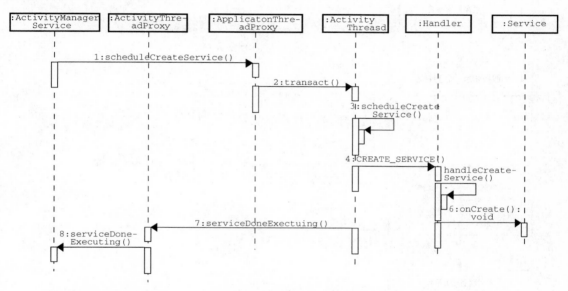

图9-31 ActivityManagerService和ApplicationThreadProxy的交互过程

对于图9-31所示的交互过程，我们现在详细解读一下。

- **服务创建**。这主要由ActivityManagerService通过调用应用程序代理启动客户端的handleCreateService()方法来完成，该方法的工作流程如图9-32所示。

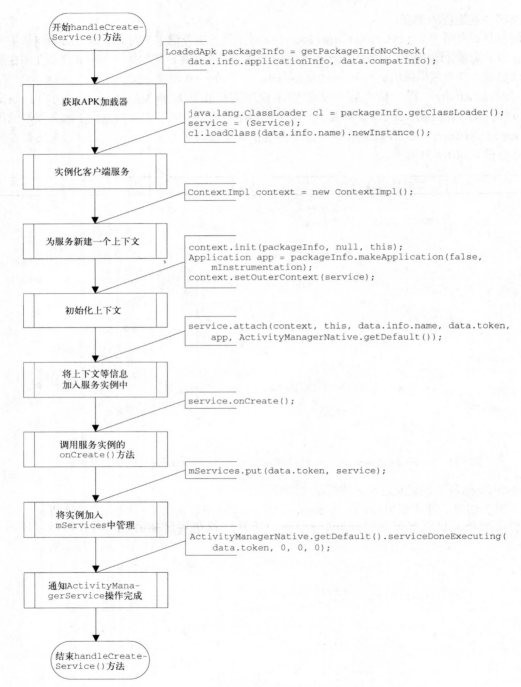

图9-32 handleCreateService()流程

❑ **服务启动**。这主要由ActivityManagerService通过调用应用程序代理启动客户端的handleServiceArgs()方法完成,该方法的工作流程如图9-33所示。

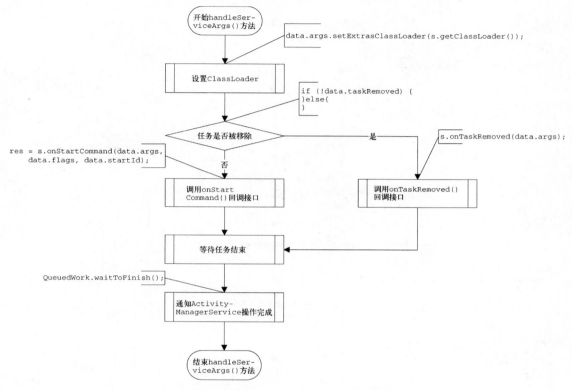

图9-33 handleServiceArgs()的工作流程

9.6.3 停止服务

要停止服务,可以通过调用stopService()方法,或在客户端定制的服务代码中调用stopSelf()方法来实现。本节将介绍ActivityManagerService如何处理停止服务的请求、ActivityManagerService与应用服务的交互、客户端行为以及自行停止服务。

1. ActivityManagerService端的行为

这里假设一个名为Service1的服务曾经被启动,现在要通过stopService()方法停止此服务。若要完成这个需求,只需要在适当的地方编写如下代码即可:

stopService(new Intent(Activity1.this, Service1.class));

stopService()方法的总体流程如图9-34所示。

第 9 章 Activity 管理服务

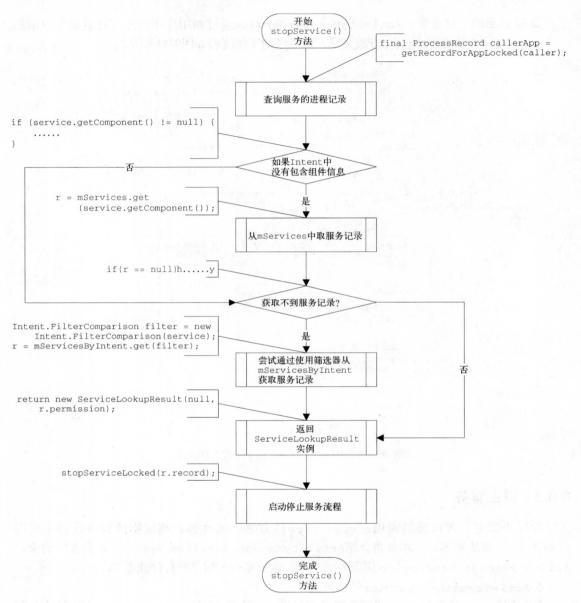

图9-34　stopService()方法的流程

获取到了服务记录信息，接下来就可以开始真正结束服务的流程了，ActivityManager-Service为此启动了stopServiceLocked()方法，并将Service记录（r.record）作为输入参数。接下来，我们来分析一下stopServiceLocked()的流程，如图9-35所示。

9.6 服务

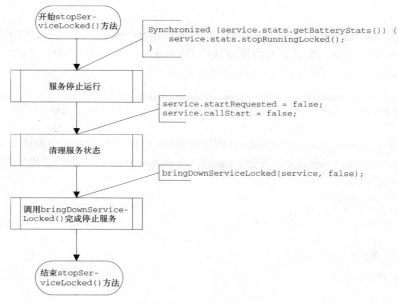

图9-35 stopServiceLocked()方法的流程

stopServiceLocked()方法的核心是名为bringDownServiceLocked()的方法，在这个方法中完成停止服务所需完成的事情。

2. ActivityManagerService与应用服务的交互

与启动服务一样，停止服务也经历一个进程间通信的过程，图9-36显示了这一过程。

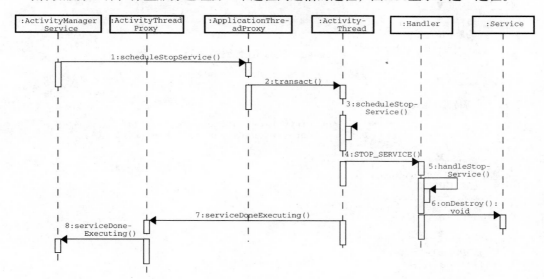

图9-36 ActivityManagerService和应用服务的交互过程

3. 客户端行为

当运行在应用程序进程内的服务接收到来自ActivityManagerService的调用时，可以启动scheduleStopService()方法，并由该方法启动handleStopService()方法来处理客户端行为。scheduleStopService()方法的代码如下所示：

```
public final void scheduleStopService(IBinder token) {
    queueOrSendMessage(H.STOP_SERVICE, token);
}
```

在上述代码中，queueOrSendMessage()方法负责将一个STOP_SERVICE发送到Handler，由Handler启动handleStopService()方法。handleStopService()方法的流程如图9-37所示。

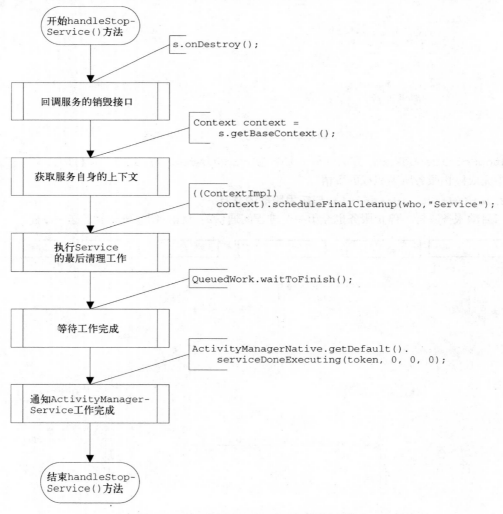

图9-37　handleStopService()方法的流程

这里需要了解的是，scheduleFinalCleanup()方法主要用于将注册在服务中的广播接收器全部注销并释放绑定在这个服务上的链接，其部分关键代码如下所示：

```
public void removeContextRegistrations(Context context,
    String who, String what) {
    ......
    ActivityManagerNative.getDefault().unregisterReceiver(
        rd.getIIntentReceiver());

    mUnregisteredReceivers.remove(context);

    ActivityManagerNative.getDefault().unbindService(
        sd.getIServiceConnection());
    ......
    mUnboundServices.remove(context);
    //Slog.i(TAG, "Service registrations: " + mServices);
}
```

4. 自行停止服务

除了应用程序的其他组件可以通过调用stopService()来停止运行服务以外，服务自身也可以通过调用stopSelf()来自行停止。

stopSelf()方法和stopService()方法的行为几乎是相同的，区别在于处理的入口不一样。下面先来看看stopSelf()方法的原型：

```
public final void stopSelf(int startId) {
    mActivityManager.stopServiceToken(
        new ComponentName(this, mClassName), mToken, startId);
}
```

这里，ActivityManagerService会启动自己的stopServiceToken()方法来执行该请求。而ActivityManagerService的stopServiceToken()方法的核心也就是调用自身的bringDownServiceLocked()方法完成停止服务这一任务的。stopServiceToken()的代码如下所示：

```
public boolean stopServiceToken(ComponentName className, IBinder token,
    int startId) {
    ......
    bringDownServiceLocked(r, false);
    return true;
    ......
}
```

9.6.4 以绑定的方式启动/停止服务

下面我们介绍一下如何以绑定的方式启动和停止服务。

1. 以绑定的方式启动服务

服务有被启动和被绑定两种方式，它们的使用方式截然不同。被启动方式的服务以startService()方法启动，而被绑定的服务就只能由bindService()方法来启动。本节主要介绍以bindService()方式启动服务时ActivityManagerService和服务器端的行为,以及它们之间的交互。

首先,来看看应用程序调用bindService()试图使用被绑定的服务时应用程序端的处理流程。bindService()方法是这样定义的:

```
@Override
public boolean bindService(Intent service, ServiceConnection conn,
    int flags) {
}
```

可以看到,bindService()方法需要3个参数,这3个参数规定连接到哪个服务(由service参数定义)、连接后的回调接口(定义在conn中)以及如何启动此服务(由flags定义)。图9-38是bindService()方法的流程图。

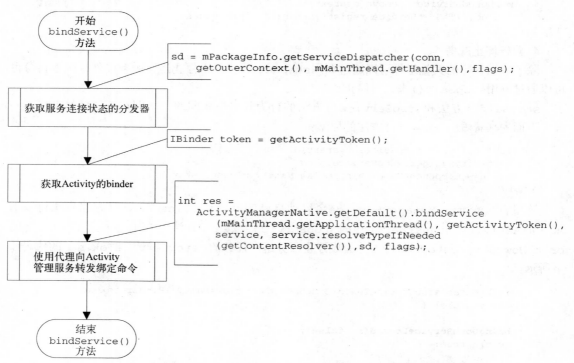

图9-38　bindService()方法的工作流程

有了来自代理的调用,再来看看ActivityManagerService如何启动自身的bindService()方法来处理这个调用,如图9-39所示。

9.6 服务

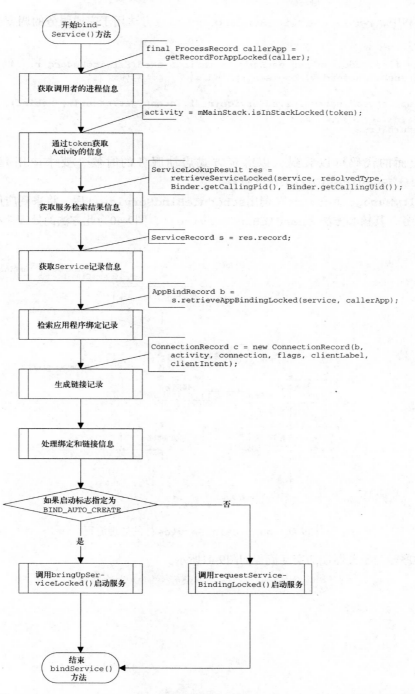

图9-39 ActivityManagerService启动自身的bindService()方法处理调用

在图9-39中,requestServiceBindingLocked()方法用于完成服务的调度工作,具体代码如下所示:

```
private final boolean requestServiceBindingLocked(ServiceRecord r,
    IntentBindRecord i, boolean rebind) {
    ......
    r.app.thread.scheduleBindService(r, i.intent.getIntent(), rebind);
    ......
    return true;
}
```

通过上面的代码可以看到,以绑定方式启动服务的时候,要求应用程序进程使用scheduleBindService()方法来调度服务。

ActivityManagerService在调用scheduleBindService()后,将来到应用程序进程中执行调度任务,其核心方法为handleBindService(),图9-40为此方法的处理流程。

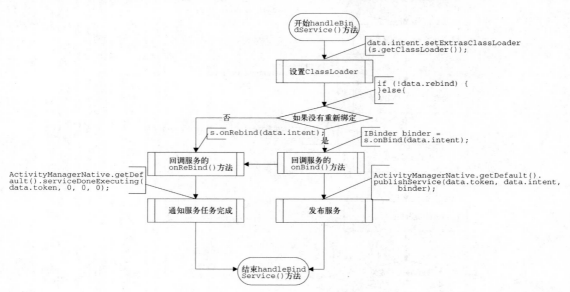

图9-40　handleBindService()的处理流程

应用程序端与服务器端的交互流程如图9-41所示。

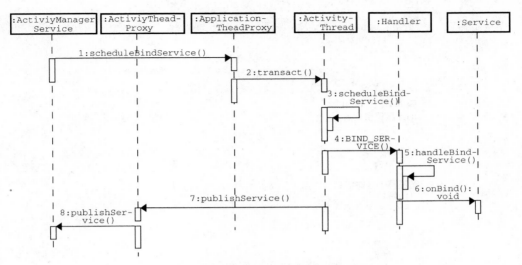

图9-41 应用程序端与服务器端的交互流程

2. 以解绑的方式停止服务

如果是被绑定类型的服务,就需要以unbindService()方法解除绑定,这和bindService()是相对应的。当不再有连接绑定到此服务时,服务才会被销毁,这与被启动类型的服务有本质上的区别。

先来看看当需要解绑一个服务时,也就是应用程序调用unbindService()方法时ActivityManagerService和应用程序的行为。下面先来看一下应用程序端unbindService()方法的代码:

```
@Override
public void unbindService(ServiceConnection conn) {
    if (mPackageInfo != null) {
        IServiceConnection sd = mPackageInfo.forgetServiceDispatcher(
            getOuterContext(), conn);
        try {
            ActivityManagerNative.getDefault().unbindService(sd);
        } catch (RemoteException e) {
        }
    } else {
        throw new RuntimeException("Not supported in system context");
    }
}
```

在上面的代码中,我们首先调用LoadedApk(其中mpackageInfo是loadedapk的一个实例)的forgetServiceDispatcher()方法,获取该服务的连接接口(IServiceConnection),并完成相应的移除操作,最后通过代理启动服务的unbindService()方法来启动ActivityManagerService的解绑行为。

unbindService()在ActivityManagerService端的整体流程如图9-42所示。

336 | 第 9 章 Activity 管理服务

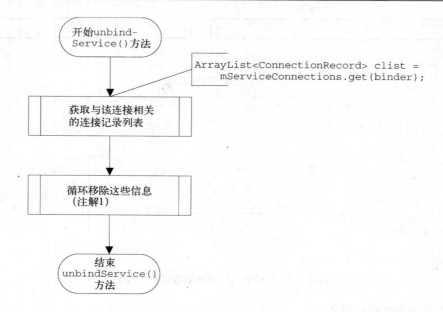

图9-42 unbindService()在ActivityManagerService端的整体流程

在图9-42中,注解1指如下所示的循环代码:

```
while (clist.size() > 0) {
    ConnectionRecord r = clist.get(0);
    removeConnectionLocked(r, null, null);

    if (r.binding.service.app != null) {
        updateOomAdjLocked(r.binding.service.app);
    }
}
```

其中,它的核心部分是一个名为removeConnectionLocked()的方法,此方法负责完成解绑操作,其主要流程如图9-43所示。

在图9-43中,s.app.thread.scheduleUnbindService(s, b.intent.intent.getIntent());的作用是通过代理将解绑命令发送到应用程序进程中,由应用程序的ActivityThread负责根据相关标识执行解绑请求,它的核心方法是handleUnbindService(),该方法由ActivityThread的处理器(Handler)调用。调用代码如下所示:

```
public void handleMessage(Message msg) {
    switch (msg.what) {
        case UNBIND_SERVICE:
            handleUnbindService((BindServiceData)msg.obj);
            break;
    }
}
```

handleUnbindService()方法的工作流程图如图9-44所示。

9.6 服务 337

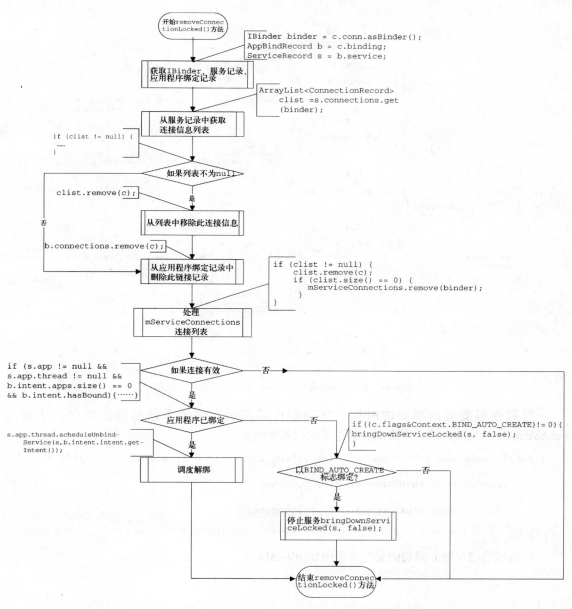

图9-43 removeConnectionLocked()方法的主要流程

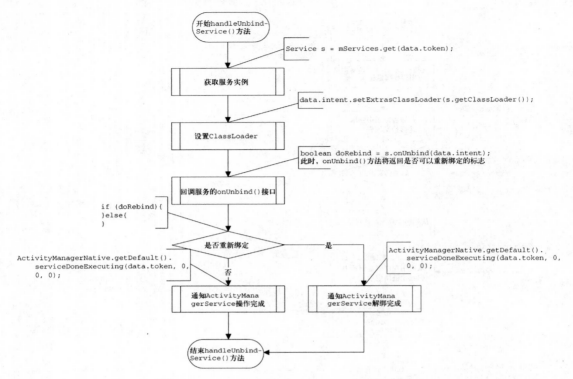

图9-44　handleUnbindService()方法的流程图

当服务需要重新绑定的时候，应用程序端将请求完成重新绑定的操作，这通过unbindFinished()接口来实现，其主要代码如下所示：

```
public void unbindFinished(IBinder token, Intent intent, boolean doRebind) {
    ......
    requestServiceBindingLocked(r, b, true);
    ......
    serviceDoneExecutingLocked(r, inStopping);
    ......
}
```

应用程序端与服务器端的交互流程图如图9-45所示。

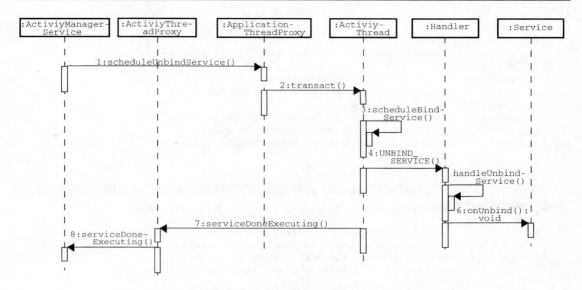

图9-45 应用程序端与服务器端的交互流程图

9.7 发布 ContentProvider

作为应用程序的四大组件之一，ContentProvider同样接受ActivityManagerService的管理。ContentProvider的发布发生在应用程序首次被创建的时候。

9.7.1 启动ContentProvider发布工作时的操作

让我们回到应用程序进程创建的初期，孵化进程会回调ActivityThread的main()方法。在main()方法中，我们会在调用ActivityThread的attach()方法中启动ActivityManagerService的attachApplication()方法。

执行attachApplication()方法，其代码如下所示：

```
public final void attachApplication(IApplicationThread thread) {
    synchronized (this) {
        int callingPid = Binder.getCallingPid();
        final long origId = Binder.clearCallingIdentity();
        attachApplicationLocked(thread, callingPid);
        Binder.restoreCallingIdentity(origId);
    }
}
```

attachApplication()的代码核心是一个名叫attachApplicationLocked()的私有方法，此方法用于生成应用程序以及做一些应用程序相关的操作，其代码如下所示：

```
private final boolean attachApplicationLocked(
    IApplicationThread thread,
```

```
        int pid) {
    ......
    thread.bindApplication(processName, appInfo, providers,
    app.instrumentationClass,
    profileFile, profileFd, profileAutoStop,
    app.instrumentationArguments,app.instrumentationWatcher,
    testMode,
    isRestrictedBackupMode || !normalMode, app.persistent,
    mConfiguration, app.compat, getCommonServicesLocked(),
    mCoreSettingsObserver.getCoreSettingsLocked());
    ......
}
```

在这段代码中,调度应用程序的进程,并开始将应用程序绑定到生成的应用程序进程中。接下来,看看位于应用程序端的`bindApplication()`方法,其代码如下所示:

```
public final void bindApplication(String processName,
    ApplicationInfo appInfo, List<ProviderInfo> providers,
    ComponentName instrumentationName, String profileFile,
    ParcelFileDescriptor profileFd, boolean autoStopProfiler,
    Bundle instrumentationArgs,
    IInstrumentationWatcher instrumentationWatcher,
    int debugMode, boolean isRestrictedBackupMode,
    boolean persistent,
    Configuration config, CompatibilityInfo compatInfo,
    Map<String, IBinder> services, Bundle coreSettings) {
        ......
        queueOrSendMessage(H.BIND_APPLICATION, data);
}
```

这里发送一个BIND_APPLICATION消息到应用程序进程的处理器中,此处理器根据消息类型启动`handleBindApplication()`方法处理绑定应用程序。代码如下所示:

```
public void handleMessage(Message msg) {
    ......
    case BIND_APPLICATION:
        AppBindData data = (AppBindData)msg.obj;
        handleBindApplication(data);
        break;
        ......
}
```

`handleBindApplication()`方法的代码如下所示:

```
private void handleBindApplication(AppBindData data) {
    ......
    List<ProviderInfo> providers = data.providers;
    if (providers != null) {
        installContentProviders(app, providers);
        mH.sendEmptyMessageDelayed(H.ENABLE_JIT, 10*1000);
    }
    ......
}
```

在上述代码中,`installContentProviders()`方法将完成对应用程序中声明的

ContentProvider的安装,其核心代码如下所示:

```
    private void installContentProviders(
        Context context, List<ProviderInfo> providers) {
        ......
        try {
            ActivityManagerNative.getDefault().publishContentProviders(
                getApplicationThread(), results);
        } catch (RemoteException ex) {
        }
        ......
    }
```

至此,客户端应用程序就完成了通过代理通知ActivityManagerService开始启动发布ContentProvider的流程了。

为了让大家有一个更为直观的印象,现在以交互图的方式来说明发布ContentProvide的流程,如图9-46所示。

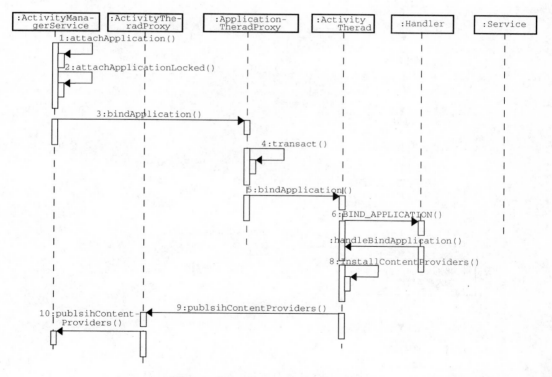

图9-46 发布ContentProvider的流程

这样,我们就启动了ActivityManagerService的ContentProvider发布流程,下面我们就来看看服务器端和应用程序端的行为。

9.7.2 解读发布流程中ActivityManagerService的行为

首先来看看发布内容提供者的主要方法publishContentProviders()，其流程如图9-47所示。

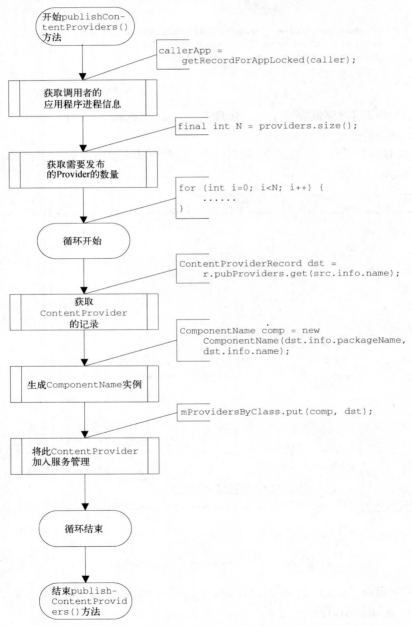

图9-47　publishContentProviders()方法的流程图

9.7 发布 ContentProvider

在客户端通知ActivityManagerService开始发布之前，就已经完成了必要的客户端行为，这些行为的代码位于ActivityThread的installProvider()方法中。该方法的流程图如图9-48所示。

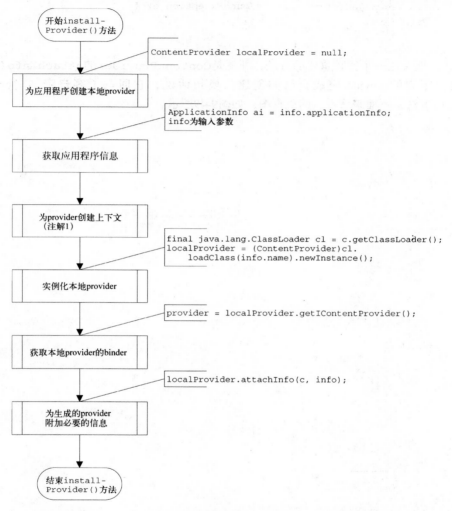

图9-48 ActivityThread的installProvider()方法的流程图

在图9-48中，注解1指上下文的实例化过程不是必须执行的，是否需要重新创建上下文需要经历以下的分析：

```
if (context.getPackageName().equals(ai.packageName)) {
    c = context;
} else if (mInitialApplication != null &&
    mInitialApplication.getPackageName().equals(ai.packageName)) {
    c = mInitialApplication;
} else {
```

```
    try {
        c = context.createPackageContext(ai.packageName,
            Context.CONTEXT_INCLUDE_CODE);
    } catch (PackageManager.NameNotFoundException e) {
        //忽略
    }
}
```

此处，还要关注一个比较重要的方法，那就是ContentProvider的attachInfo()方法，它会使客户定制的provider完成自己的创建。换句话说，它回调了客户定制的provider的onCreate()方法，下面来看看它的流程图，如图9-49所示。

图9-49　attachInfo()方法的流程图

在attachInfo()中，它设置了上下文、用户ID、读写权限以及路径访问权限等。完成这些基本属性的设置后，紧接着调用ContentProvider的onCreate()回调接口进行初始化。对于一般的客户端来说，这里一般会创建一个数据库及其相关的表。

由于ActivityManagerService只管理ContentProvider的信息，而不负责ContentProvider的创建和销毁，因此在应用程序进程由于某些原因被销毁时，它只清理了应用程序的ContentProvider信息。下面的代码表明，当一个应用程序因为内部出现致命异常而被强行终止时，如何处理ContentProvider的信息：

```
private final boolean forceStopPackageLocked(String name, int uid,
    boolean callerWillRestart, boolean purgeCache, boolean doit,
    boolean evenPersistent) {
    ......
    N = providers.size();
    for (i=0; i<N; i++) {
        removeDyingProviderLocked(null, providers.get(i));
    }
    ......
}
```

9.8 ActivityManagerService 如何应付异常

上一节我们在介绍ContentProvider时，曾经谈及由于某些原因而被强行终止时对ContentProvider信息的处理，本节我们就以此场景为例，看看ActivityManagerService如何应付这样的异常。

要强行终止一个正在运行的应用程序，可以使用Android提供的am命令行工具，具体代码如下所示：

```
am force-stop cn.turing.test
```

如果这样执行am命令，am工具将会执行如下方法：

```
private void runForceStop() throws Exception {
    mAm.forceStopPackage(nextArgRequired());
}
```

以上代码会将forceStopPackage()意图传达给位于本地的代理，由代理将我们的请求转发到服务端，它们的交互图如图9-50所示。

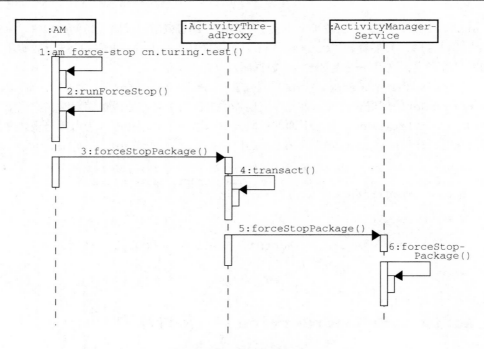

图9-50 代理和服务端的交互

然后,指令来到ActivityManagerService中,由其forceStopPackage()方法完成剩余的工作,该方法的核心部分流程如图9-51所示。

在图中9-51中,注解1指向框架发送包重启的广播,相关代码如下:

```
Intent intent = new Intent(Intent.ACTION_PACKAGE_RESTARTED,
    Uri.fromParts("package", packageName, null));
if (!mProcessesReady) {
    intent.addFlags(Intent.FLAG_RECEIVER_REGISTERED_ONLY);
}
intent.putExtra(Intent.EXTRA_UID, uid);
broadcastIntentLocked(null, null, intent,
    null, null, 0, null, null, null,
    false, false, MY_PID, Process.SYSTEM_UID);
```

forceStopPackage()的核心其实是一个名为forceStopPackageLocked()的私有方法。forceStopPackage()的代码为调用forceStopPackageLocked()方法做了参数上的准备。forceStopPackageLocked()方法需要一个包名和包的用户ID作为其需要的基本信息,流程图如图9-52所示。

9.8 ActivityManagerService如何应付异常

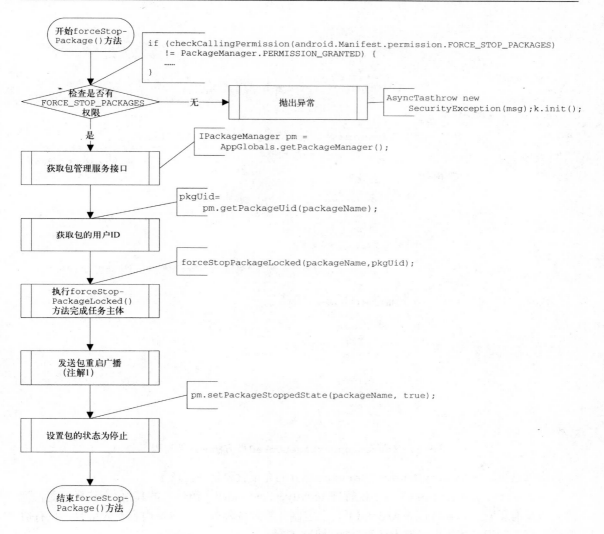

图9-51 forceStopPackage()的核心部分流程

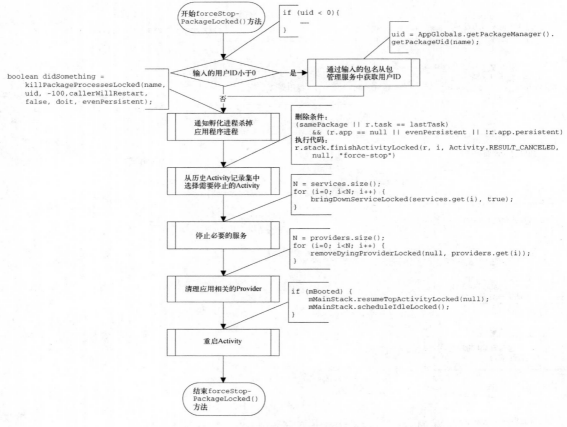

图9-52 forceStopPackageLocked()方法的内部流程

讲到这里，ActivityManagerService部分的介绍就要告一段落了。

ActivityManagerService不仅管理Activity，Android四大组件中的其他3个甚至也受它管理。正是有了它，我们才能在Android平台上定制并管理各种服务。本章内容十分重要，只有通晓这些理论知识，才能在开发中运用自如、得心应手。

第 10 章 包管理服务

包管理服务是Android系统的核心服务之一，它在系统中的作用举足轻重。当我们试图安装、卸载或者更新一些应用程序时，都会用到这个服务。对于应用程序开发者而言，可以使用包管理服务提供的接口查询应用程序的信息等。

10.1 `PackageManagerService` 概述

`PackageManagerService`是Android系统对应用程序包的管理服务，在系统启动的时候，它被加载到`system_server`进程中。它负责在必要的时候解析Android应用程序的APK文件，生成应用程序包信息，把这些包信息保存在进程内存中以供应用程序或者框架调用。这里之所以说"必要的时候"，是因为解析过程并不是每次都发生的，当它已经存在的时候，这个解析过程将会被忽略。

为了证明解析过程不是每次都发生的，先来看看`PackageManagerService`用于处理包信息的方法`scanPackageLI()`的代码片段：

```
private PackageParser.Package scanPackageLI(PackageParser.Package pkg,
    int parseFlags, int scanMode, long currentTime, UserHandle user) {
    ......
    if (mPackages.containsKey(pkg.packageName)
        || mSharedLibraries.containsKey(pkg.packageName)) {
        Slog.w(TAG, "Application package " + pkg.packageName
            + " already installed.  Skipping duplicate.");
        mLastScanError = PackageManager.INSTALL_FAILED_DUPLICATE_PACKAGE;
        return null;
    }   ......
}
```

该方法用于判断此应用程序是否已经安装，如果是，它将跳过后续流程不再做多余的处理。

10.2 `PackageManagerService` 的组成和应用

在`PackageManagerService`内部，包含了一些比较重要的成员变量用于保存包的信息，这些成员变量在不同的时刻发挥着不同的作用，下面我们就对其进行一下介绍。

10.2.1 PackageManagerService 的重要组成部分

PackageManagerService保存了Android设备中所有应用的包信息，其中包括系统应用以及设备用户自行安装的应用程序。图10-1展示了PackageManagerService的重要组成部分。

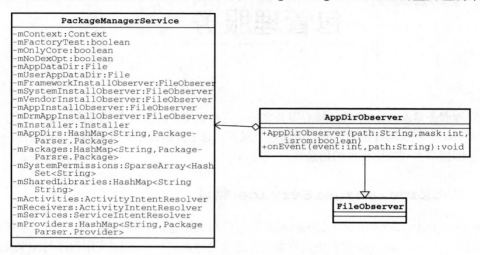

图10-1　PackageManagerService的重要组成部分

PackageManagerService中保存了与应用程序相关的信息，具体如下所示。

- mAppDirs。它是安装应用的目录下的子目录。它是一个散列映射（HashMap），它的key为安装的ZIP文件（绝对路径），value是包实例（Package的实例）。对于mAppDirs来说，PackageManagerService是这样处理它的：

```
private PackageParser.Package scanPackageLI(PackageParser.Package pkg,
    int parseFlags, int scanMode, long currentTime, UserHandle user) {
    ......
    if ((scanMode&SCAN_MONITOR) != 0) {
        mAppDirs.put(pkg.mPath, pkg);
    }
    ......
}
```

- mPackages。它是一个散列映射。这里以包名（Package_Name）为索引保存所有包的信息。在系统启动时或者安装新的应用程序时，将会在mPackages中添加记录。删除应用程序时，也会相应地删除mPackages中的记录。此外，它还是一个互斥锁，在服务中起调节不同进程访问数据次序的作用。

添加记录的代码如下所示：

```
private PackageParser.Package scanPackageLI(PackageParser.Package pkg,
    int parseFlags, int scanMode, long currentTime, UserHandle user) {
    ......
    synchronized (mPackages) {
        //添加到mPackages中
```

```
            mPackages.put(pkg.applicationInfo.packageName, pkg);
        }
        ......
    }
```

删除应用程序时，移除对应记录的代码如下：

```
    void removePackageLI(PackageParser.Package pkg, boolean chatty) {
        ......
        mPackages.remove(pkg.applicationInfo.packageName);
        ......
    }
```

- mSystemPermissions。mSystemPermissions中保存的信息来自设备中system/etc/permissions路径下platform.xml文件所配置的<permission>节点的信息。mSystemPermissions是一个SparseArray类型的数据结构，而SparseArray是一个以整型为索引的散列映射。在mSystemPermissions中，key是用户ID，value是一个散列集（HashSet），用于保存与此用户ID相关联的所有权限的配置。
- mSharedLibraries。用于保存应用程序使用的共享库文件信息。
- mActivities。用于保存所有有效的Activity的信息。
- mReceivers。用于保存所有有效的广播接收器的信息。
- mServices。用于保存所有有效服务的信息。

此外，PackageManagerService还保存了provider以及其他组件的一些信息mSystemInstallObserver也是PackageManagerService的重要组成部分，它只监视被监视文件夹下删除和添加文件的操作。图10-1右边的AppDirObserver继承自FileObserver类。

当Android进化到4.2以后的版本时，Android引入了多用户（multi-user）模式。包管理服务需要通过多次服务实现多用户的应用程序包管理，因此，包管理服务实例化了一个用户管理服务（UserManagerService）以满足此需求。创建用户管理服务的动作发生在实例化包管理服务的时候，如下代码所示：

```
    public PackageManagerService(Context context, Installer installer,
        boolean factoryTest, boolean onlyCore) {
        ......
        sUserManager = new UserManagerService(context, this,
            mInstallLock, mPackages);
        ......
    }
```

10.2.2 解读 PackageManagerService 如何关注目录

上一节我们介绍了PackageManagerService的重要组成部分，这里我们介绍一下它如何实时关注一些目录的变化。下面先介绍一下相关的成员变量。

- mFrameworkDir。此成员变量是设备中/system/framework/目录的引用，其中保存了与框架相关的库文件。

- **mSystemAppDir**。此成员变量是设备中/system/app目录的引用，其中保存了系统提供的应用程序文件。
- **mVendorAppDir**。此成员变量是设备中/vendor/app目录的引用，这里放置厂商的应用程序。
- **mAppInstallDir**。此成员变量是设备中/data/app目录的引用，这里是设备用户自行安装的应用程序的安装路径。
- **mDalvikCacheDir**。此成员变量是设备中/data/app-private目录的引用。

那么，PackageManagerService是怎样关注这些目录的呢？现在以mFrameworkDir为例来介绍一下。先来看看如下代码：

```
public PackageManagerService(Context context, boolean factoryTest, boolean onlyCore)
{
    ......
    mInstaller = new Installer();
    ......
    if (dalvik.system.DexFile.isDexOptNeeded(paths[i])) {
        libFiles.add(paths[i]);
        mInstaller.dexopt(paths[i], Process.SYSTEM_UID, true);
        didDexOpt = true;
    }
    ......
}
```

可见，PackageManagerService依赖一个名为mInstaller的工具，比如当启动服务的时候，需要使用这个工具来优化APK。

mInstaller是Installer类的实例。Installer是一个工具，它负责与installd（安装器）所在进程通信，而installd会根据Installer发送的内容执行对应的命令（Installer与installd采用socket方式进行通信）。在这点上，它与ActivityManagerService为生成并运行应用程序的进程而与孵化进程交互的方式是一样的。在上述代码中，我们使用了Installer的dexopt()方法来优化应用程序。下面以此方法入手，说明Installer工具与installd之间的交互。dexopt()方法是这样定义的：

```
public int dexopt(String apkPath, int uid, boolean isPublic) {
    StringBuilder builder = new StringBuilder("dexopt");
    builder.append(' ');
    builder.append(apkPath);
    builder.append(' ');
    builder.append(uid);
    builder.append(isPublic ? " 1" : " 0");
    return execute(builder.toString());
}
```

在dexopt()中，首先使用StringBuilder生成一个命令串。dexopt的命令格式如下所示：

```
dexopt apkPath uid isPublic
```

然后，将生成的这个字符串输入Installer的execute()方法中以执行dexopt命令。

Installer与installd之间交互的步骤如下所示。

(1) 建立与installd之间的socket连接，并获取输入输出流实例，如图10-2所示。

10.2 PackageManagerService 的组成和应用

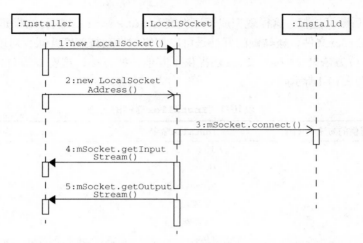

图10-2 建立与installd之间的socket连接,获取输入输出流实例

该步骤由一个名叫connect()的方法完成,在这个方法中,我们实例化一个带installd地址的**socket**实例(mSocket)。在建立连接后,从mSocket中获取到输入输出流的实例(mIn和mOut)。

(2) 在mSocket返回的输入输出流的基础上,将dexopt apkPath uid isPublic命令发送到installd的连接上,如图10-3所示。

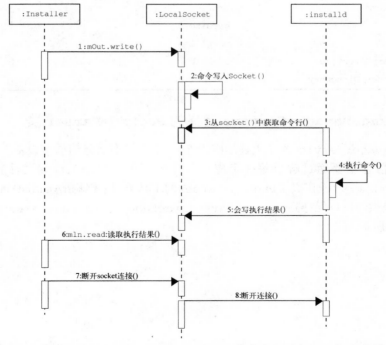

图10-3 将dexopt apkPath uid isPublic命令发送到installd的连接上

(3) 执行完成后断开连接，这样就完成了一次交互。dexopt()的执行结果是生成了一个与被优化的APK同名的odex文件，这样做的好处是可以加快软件运行速度并减少对RAM的占用。

除了dexopt()方法外，Installer还提供了其他一些方法，这些方法与installd的能力一一对应，具体如表10-1所示。

表10-1 Installer提供的方法

Installer提供的方法	installd命令	installd命令的参数个数
install	install	3
dexopt	dexopt	3
movedex	movedex	2
rmdex	rmdex	1
remove	remove	2
rename	rename	2
deleteCacheFiles	rmcache	1
createUserData	mkuserdata	3
removeUserDataDirs	rmuser	1
clearUserData	rmuserdata	2
ping	ping	0
freeCache	freecache	1
setForwardLockPerm	protect	2
getSizeInfo	getsize	4
moveFiles	movefiles	0
linkNativeLibraryDirectory	linklib	2
unlinkNativeLibraryDirectory	unlinklib	1

10.2.3 PackageManagerService 定义的 PackageParser 类

PackageManagerService除了上述的应用外，它的核心任务还有管理设备中应用程序包的信息，而这些信息主要通过解析每一个应用程序的AndroidManifest.xml文件获得。因此，PackageManagerService定义了PackageParser的工具类，用来解析AndroidManifest.xml文件并将该文件中提供的信息保存到PackageParser.Package中。PackageParser中所保存的信息格式如图10-4所示。

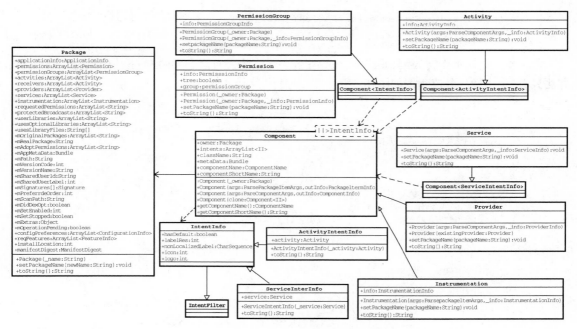

图10-4　PackageParser保存信息的格式

10.3　启动 PackageManagerService

通过前两节的介绍，我们学习了PackageManagerService及其相关的工具，接下来就进入PackageManagerService的启动流程中，看看它的行为。

10.3.1　PackageManagerService 的启动流程

作为Android的核心服务之一，PackageManagerService的启动也是由SystemServer的ServerThread触发的，具体如下列代码所示：

```
@Override
public void run() {
    Slog.i(TAG, "Package Manager");
    String cryptState = SystemProperties.get("vold.decrypt");
    boolean onlyCore = false;
    if (ENCRYPTING_STATE.equals(cryptState)) {
        Slog.w(TAG, "Detected encryption in progress - only parsing core apps");
        onlyCore = true;
    } else if (ENCRYPTED_STATE.equals(cryptState)) {
        Slog.w(TAG, "Device encrypted - only parsing core apps");
        onlyCore = true;
    }
    pm = PackageManagerService.main(context,
```

```
        factoryTest != SystemServer.FACTORY_TEST_OFF,
        onlyCore);
}
```

接下来，启动工作转入PackageManagerService的公有静态方法main()中执行。main()方法只有3个步骤，其流程图如图10-5所示。

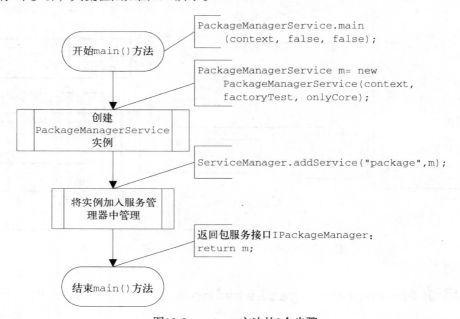

图10-5　main()方法的3个步骤

当执行完main()方法后，SystemServer就会得到一个IPackageManager接口，并且PackageManagerService把自身添加到ServiceManager中管理。这里需要关注PackageManagerService的构造方法，它在此处完成了PackageManagerService所有的初始化工作，比如创建Installer、创建目录观察器监控目录的变化（是否有添加或者删除文件的动作）、扫描并解析关键目录下的APK文件以生成应用程序包信息等。

10.3.2　PackageManagerService构造函数的流程

现在，我们就进入PackageManagerService的构造流程，一起来看看PackageManagerService构造函数的行为，如图10-6所示。

10.3 启动 PackageManagerService

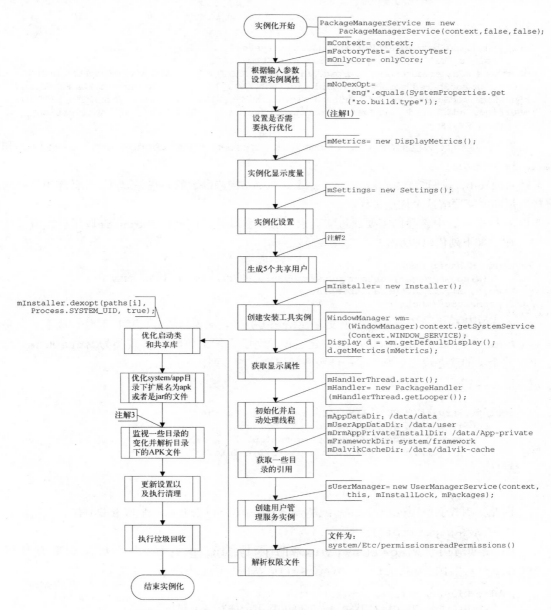

图10-6 PackageManagerService构造函数的流程

下面我们了解一下图10-6中的注解。

注解1：在进行Android编译的时候，如果设置ro.build.type编译属性为工程模式，则不需要对包进程进行优化处理。

注解2：这里生成5个共享用户的设置，分别是system、phone、log、nfc和bluetooth，

具体代码如下：

```
mSettings.addSharedUserLPw("android.uid.system",
    Process.SYSTEM_UID, ApplicationInfo.FLAG_SYSTEM);
mSettings.addSharedUserLPw("android.uid.phone", RADIO_UID, ApplicationInfo.FLAG_SYSTEM);
mSettings.addSharedUserLPw("android.uid.log", LOG_UID, ApplicationInfo.FLAG_SYSTEM);
mSettings.addSharedUserLPw("android.uid.nfc", NFC_UID, ApplicationInfo.FLAG_SYSTEM);
mSettings.addSharedUserLPw("android.uid.bluetooth", BLUETOOTH_UID,ApplicationInfo.
    FLAG_SYSTEM);
```

注解3：这些目录包括 system/framework、system/app、vendor/app、data/app 和 data/dalvik-cache。

针对图10-6，我们结合 PackageManagerService 构造函数的一些关键点，在此作出详解的解释以帮助大家理解这个构造过程。

- 在构造函数中，我们需要通过实现窗口服务获取显示的属性 mMetrics 以供后续流程使用，如下列代码所示：

```
WindowManager wm =
    (WindowManager)context.getSystemService(Context.WINDOW_SERVICE);
Display d = wm.getDefaultDisplay();
d.getMetrics(mMetrics);
```

在上述代码中，第一句从上下文（context）中获取窗口服务的接口部分，该上下文是 ActivityManagerService 在创建过程中创建的系统上下文（实现类为 ContextImpl）。这个类的静态块部分添加了一些服务的实现，如下列代码所示：

```
static {
......
registerService(WINDOW_SERVICE, new ServiceFetcher() {
    public Object getService(ContextImpl ctx) {
        return WindowManagerImpl.getDefault(
            ctx.mPackageInfo.mCompatibilityInfo);
}});
......
}
```

因此，当我们使用 context 的 getSystemService() 去获取一个服务的时候，获得的是 WindowManagerImpl 的实例。

第二句调用了 WindowManagerImpl 的 getDefaultDisplay() 方法来获取默认的 Display 实例。getDefaultDisplay() 方法的代码如下所示：

```
public Display getDefaultDisplay() {
    return new Display(Display.DEFAULT_DISPLAY, null);
}
```

在构造 Display 对象的过程中，我们调用了两个本地方法，分别是 nativeClassInit() 和 init()，如下所示：

```
Display(int display, CompatibilityInfoHolder compatInfo) {
    ......
    nativeClassInit();
```

```
    ......
    init(display);
    ......
}
```

其中`nativeClassInit()`方法的实现在\frameworks\base\core\jni\android_view_Display.cpp中，它的作用是获取各个变量在android.view.Display实例中的偏移量，其代码如下所示：

```
void nativeClassInit(JNIEnv* env, jclass clazz)
{
    offsets.display      = env->GetFieldID(clazz, "mDisplay", "I");
    offsets.pixelFormat  = env->GetFieldID(clazz, "mPixelFormat", "I");
    offsets.fps          = env->GetFieldID(clazz, "mRefreshRate", "F");
    offsets.density      = env->GetFieldID(clazz, "mDensity", "F");
    offsets.xdpi         = env->GetFieldID(clazz, "mDpiX", "F");
    offsets.ydpi         = env->GetFieldID(clazz, "mDpiY", "F");
}
```

`init()`方法的实现在\frameworks\base\core\jni\android_view_Display.cpp中，它的作用是从surfaceflinger服务中获取显示信息，并完成Display对象的实例化，如下列代码所示：

```
static void android_view_Display_init( JNIEnv* env, jobject clazz, jint dpy)
{
    DisplayInfo info;
    status_t err = SurfaceComposerClient::getDisplayInfo(DisplayID(dpy), &info);

    env->SetIntField(clazz, offsets.pixelFormat,info.pixelFormatInfo.format);
    env->SetFloatField(clazz, offsets.fps,       info.fps);
    env->SetFloatField(clazz, offsets.density,   info.density);
    env->SetFloatField(clazz, offsets.xdpi,      info.xdpi);
    env->SetFloatField(clazz, offsets.ydpi,      info.ydpi);
}
```

第三句代码使用Display对象的`getMetrics()`方法初始化mMetrics成员变量，这样我们就得到了默认的显示度量项（包括分辨率、原点和大小等信息），具体实现代码如下所示：

```
public void getMetrics(DisplayMetrics outMetrics) {
    CompatibilityInfo ci = mCompatibilityInfo.getIfNeeded();
    if (ci != null) {
        ci.applyToDisplayMetrics(outMetrics);
    }
}
```

- 除了应用程序自身定义的权限以外，Android系统还定义了一些系统权限和一些依赖的库文件。这些系统级别的配置以XML文件的形式出现在system/etc/permissions/目录下。在PackageManagerService启动时，需要先扫描这些文件，将里面的信息分类出来，这些工作由`readPermissions()`方法完成，其实现代码如下所示：

```
void readPermissions() {
    File libraryDir = new File(Environment.getRootDirectory(), "etc/permissions");
    ......
    for (File f : libraryDir.listFiles()) {
```

```
    ......
    readPermissionsFromXml(f);
}
......
final File permFile = new File(Environment.getRootDirectory(),
    "etc/permissions/platform.xml");
readPermissionsFromXml(permFile);
}
```

在上述代码中，最后才解析platform.xml文件。用过readPermissions()方法后，mGlobalGids（保存组信息）、mSettings的mPermissions（保存权限信息列表）、mSharedLibraries（共享库列表）和mAvailableFeatures（有效特征列表）等成员都得到了填充。这些信息非常重要，设置需要根据这些特征来显示相应的设置项。

- PackageManagerService在不同场景下会在内部产生不同种类的任务（比如安装应用程序的过程中），或者一个任务需要分成若干个阶段来完成。这些任务由PackageHandler处理器处理。在PackageManagerService启动时，它将会被启动，如下面的代码所示：

```
public PackageManagerService(Context context, boolean factoryTest, boolean
    onlyCore) {
    ......
    mHandlerThread.start();
    mHandler = new PackageHandler(mHandlerThread.getLooper());
    ......
}
```

- 一些目录的变化（比如用户对这些目录添加或者删除文件的操作时）是需要PackageManagerService关注的。当这些操作发生时，是需要PackageManagerService做一些事情的。为此，PackageManagerService实现了自己的目录观察者，它就是AppDirObserver，使用它的代码如下所示：

```
mFrameworkInstallObserver = new AppDirObserver(
    mFrameworkDir.getPath(), OBSERVER_EVENTS, true);
```

在构造AppDirObserver实例的时候，OBSERVER_EVENTS作为一个参数输入AppDirObserver的构造函数中，这里表示要求此观察者监视目录的添加和删除操作。OBSERVER_EVENTS是这样定义的：

```
private static final int OBSERVER_EVENTS = REMOVE_EVENTS | ADD_EVENTS;
```

这样，在AppDirObserver的onEvent()回调中也只处理这两个事件，具体如下列代码所示：

```
public void onEvent(int event, String path) {
    ......
    if ((event&ADD_EVENTS) != 0) {
        ......
    }
    ......
    if (removedPackage != null) {
        ......
    }
    ......
}
```

10.3.3 scanDirLI()方法

在PackageManagerService构造过程中,系统会扫描一些目录并解析这些目录下的APK文件,形成PACKAGE信息保存在PackageManagerService实例中,这些事情由scanDirLI()方法完成。下面以扫描系统应用的保存目录(/system/app)为例,看看该方法的处理流程,如图10-7所示。

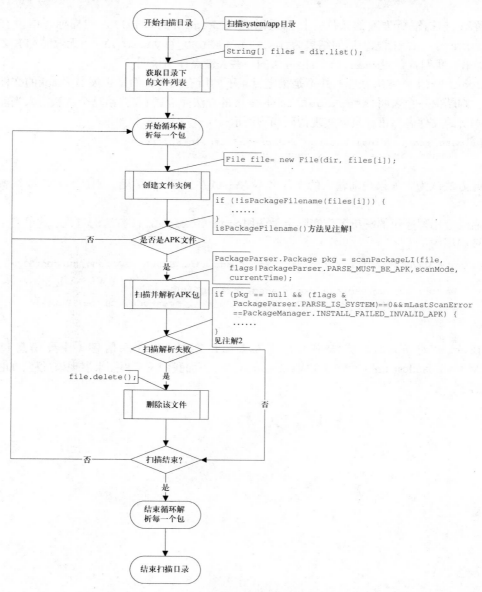

图10-7 扫描/system/app的处理流程

下面我们了解一下图10-7中的注解。

注解1：`isPackageFilename()`方法用于判断扫描文件是否以.apk为扩展名，具体如下列代码所示：

```
private static final boolean isPackageFilename(String name) {
    return name != null && name.endsWith(".apk");
}
```

注解2：扫描解析失败的条件是扫描返回的`Package`实例为`null`，扫描标志中没有包含`PARSE_MUST_BE_APK`标志，返回结果为`INSTALL_FAILED_INVALID_APK`（无效的APK文件）。

接下来，我们就针对`scanDirLI()`方法的一些关键点作出说明。

- `scanDirLI()`方法处理的并不是指定目录下的所有文件，而是扩展名为.apk的文件，这一判断由一个名叫`isPackageFilename()`的方法完成。只需要给这个方法输入当前需要解析的文件名即可，具体实现代码如下所示：

```
private static final boolean isPackageFilename(String name) {
    return name != null && name.endsWith(".apk");
}
```

此方法认为，如果当前输入的文件名不为`null`并且以.apk结尾，则认为是需要被解析的文件。

- 启动应用程序包的解析工作实际上是调用`scanPackageLI()`方法的过程。这里它是这样被调用的：

```
private void scanDirLI(File dir, int flags, int scanMode, long currentTime) {
    ......
    PackageParser.Package pkg = scanPackageLI(file,
        flags|PackageParser.PARSE_MUST_BE_APK, scanMode, currentTime);
    ......
}
```

在`scanPackageLI()`方法中，它首先将APK文件中包含的信息（主要信息包含在AndroidManifest.xml文件中）变成`Package`对象，下面我们用流程图来展现该过程，如图10-8所示。

10.3 启动 PackageManagerService

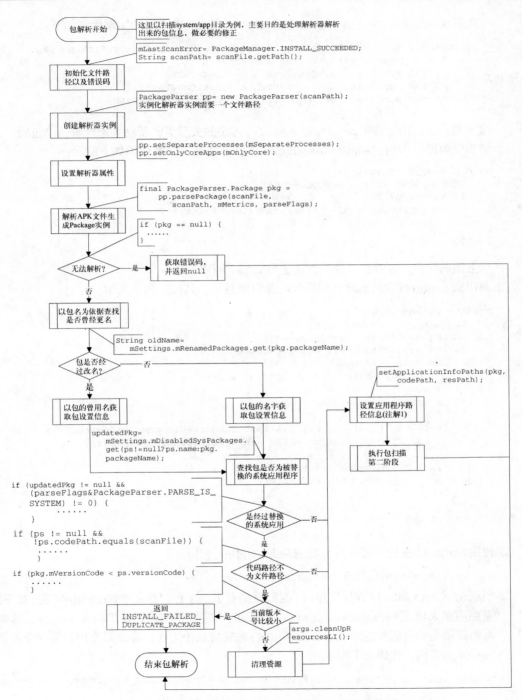

图10-8 扫描过程中scanPackageLI()方法的使用

在图10-9的注解1中，setApplicationInfoPaths()方法的实现代码如下：

```
private static void setApplicationInfoPaths(PackageParser.Package pkg,
    String destCodePath, String destResPath) {
        pkg.mPath = pkg.mScanPath = destCodePath;
        pkg.applicationInfo.sourceDir = destCodePath;
        pkg.applicationInfo.publicSourceDir = destResPath;
}
```

接下来，我们简要说明scanPackageLI()方法的关键点，帮助大家理解这个过程。

❏ 清理资源的行为由cleanUpResourcesLI()方法定义，其代码如下所示：

```
void cleanUpResourcesLI() {
    String sourceDir = getCodePath();
    if (cleanUp()) {
        int retCode = mInstaller.rmdex(sourceDir);
        ......
    }
}
```

从上面的代码可以看到，这个方法主要完成了两项工作。

❏ 调用cleanUp()方法清理代码路径以及资源目录，其代码如下所示：

```
private boolean cleanUp() {
    boolean ret = true;
    String sourceDir = getCodePath();
    String publicSourceDir = getResourcePath();
    if (sourceDir != null) {
        File sourceFile = new File(sourceDir);
        ......
        sourceFile.delete();
    }
    if (publicSourceDir != null && !publicSourceDir.equals(sourceDir)) {
        final File publicSourceFile = new File(publicSourceDir);
        ......
        if (publicSourceFile.exists()) {
            publicSourceFile.delete();
        }
    }
    return ret;
}
```

❏ 使用Installer的rmdex()方法清理dex文件：

```
int retCode = mInstaller.rmdex(sourceDir);
```

❏ 到scanPackageLI()方法结尾时，我们就拥有了一个经过修正的Package实例。接下来，需要用它来填充PackageManagerService的一些数据结构，比如mPackages，这时就需要调用另一个版本的scanPackageLI()来完成这个工作。在此版本中，第一个参数为Package实例，代码如下所示：

```
return scanPackageLI(pkg, parseFlags, scanMode | SCAN_UPDATE_SIGNATURE, currentTime);
```

现在我们来看看以Package为第一个参数的scanPackageLI()方法的处理流程,如图10-9所示。

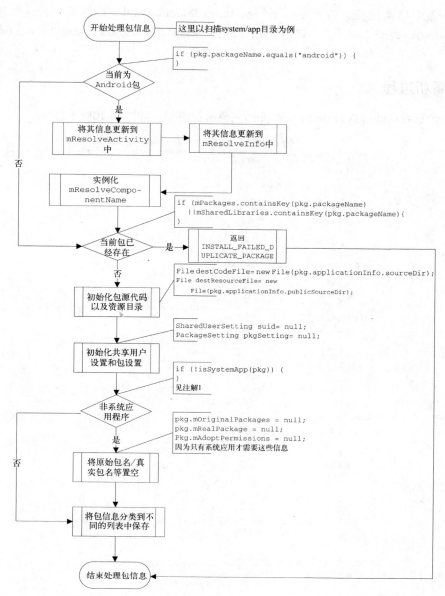

图10-9 以Package为第一个参数的scanPackageLI()方法的处理流程

到这里为止,整个扫描解析过程就完成了。当PackageManagerService迭代完所有需要扫描的目录下的文件时,整个启动流程就完成了。

10.4 解析AndroidManifest.xml文件

讲解完整个启动流程，再来看一下解析AndroidManifest.xml文件的流程，这个流程对于`PackageManagerService`至关重要，因为它决定了保存在`PackageManagerService`相关列表中的内容。

10.4.1 解析流程

下面先来看看AndroidManifest.xml文件的完整解析流程，如图10-10所示。

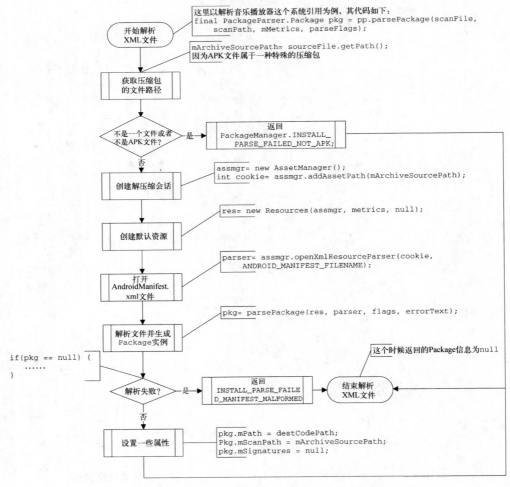

图10-10 解析AndroidManifest.xml文件的整个流程

在图10-10中，核心部分是`parsePackage()`方法，它通过输入的APK压缩包中Android-

Manifest.xml文件的配置生成Package实例。

众所周知，AndroidManifest.xml文件严格规定了各节点的层次关系，具体如图10-11所示。

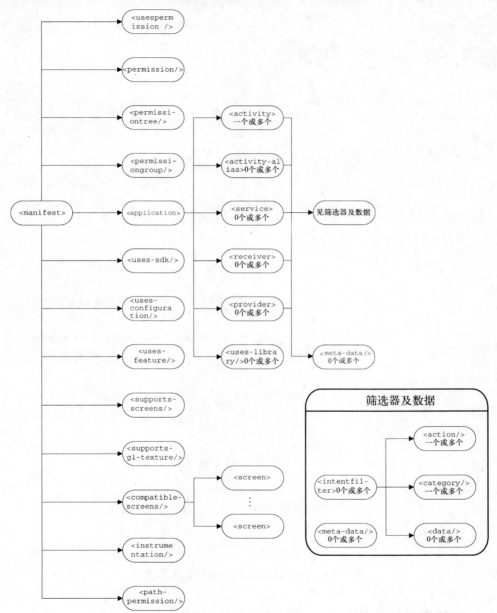

图10-11　各节点的层次关系

根据如图10-11所示的层次关系，parsePackage()方法最先解析根节点<manifest>的属性，然后根据第二层的定义调用不同的方法进行解析，图10-12展示了这个过程。

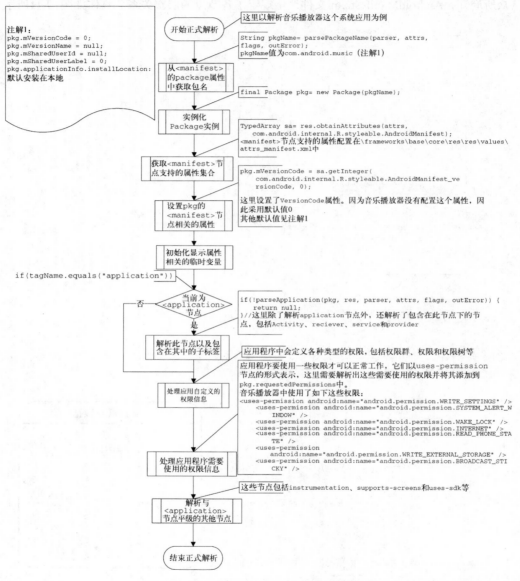

图10-12　parsePackage()方法的工作流程

10.4.2　解析音乐播放器的 AndroidManifest.xml 文件

本书以音乐播放器为例进行解析，而在音乐播放器这个应用程序中，AndroidManifest.xml中包括一些具有代表性的内容。这里,我们就结合音乐播放器,利用它的AndroidManifest.xml文件,将解析过程分为两部分来解读。

1. 代码需要知道根节点(manifest)所支持的属性集合

Android框架将所有节点支持的属性都定义在\frameworks\base\core\res\res\values\目录下的attrs_manifest.xml文件中,其中<manifest>节点的信息集合如下所示:

```xml
<declare-styleable name="AndroidManifest">
    <attr name="versionCode" />      <!-- 版本号 -->
    <attr name="versionName" />      <!-- 版本名称 -->
    <attr name="sharedUserId" />     <!-- 共享用户ID -->
    <attr name="sharedUserLabel" /> <!-- 共享用户标签 -->
    <attr name="installLocation" />  <!-- 应用程序安装位置 -->
</declare-styleable>
```

这里,我们以获取android:versionCode属性的配置为例进行介绍,如下列代码所示:

```
pkg.mVersionCode = sa.getInteger(
    com.android.internal.R.styleable.AndroidManifest_versionCode, 0);
```

上面的代码说明,在无法获取到android:versionCode的值时,Package的mVersionCode成员变量将被设置为默认值0,其他属性作类似处理。

在音乐播放器的AndroidManifest.xml文件中配置<manifest>节点的代码如下:

```xml
<manifest xmlns:android="http://schemas.android.com/apk/res/android"
    package="com.android.music">
</manifest>
```

在上述代码中,除了package属性外,没有配置多余的属性,这意味着Package实例中关于<manifest>节点的属性只能使用默认值。

package属性是一个比较特殊的属性,它是<manifest>节点必须定义的属性。PackageParser专门为它定义了一个parsePackageName()方法,其代码如下:

```java
private static String parsePackageName(XmlPullParser parser,
    AttributeSet attrs, int flags, String[] outError)
    throws IOException, XmlPullParserException {
    ......
    return pkgName.intern();
}
```

这样我们就得到了package属性的值。此外,package属性的值也是实例化Package对象的参数:

```
final Package pkg = new Package(pkgName);
```

2. 逐个解析不同的二层节点并设置Package对象的属性

下面我们分析一下parsePackage如何解析音乐播放器中AndroidManifest.xml的第二层节点。
二层的一个节点是<original-package>,如下列代码所示:

```xml
<original-package android:name="com.android.music"/>
```

在attrs_manifest.xml文件中,定义该节点所支持的属性集合的代码如下:

```xml
<declare-styleable name="AndroidManifestOriginalPackage" parent="AndroidManifest">
    <attr name="name" />
</declare-styleable>
```

此处表明除了支持<manifest>的所有属性外，还支持name属性。下面的代码展示了如何处理该节点：

```java
private Package parsePackage(
    Resources res, XmlResourceParser parser, int flags, String[] outError)
    throws XmlPullParserException, IOException {
    ......
        //当前应用程序曾经改名
        if (!pkg.packageName.equals(orig)) {
            if (pkg.mOriginalPackages == null) {
                pkg.mOriginalPackages = new ArrayList<String>();
                pkg.mRealPackage = pkg.packageName;
            }
            //加入Package实例中用于保存应用程序曾用名
            pkg.mOriginalPackages.add(orig);
        }
    ......
}
```

紧接着<original-package>节点的是<uses-sdk>节点，它用于描述应用程序对系统的要求，如下列代码所示：

```xml
<uses-sdk android:minSdkVersion="8" android:targetSdkVersion="9"/>
```

<uses-sdk>节点支持的属性为：

```xml
<declare-styleable name="AndroidManifestUsesSdk" parent="AndroidManifest">
    <attr name="minSdkVersion" format="integer|string" />
    <attr name="targetSdkVersion" format="integer|string" />
    <attr name="maxSdkVersion" format="integer" />
</declare-styleable>
```

此时，parsePackage将开始处理<uses-sdk>节点的流程。完成这个流程后，Package实例的pkg.applicationInfo.targetSdkVersion属性将会被赋值。

音乐播放器为使自己可以正常运行，它需要使用一些权限。下面是7个<uses-permission>节点：

```xml
<uses-permission android:name="android.permission.WRITE_SETTINGS" />
<uses-permission android:name="android.permission.SYSTEM_ALERT_WINDOW" />
<uses-permission android:name="android.permission.WAKE_LOCK" />
<uses-permission android:name="android.permission.INTERNET" />
<uses-permission android:name="android.permission.READ_PHONE_STATE" />
<uses-permission android:name="android.permission.WRITE_EXTERNAL_STORAGE" />
<uses-permission android:name="android.permission.BROADCAST_STICKY" />
```

此时，parsePackage将会7次进入处理uses-permission的流程。处理<uses-permission>节点的代码如下所示：

```java
private Package parsePackage(
    Resources res, XmlResourceParser parser, int flags, String[] outError)
```

```
    throws XmlPullParserException, IOException {
......
String name = sa.getNonResourceString(
    com.android.internal.R.styleable.AndroidManifestUsesPermission_name);
    sa.recycle();
    if (name != null && !pkg.requestedPermissions.contains(name)) {
        pkg.requestedPermissions.add(name.intern());
    }
......
}
```

这些都是需要保存的权限信息，这里我们将这些权限信息保存到Package中。完成这些流程后，requestedPermissions中就保存了7个所需的权限信息。

接下来是最重要的<application>节点的配置，代码如下所示：

```
<application android:icon="@drawable/app_music"
    android:label="@string/musicbrowserlabel"
    android:taskAffinity="android.task.music"
    android:allowTaskReparenting="true">
    ......
</application>
```

为解析<application>节点及该节点下的所有子节点（比如activity、service等），PackageParser专门定义了一个名为parseApplication()的方法，其流程图如图10-13所示。

这里parseApplication()将<application>支持的属性分别复制到Package的applicationInfo成员中。<application>支持的属性集合是这样定义的：

```
<declare-styleable name="AndroidManifestApplication" parent="AndroidManifest">
    <attr name="name" />
    <attr name="theme" />
    <attr name="label" />
    <attr name="icon" />
    <attr name="logo" />
    <attr name="description" />
    <attr name="permission" />
    <attr name="process" />
    <attr name="taskAffinity" />
    <attr name="allowTaskReparenting" />
    <attr name="hasCode" format="boolean" />
    <attr name="persistent" />
    <attr name="enabled" />
    <attr name="debuggable" />
    <attr name="vmSafeMode" />
    <attr name="hardwareAccelerated" />
    <attr name="manageSpaceActivity" />
    <attr name="allowClearUserData" />
    <attr name="testOnly" />
    <attr name="backupAgent" />
    <attr name="allowBackup" />
    <attr name="killAfterRestore" />
    <attr name="restoreNeedsApplication" />
```

```xml
            <attr name="restoreAnyVersion" />
            <attr name="neverEncrypt" />
            <attr name="largeHeap" format="boolean" />
            <attr name="cantSaveState" format="boolean" />
            <attr name="uiOptions" />
    </declare-styleable>
```

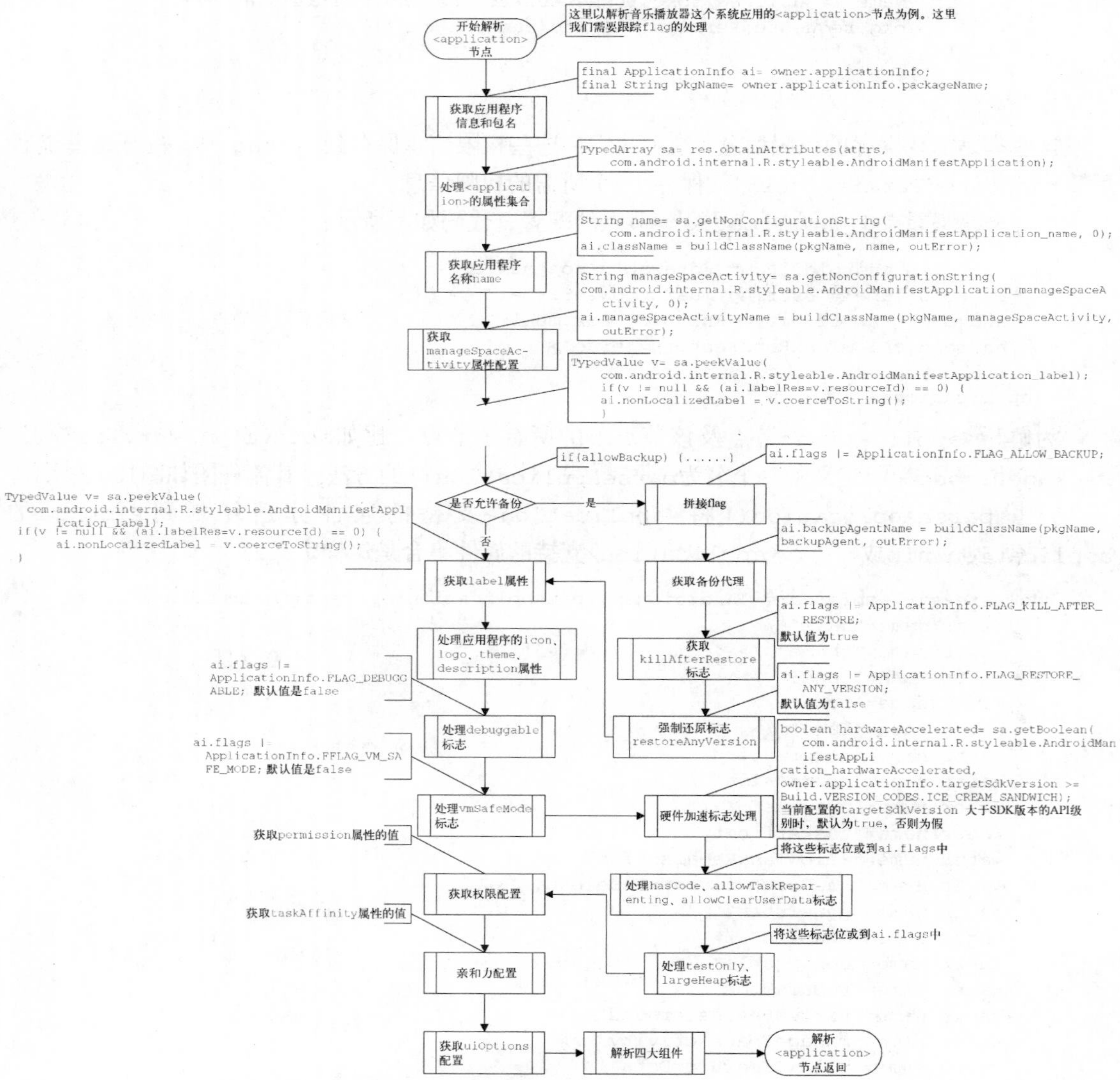

图10-13 PackageParser解析<application>的流程

在音乐播放器中，我们仅仅配置了其中的一些属性，其他将按照默认值处理。比如，如果我们没有配置android:theme属性，在处理的时候将使用默认值0：

```
ai.theme = sa.getResourceId(
    com.android.internal.R.styleable.AndroidManifestApplication_theme, 0);
```

在\<application\>中，可以包含\<activity\>、\<service\>、\<receiver\>、\<provider\>和\<activity-alias\>共5种节点，它们分别对应了不同的处理方法（其中\<activity\>和\<receiver\>使用相同的处理方法）。下面我们来看看这些节点的解析过程。

- 在音乐播放器中配置了\<activity\>和\<receiver\>节点，其代码如下：

```xml
<activity android:name="com.android.music.NowPlayingActivity"
    android:exported="false" >
    <intent-filter>
        <action android:name="android.intent.action.PICK" />
        <category android:name="android.intent.category.DEFAULT" />
        <data android:mimeType="vnd.android.cursor.dir/nowplaying"/>
    </intent-filter>
</activity>

<receiver android:name="com.android.music.MediaButtonIntentReceiver">
    <intent-filter>
        <action android:name="android.intent.action.MEDIA_BUTTON" />
        <action android:name="android.media.AUDIO_BECOMING_NOISY" />
    </intent-filter>
</receiver>
```

它们对应的处理方法是parseActivity()，它的流程图如图10-14所示。

- 配置\<service\>节点的代码如下所示：

```xml
<service android:name="com.android.music.MediaPlaybackService"
    android:exported="false" />
```

它对应的处理方法是parseService()，它的流程图如图10-15所示。

- 在音乐播放器的AndroidManifest.xml文件中，我们还配置了一些\<activity-alias\>节点，具体代码如下：

```xml
<activity-alias android:name="com.android.music.PlaylistShortcutActivity"
    android:targetActivity="com.android.music.PlaylistBrowserActivity"
    android:label="@string/musicshortcutlabel"
    android:icon="@drawable/ic_launcher_shortcut_music_playlist"
    android:exported="true" >

    <intent-filter>
        <action android:name="android.intent.action.CREATE_SHORTCUT" />
        <category android:name="android.intent.category.DEFAULT" />
    </intent-filter>

</activity-alias>
```

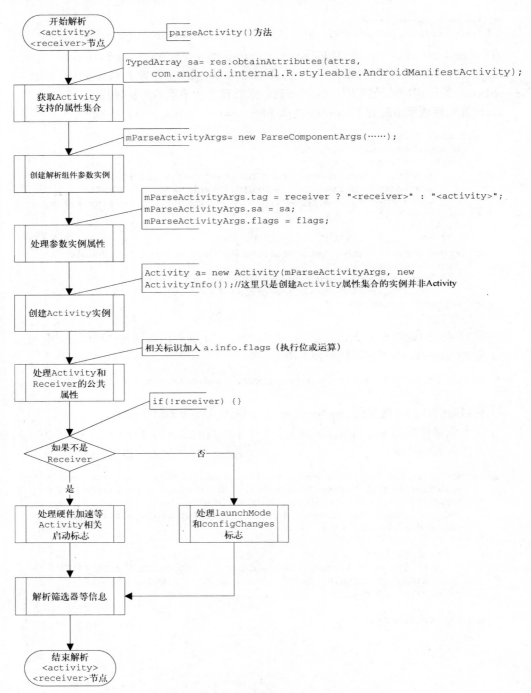

图10-14 解析<activity>和<receiver>的流程

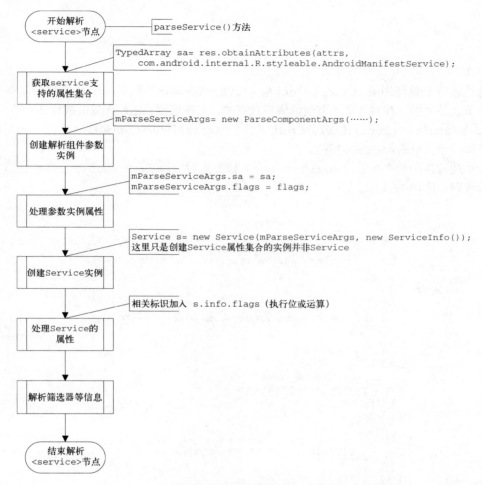

图10-15 解析<service>节点的流程

它们对应的处理方法是parseActivityAlias()，这个方法与parseActivity()方法类似，唯一的区别在于对android:targetActivity属性的处理。parseActivityAlias()方法的代码如下：

```
private Activity parseActivityAlias(Package owner, Resources res,
    XmlPullParser parser, AttributeSet attrs, int flags, String[] outError)

    throws XmlPullParserException, IOException {
    ......
    final int NA = owner.activities.size();
    for (int i=0; i<NA; i++) {
        Activity t = owner.activities.get(i);
        if (targetActivity.equals(t.info.name)) {
            target = t;
```

```
            break;
        }
    }
    ......
}
```

这里实际上是使用android:targetActivity属性配置的那个Activity的属性来初始化该节点的属性。在对各个子节点的解析过程中，会逐渐覆盖已经配置的属性。

parseApplication()按照层次迭代完整个AndroidManifest.xml文件，这样一来我们就获得一个完整的Package实例。

- 音乐播放器中没有配置<provider>节点。该节点对应parseProvider()方法，该方法的流程如图10-16所示。

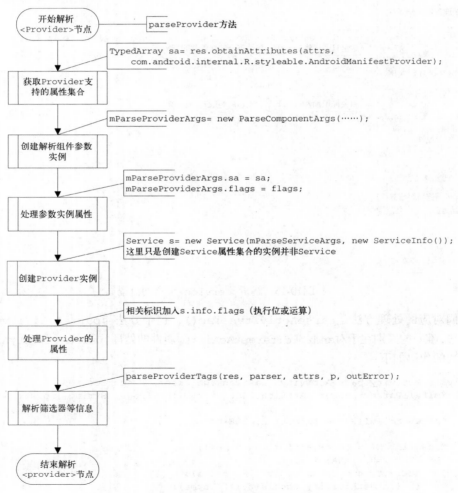

图10-16 解析<provider>节点的流程

在扫描完指定目录下的所有APK文件后，PackageManagerService启动完毕。PackageManagerService中保存的一些信息列表将会成为Android系统的基础，它们为应用程序或者其他系统服务提供支持，主要提供安装的应用程序信息，我们会在很多场景用到这些信息（比如查询已经安装的应用程序信息等）。在实际使用Android设备的过程中，我们可能会删除一些信息（比如在卸载一个应用程序的时候），也可能会添加一些信息（比如在安装一个应用程序时）。接下来，我们将介绍如何使用以及操作这些数据。

10.5 安装应用程序

经过一个完整的启动过程，PackageManagerService已经为管理应用程序包做好了充分准备，那么什么时候需要PackageManagerService呢？一个典型的应用场景就发生在使用ADB工具往设备中安装应用程序时。此时，需要PackageManagerService去更新自身的数据结构，下面我们将详细讲解这个过程。

10.5.1 用ADB的 `install` 命令安装应用程序

如果使用ADB工具来将一个应用程序的APK文件安装到设备中（假设文件在系统的E盘根目录下，文件名为test.apk），只要在命令行环境下输入如下的命令行，就可以使用ADB的install命令安装应用程序了：

```
adb install e:\test.apk
```

在adb端，adb命令的参数通过adb的main()函数进行解析，并根据解析结果进行调度。这里install参数的处理由install_app()函数来完成，该函数负责将文件上传到设备的指定路径，并且执行安装命令，具体如下面的代码片段所示：

```c
int install_app(transport_type transport, char* serial, int argc, char** argv)
{
    static const char *const DATA_DEST = "/data/local/tmp/%s";
    static const char *const SD_DEST = "/sdcard/tmp/%s";
    const char* where = DATA_DEST;
    ......
    for (i = 1; i < argc; i++) {
        ......
        else if (!strcmp(argv[i], "-s")) {
            where = SD_DEST;
        }
    }
    ......
    snprintf(apk_dest, sizeof apk_dest, where, get_basename(apk_file));
    ......
    err = do_sync_push(apk_file, apk_dest, 1 /* verify APK */);
    ......
    pm_command(transport, serial, argc, argv);
    ......
    return err;
}
```

对于这个install_app()方法，需要注意以下几点。

- 如果命令的参数中带了-s参数，那么上传的目录为/sdcard/tmp/%s，否则上传的路径为/data/local/tmp/%s。
- 使用do_sync_push()方法将本地文件传送到指定目录中。需要注意的是，无论是哪个目录，都不在PackageManagerService的监控范围内，因此不会导致PackageManagerService有额外的动作，这就意味着需要有额外的动作启动应用程序安装。
- 使用pm_command()函数启动pm工具安装应用程序，如下列代码所示：

```
static int pm_command(transport_type transport, char* serial,
    int argc, char** argv)
{
    ......
    snprintf(buf, sizeof(buf), "shell:pm");
    ......
    send_shellcommand(transport, serial, buf);
    ......
    return 0;
}
```

其中send_shellcommand()方法将执行pm命令完成最终的安装：

```
static int send_shellcommand(transport_type transport, char* serial, char* buf)
{
    ......
    fd = adb_connect(buf);
    ......
    do_cmd(transport, serial, "wait-for-device", 0);
    ......
    return ret;
}
```

ADB工具中调用了pm工具，具体的安装行为将由pm工具完成。安装应用程序的操作将会由pm.java中的该方法来完成，该方法的代码如下所示：

```
private void runInstall() {
    ......
    mPm.installPackageWithVerification(apkURI, obs, installFlags,
installerPackageName,
    ......
    if (obs.result == PackageManager.INSTALL_SUCCEEDED) {
        System.out.println("Success");
    } else {
        System.err.println("Failure ["
            + installFailureToString(obs.result)
            + "]");
    }
    ......
}
```

其中mPm是这样定义的：

```
mPm = IPackageManager.Stub.asInterface(ServiceManager.getService("package"));
```

这样安装工作将交由PackageManagerService的installPackageWithVerification()

来完成，并由obs这个PackageInstallObserver的实例监视安装进度并在屏幕中输出处理结果。当成功安装一个应用程序时，我们将会在命令行界面中看到如图10-17所示的结果。

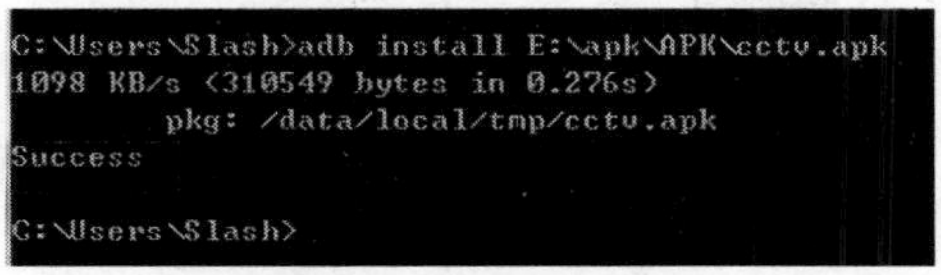

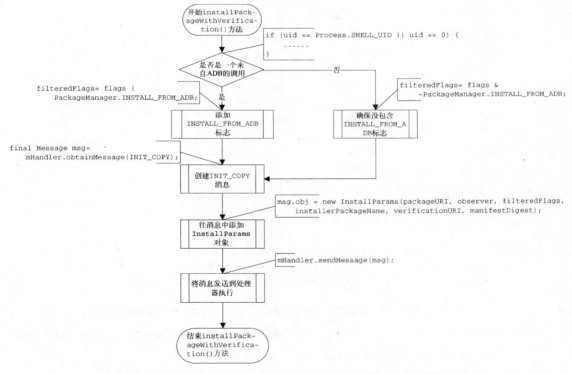

图10-17　成功安装应用程序所得的结果

10.5.2　解析 `installPackageWithVerification()` 的行为

前面我们按照步骤成功安装了应用程序，现在来解析完成安装工作的`installPackageWithVerification()`的行为，如图10-18所示。

图10-18　解析installPackageWithVerification()的行为

图10-19中的一些细节如下所示。

- 当Handler接收到消息后立即执行对应的分支，如下面的代码所示：

```
class PackageHandler extends Handler {
    ......
    void doHandleMessage(Message msg) {
```

```
        switch (msg.what) {
        ......
            case INIT_COPY: {
                ......
            }
            ......
        }
    ......
}
```

在上面的代码中,doHandleMessage()处理INIT_COPY消息的具体流程如图10-19所示。

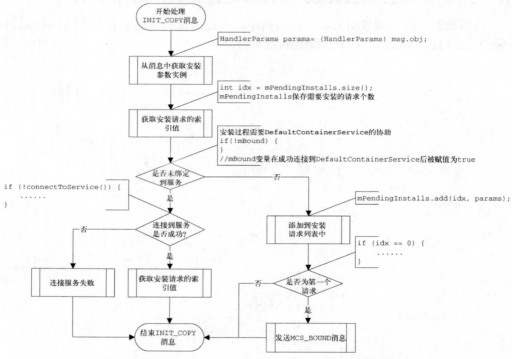

图10-19　doHandleMessage()处理INIT_COPY消息的流程

在图10-19中,我们要关注connectToService()方法,它负责连接到DefaultContainerService,此方法的核心内容如下列代码所示:

```
private boolean connectToService() {
    Intent service = new Intent().setComponent(DEFAULT_CONTAINER_COMPONENT);
    if (mContext.bindService(service, mDefContainerConn,
        Context.BIND_AUTO_CREATE)) {
        mBound = true;
        return true;
    }
    return false;
}
```

- 当成功绑定到服务后，它会通过mDefContainerConn的onServiceConnected()回调接口通知绑定者服务绑定成功，该方法的行为如下所示：

```
class DefaultContainerConnection implements ServiceConnection {
    public void onServiceConnected(ComponentName name, IBinder service) {
        IMediaContainerService imcs =
            IMediaContainerService.Stub.asInterface(service);
        mHandler.sendMessage(mHandler.obtainMessage(MCS_BOUND, imcs));
    }
    ......
};
```

通过以上代码可知，绑定成功后将发送一条MCS_BOUND消息到处理器（mHandler）上，这时mHandler的行为如图10-20所示。

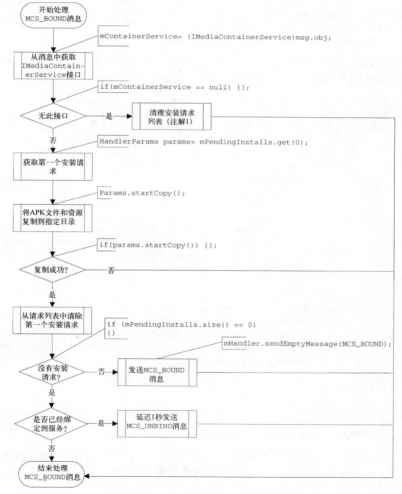

图10-20　mHandler的行为解析

在图10-20中,注解1指清理安装请求,其代码如下:

```
for (HandlerParams params : mPendingInstalls) {
    mPendingInstalls.remove(0);
    //指示服务绑定错误
    params.serviceError();
}
mPendingInstalls.clear();
```

这里需要清理安装请求列表mPendingInstalls中的每一项,并调用serviceError()方法通知安装请求安装错误。

在图10-20中,需要安装的APK文件将被复制到指定的data/app目录下。PackageManagerService在启动时就已经对这个目录进行了监控,具体如下列代码所示:

```
mAppInstallObserver = new AppDirObserver(
    mAppInstallDir.getPath(), OBSERVER_EVENTS, false);
mAppInstallObserver.startWatching();
```

❑ 当Install命令向这个目录复制一个文件后,将会调用mAppInstallObserver的onEvent()回调接口,该方法的实现代码如下所示:

```
private final class AppDirObserver extends FileObserver {
    ......
    public void onEvent(int event, String path) {
        ......
        if ((event&ADD_EVENTS) != 0) {
            if (p == null) {
                p = scanPackageLI(fullPath,
                    (mIsRom ? PackageParser.PARSE_IS_SYSTEM
                    | PackageParser.PARSE_IS_SYSTEM_DIR: 0) |
                    PackageParser.PARSE_CHATTY |
                    PackageParser.PARSE_MUST_BE_APK,
                    SCAN_MONITOR | SCAN_NO_PATHS | SCAN_UPDATE_TIME,
                    System.currentTimeMillis());
            }
        }
        ......
        if (addedPackage != null) {
            Bundle extras = new Bundle(1);
            extras.putInt(Intent.EXTRA_UID, addedUid);
            sendPackageBroadcast(Intent.ACTION_PACKAGE_ADDED, addedPackage,
                extras, null, null);
        }
        ......
    }
}
```

在上述代码中,我们调用了scanPackageLI()方法完成对安装APK文件的解析,最终完成安装工作,并且在确定安装成功后,向Android系统发送ACTION_PACKAGE_ADDED广播。有关scanPackageLI()方法的相关内容,请参考10.3.3节。

❑ 当PackageManagerService完成了所有的安装请求后,它会向它的处理器发送一个MCS_UNBIND消息,而Handler将启动相应的处理流程,如图10-21所示。

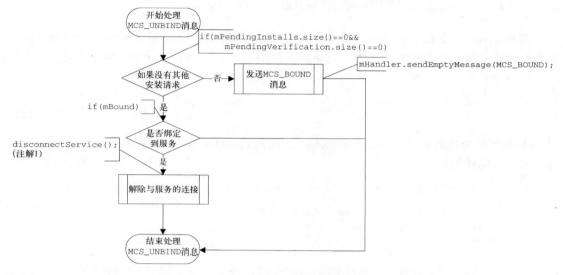

图10-21 Handler启动的处理流程

在图10-21中,注解1指disconnectService()方法,代码如下所示:

```
private void disconnectService() {
    mContainerService = null;
    mBound = false;
    Process.setThreadPriority(Process.THREAD_PRIORITY_DEFAULT);
    mContext.unbindService(mDefContainerConn);
    Process.setThreadPriority(Process.THREAD_PRIORITY_BACKGROUND);
}
```

至此,一个简单应用程序的安装流程就结束了。

10.6 卸载应用程序

前一节讲解了PackageManagerService如何安装应用程序的APK文件。与安装相对应的是卸载,本节将介绍卸载应用程序的过程。

大家知道,除了可以使用设置中的应用程序管理模块卸载应用程序外,还可以使用ADB的uninstall命令来完成。在Windows命令行环境下输入如下命令:

```
adb uninstall cn.turing.test
```

然后在adb端,通过ADB的main()函数进行调度。处理uninstall命令的是uninstall_app()方法,该方法负责将文件上传到设备的指定路径并且执行安装命令,具体如下面的代码所示:

```
int uninstall_app(transport_type transport, char* serial, int argc, char** argv)
{
    ......
    return pm_command(transport, serial, argc, argv);
}
```

与install命令相比，uninstall命令无需处理过多的信息，它直接使用pm_command()函数运行pm命令。处理卸载命令的方法对应pm.java中的runUninstall()方法，如下面的代码所示：

```
private void runUninstall() {
    ......
    boolean result = deletePackage(pkg, unInstallFlags);
    ......
}
```

上面代码的核心是调用PackageManagerService的deletePackage()方法卸载应用程序，该方法的代码如下所示：

```
private boolean deletePackage(String pkg, int unInstallFlags) {
    ......
    mPm.deletePackage(pkg, obs, unInstallFlags);
    ......
    return obs.result;
}
```

该方法实际上要求处理器去处理删除应用程序的任务。在删除应用程序的任务中，包含了需要执行的deletePackageX()方法，其代码如下所示：

```
public void deletePackage(final String packageName,
    final IPackageDeleteObserver observer,
    final int flags) {
        ......
        mHandler.post(new Runnable() {
            public void run() {
                ......
                final int returnCode = deletePackageX(packageName, true, true, flags);
                ......
            }
        });
}
```

下面我们先来看看deletePackageX()的流程，如图10-22所示。

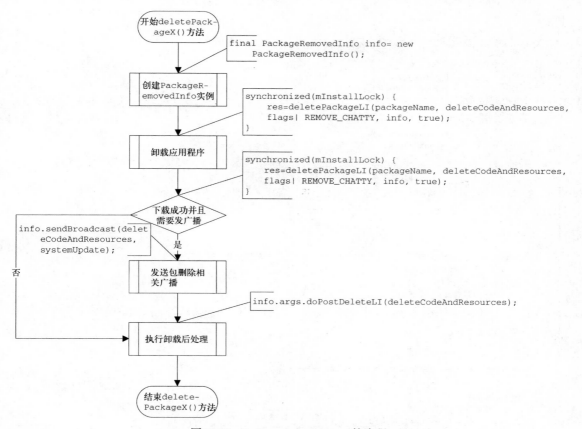

图10-22　deletePackageX()的流程

此外，卸载应用程序时，还需要deletePackageLI()方法的帮助，图10-23描述了该方法在卸载中的行为。

第 10 章 包管理服务

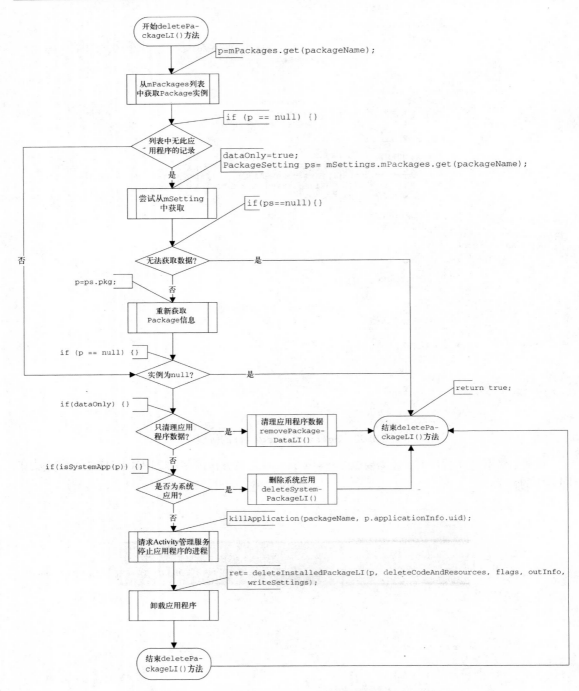

图10-23 deletePackageLI()在卸载应用程序中的行为

如果我们曾经用过或者正在使用被删除的应用程序,那么在卸载之前,就需要通知ActivityManagerService该应用程序将被卸载,这些事情由killApplication()方法完成,其代码如下所示:

```
private void killApplication(String pkgName, int uid) {
    IActivityManager am = ActivityManagerNative.getDefault();
    if (am != null) {
        try {
            am.killApplicationWithUid(pkgName, uid);
        } catch (RemoteException e) {
        }
    }
}
```

正常停止应用程序后,才可以做与应用程序相关的清理工作,这些工作包括清理应用程序数据、删除应用程序代码和资源等,这主要由deleteInstalledPackageLI()方法完成,该方法的代码如下:

```
private boolean deleteInstalledPackageLI(PackageParser.Package p,
    boolean deleteCodeAndResources, int flags, PackageRemovedInfo outInfo,
    boolean writeSettings) {
    ......
        //清理应用程序数据
        removePackageDataLI(p, outInfo, flags, writeSettings);

        //删除应用程序代码和资源
        if (deleteCodeAndResources) {
            int installFlags = isExternal(p) ? PackageManager.INSTALL_EXTERNAL : 0;
            installFlags |= isForwardLocked(p) ? PackageManager.INSTALL_FORWARD_
                LOCK : 0;
            outInfo.args = createInstallArgs(installFlags, applicationInfo.sourceDir,
                applicationInfo.publicSourceDir, applicationInfo.nativeLibraryDir);
        }
        return true;
}
```

说到这里,卸载应用程序的流程就完成了,此时命令行界面的结果如图10-24所示。

图10-24　成功卸载应用程序时的结果

欢迎加入

图灵社区 ituring.com.cn

——最前沿的IT类电子书发售平台

电子出版的时代已经来临。在许多出版界同行还在犹豫彷徨的时候，图灵社区已经采取实际行动拥抱这个出版业巨变。作为国内第一家发售电子图书的IT类出版商，图灵社区目前为读者提供两种DRM-free的阅读体验：在线阅读和PDF。

相比纸质书，电子书具有许多明显的优势。它不仅发布快，更新容易，而且尽可能采用了彩色图片（即使有的书纸质版是黑白印刷的）。读者还可以方便地进行搜索、剪贴、复制和打印。

图灵社区进一步把传统出版流程与电子书出版业务紧密结合，目前已实现作译者网上交稿、编辑网上审稿、按章发布的电子出版模式。这种新的出版模式，我们称之为"敏捷出版"，它可以让读者以较快的速度了解到国外最新技术图书的内容，弥补以往翻译版技术书"出版即过时"的缺憾。同时，敏捷出版使得作、译、编、读的交流更为方便，可以提前消灭书稿中的错误，最大程度地保证图书出版的质量。

优惠提示：现在购买电子书，读者将获赠书款20%的社区银子，可用于兑换纸质样书。

——最方便的开放出版平台

图灵社区向读者开放在线写作功能，协助你实现自出版和开源出版的梦想。利用"合集"功能，你就能联合二三好友共同创作一部技术参考书，以免费或收费的形式提供给读者。（收费形式须经过图灵社区立项评审。）这极大地降低了出版的门槛。只要你有写作的意愿，图灵社区就能帮助你实现这个梦想。成熟的书稿，有机会入选出版计划，同时出版纸质书。

图灵社区引进出版的外文图书，都将在立项后马上在社区公布。如果你有意翻译哪本图书，欢迎你来社区申请。只要你通过试译的考验，即可签约成为图灵的译者。当然，要想成功地完成一本书的翻译工作，是需要有坚强的毅力的。

——最直接的读者交流平台

在图灵社区，你可以十分方便地写作文章、提交勘误、发表评论，以各种方式与作译者、编辑人员和其他读者进行交流互动。提交勘误还能够获赠社区银子。

你可以积极参与社区经常开展的访谈、乐译、评选等多种活动，赢取积分和银子，积累个人声望。

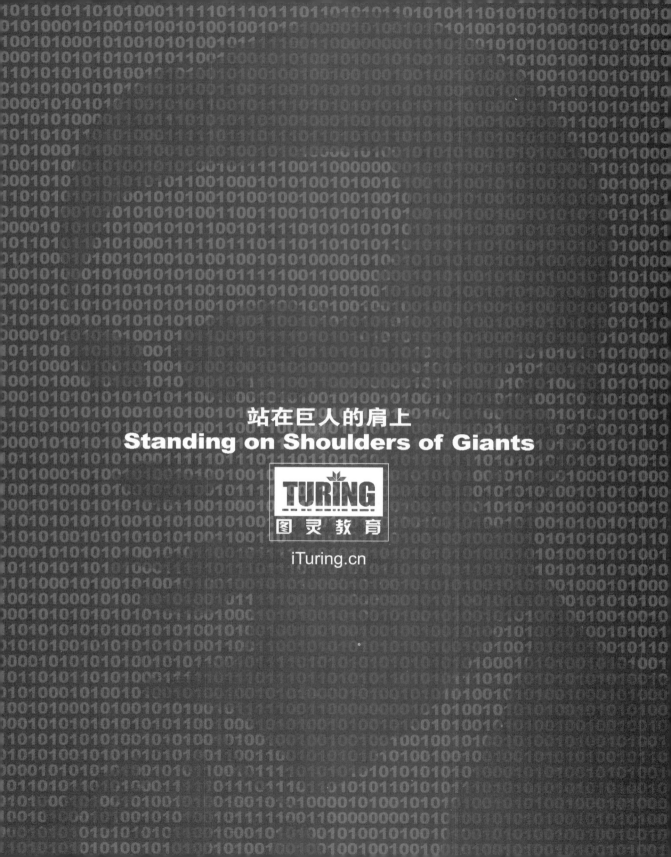

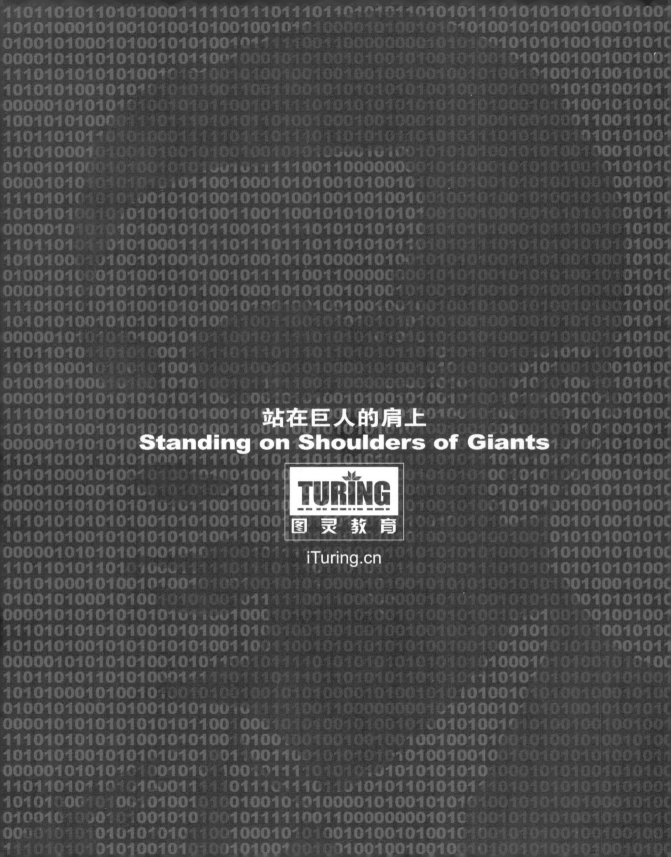